プレイステーションpresents

ライムスター宇多丸とマイゲームマイライフ

RHYMESTER
UTAMARU
MY GAME,MY LIFE

Now Loading......

「初対面でも、
ゲームの話を聞いているとなぜか、
昔からの友達のように感じるんです。」（宇多丸）

この本の主役は、ゲームのプレイヤーたち。

あの有名ミュージシャンも、あの人気タレントも、昔はゲームが好きなひとりのプレイヤー。あのハードが発売された時代の空気、あのソフトを一緒に遊びまくった友達……。いろんなゲームの話を通して浮かび上がるのは、各プレイヤーたちのさまざまな「ライフ」。それらを収めた本書はまさに、〝コンピューターゲームの生活史〟と言えるでしょう。

ＴＢＳラジオで2017年4月に放送が始まった『プレイステーション presents ライムスター宇多丸とマイゲーム・マイライフ』。ゲームの思い出やプレイスタイルを楽しく語らう「ゲームトーク・バラエティ」として、2022年3月の放送終了まで、総勢127名のゲームライフを聞いてきました。

本書ではそのなかから「伝説を残したエピソード回」を厳選し、そのトークを書籍用に再構成。さらに番組関係者がそれぞれの思いを語るコラム、ゲームの知識が深まること間違いなしな脚注と、容量ギリギリまでお楽しみ要素を詰め込みました。

ゲームが好きな、あなたも本書の主役のひとりです。

それでは書籍版『マイゲーム・マイライフ』、プレイスタートです！

RHYMESTER
UTAMARU
MY GAME, MY LIFE

INTRODUCTION 2
これまで取材でゲームの話をする機会はほとんどなくて。
宇多丸さんとはプレイするゲームが近い、と思っていました。

#1 三浦大知 11
船上でサメが出るVRゲームをやらせると、みんな怖がるね。
その後に言うの。「ここらへんもサメが出るんだよ」って。

#2 加山雄三 25
『FFXI』は僕の人生を大きく変えました。
『FFXI』をやっていなかったら、
たぶんSURFACEは解散していなかったと思います。

#3 椎名慶治 SURFACE 49
ゲームプレイでの憧れは〝姫プレイ〟。
娘も〝ゲーム界の姫〟になってほしいですね。

#4 加藤夏希 73
僕は〝旅ゲーマー〟で、据え置き型ハード持ち歩き派。
携帯してしまえば、もうそれは携帯ゲーム機なんです。

#5 酒井雄二 ゴスペラーズ 97

#6 橘 慶太 w-inds. 125

ゲームでは戦略を練り、連携を取って、心理戦を制し、勝つ。
付いたあだ名は「諸葛亮」です。

#7 岡崎体育 151

ゲーム中、家に落雷がありまして。
人間、ホンマにツラいとき笑うんやな、って。

#8 片桐 仁 177

最長プレイ時間はバイト時代の96時間。
やっていて面白いのかも分からないけど、
止められないんです。

#9 宮部みゆき 201

35歳でゲーム一年生。
周りからいろんな助言をいただきました。
やらないゲームの攻略本を読むのも楽しいです。

#10 清塚信也 225

母が公式にゲームをさせてくれる日は1年に1日。
過酷なゲーム環境でしたが、
ゲームから得たことはすべてピアノに活きています。

RHYMESTER
UTAMARU
MY GAME,MY LIFE

※本書に掲載しているメーカー名は発売当時のものです。

『マイゲーム・マイライフ』ファンのみなさんこんにちは!!
ゲーム大好きまんが家の山本さほです!!
近年、ものすごい勢いで盛り上がってるゲーム業界…
e-sports
ゲーム実況
私は嬉しくてたまりません!!
私が過ごした青春時代。ゲーム好きはゲームオタクと呼ばれ、
クラスでのヒエラルキーは下の方…
キャハハ
肩身が狭い思いをしたものです…。
しかし今や!!
TBSでゲームがテーマのラジオ番組、
マイゲーム・マイライフ
が始まり…
そこでミュージシャン、俳優、アイドル、プロレスラーなど、様々な有名人が堂々とゲーム愛を語っているではないですか!!
時代が変わった〜!!

マイゲーム マイライフ OFFICIALS COMMENTS

番組タイトルロゴ・イラスト担当 **山本さほ**

PROFILE

岩手県出身のマンガ家。代表作に『岡崎に捧ぐ』（小学館）、『無慈悲な8bit』（エンターブレイン）など。番組ゲストとしては2017年７月15、22日放送回、2020年５月14日放送回に出演。

日本のおもな代表的ゲーム機年表 ◁◁◁

1975	家庭用ゲーム機	テレビテニス	エポック社
1977	家庭用ゲーム機	カラーテレビゲーム6 / 15	任天堂
1980	電子ゲーム機	ゲーム&ウォッチ	任天堂
1981	家庭用ゲーム機	カセットビジョン	エポック社
	電子ゲーム機	パックマン	トミー
1982	ゲームパソコン	ぴゅう太	トミー
1983	家庭用ゲーム機	アタリ2800	アタリ・インターナショナル・ニッポン・インク・日本支社
	家庭用ゲーム機	ぴゅう太Jr.	トミー
	家庭用ゲーム機	SG-1000	セガ・エンタープライゼス
	ゲームパソコン	SC-3000	セガ・エンタープライゼス
	家庭用ゲーム機	ファミリーコンピュータ	任天堂
1984	家庭用ゲーム機	スーパーカセットビジョン	エポック社
1985	家庭用ゲーム機	セガ・マークIII	セガ・エンタープライゼス
1987	家庭用ゲーム機	PCエンジン	NECホームエレクトロニクス
1988	家庭用ゲーム機	メガドライブ	セガ・エンタープライゼス
1989	携帯型ゲーム機	ゲームボーイ	任天堂
1990	家庭用ゲーム機	ＮＥＯＧＥＯ	ＳＮＫ
	携帯型ゲーム機	ゲームギア	セガ・エンタープライゼス
	家庭用ゲーム機	スーパーファミコン	任天堂
	携帯型ゲーム機	PCエンジンGT	NECホームエレクトロニクス
1991	電子ゲーム機	バーコードバトラー	エポック社
	家庭用ゲーム機	PCエンジンDUO	NECホームエレクトロニクス
1994	家庭用ゲーム機	3DO REAL	松下電器産業
	家庭用ゲーム機	NEOGEO CD	SNK
	家庭用ゲーム機	セガサターン	セガ・エンタープライゼス
	家庭用ゲーム機	PlayStation	ソニー・コンピュータエンタテインメント
	家庭用ゲーム機	PC-FX	NEC
1996	家庭用ゲーム機	NINTENDO64	任天堂
	家庭用ゲーム機	ピピンアットマーク	バンダイ
	電子ゲーム機	たまごっち	バンダイ・デジタル・エンタテインメント
1998	家庭用ゲーム機	ドリームキャスト	セガ・エンタープライゼス
1999	携帯型ゲーム機	ワンダースワン	バンダイ
2000	家庭用ゲーム機	PlayStation 2	ソニー・コンピュータエンタテインメント
2001	家庭用ゲーム機	ニンテンドーゲームキューブ	任天堂
	携帯型ゲーム機	ゲームボーイアドバンス	任天堂
2002	家庭用ゲーム機	Xbox	マイクロソフト
	携帯型ゲーム機	PlayStation Portable	ソニー・コンピュータエンタテインメント
2004	携帯型ゲーム機	ニンテンドーDS	任天堂
2005	家庭用ゲーム機	Xbox 360	マイクロソフト
2006	家庭用ゲーム機	Wii	任天堂
2011	携帯型ゲーム機	ニンテンドー3DS	任天堂
	携帯型ゲーム機	PlayStation Vita	ソニー・コンピュータエンタテインメント
2012	家庭用ゲーム機	Wii U	任天堂
2014	家庭用ゲーム機	PlayStation 4	ソニー・コンピュータエンタテインメント
	家庭用ゲーム機	Xbox One	マイクロソフト
2017	家庭用+携帯型ゲーム機	Nintendo Switch	任天堂
2020	家庭用ゲーム機	Xbox Series X / S	マイクロソフト
	家庭用ゲーム機	PlayStation 5	ソニー・インタラクティブエンタテインメント

ほか、世界初のソフト交換式家庭用ゲーム機「チャンネルF」（1977 ／フェアチャイルド）、国産初のソフト交換式携帯型ゲーム機「ゲームポケコン」（1985年／エポック社）など

三浦大知

DAICHI MIURA

#1

▷▷▷

**これまで取材で
ゲームの話をする
機会はほとんどなくて。
宇多丸さんとは
プレイするゲームが近い、
と思っていました。**

STAGE.1	2017.4.8-15 O.A
STAGE.2	2020.5.7 O.A

巣ごもりスペシャル「今、なんのゲームしてるの?」

PROFILE

▷▷▷ **三浦大知（みうら・だいち）**

1987年８月24日生まれ、沖縄県出身のアーティスト／ダンサー。1997年にFolderのメインボーカルとしてデビュー、2005年には「Keep It Goin' On」でソロ・デビュー。天性のリズム感とヴォーカル力で“和製マイケル・ジャクソン”と称され、2019年に天皇陛下御在位30年記念式典にて「歌声の響」を歌唱。2022年にはNHK連続テレビ小説『ちむどんどん』主題歌「燦燦」を担当。宇多丸とはFolder時代の1998年、ヒップホップ専門誌『FRONT』の企画で初対面（当時10歳）。その後2006年のシングル「No Limit featuring 宇多丸 (from RHYMESTER) 」で共演。

MY BEST GAME

『メタルギアソリッド』
（コナミ）

STAGE.1

ゲームの中ではヤンチャになれる

宇多丸　大知くん、おひさしぶりです！　大知くんがハンパじゃないゲーマーということを見込んでの、番組初回ゲストですよ。

三浦　ありがとうございます。インタビューでもなかなかゲームの話をする機会がないんですよ。「趣味はゲームです」と答えても**「……なるほど～」**といった感じで会話が続かず、掘り下げられずにいて。

宇多丸　聞き手側との壁を感じちゃうんだ（笑）。

三浦　そうそう。**「これ以上は言っちゃダメなんだな」**って空気になりますね（笑）。

宇多丸　なんだろう？　大知くんにインドアなイメージがないからかな？

三浦　でもトラックメイカーの方とかクリエイターの方はゲーム好きが多いですよ。僕も一緒にやったりしています。

宇多丸　ということで、この番組は**その部分を一点集中**で掘り下げていこうと思うので。まず、最初に買ったゲーム機やソフトは覚えていますか？

三浦　親に聞いたんですけど、初代ゲームボーイです。幼稚園の友達がプレイしているのを見たんですよ。それで親にねだってクリスマスに買ってもらったのかな？　ウチは親がゲームを一切やらなかったので、これが最初のゲーム機になります。

宇多丸　ソフトは覚えていますか？

三浦　『スーパーマリオランド』だったと思います。あとは『テトリス』も買ってもらったんですけど、僕はあまりパズルゲームが好きじゃなくてハマらず、母親がやっていましたね。

宇多丸　じゃあ好きなジャンルは？

三浦　今やっているのはFPS[01]とかTPS[02]といったアクションゲームです。海外のゲームが多いですね。苦手ジャンルはパズルゲーム、格

01　主観視点のシューティングゲームのことで、「First-person shooter」の略。1992年の『Wolfenstein 3D』によって確立されたジャンルと言われている。『コールオブデューティ』や『Half-Life』、『エーペックスレジェンズ』などが有名作。PCゲーム文化と共に発展してきたジャンルだが、ハード性能の向上や操作性の洗練により、コンシューマー向けの名作も生まれるようになった。

闘ゲーム、レースゲームです。

宇多丸　大知くんね……**僕がプレイするジャンルと近い！**

三浦　宇多丸さんがラジオでゲームの話をされているときに**僕も同じことを思っていました（笑）。**あとはロックスター・ゲームスの『グランド・セフト・オート』とか。

宇多丸　いいんですか？　こんな好青年があんな犯罪街のゲームの話をして！

三浦　**ゲームの中だからこそ出来る、みたいな（笑）。**

宇多丸　ゲームボーイからは継続的にゲームをやられてきたんですか？

三浦　そうですね。「何が欲しいの？」となるとゲームをねだっていました。スーパーファミコンではマリオのゲームや『スーパードンキーコング』。RPGだと『クロノ・トリガー』をやっていましたね。

宇多丸　今の嗜好になっていったのはどのあたりから？

三浦　もしかしたら……『ブリー』[03]が最初だった気がします。

宇多丸　おお、僕も生涯ベスト級で大好きなゲームです！　いい入り方してるね〜。

三浦　『ブリー』は学園が舞台で授業の要素があるんです。そして学校の外にいるオジさんに会いに行けば学校では教えてくれない、いろんなことを教えてくれたりして。

宇多丸　イタズラっ子の話だから悪さもするんだけど、最初できなかったことが勉強をすることで出来るようになったりもしますからね。

三浦　僕は学生時代、勉強より歌やダンスに熱中していたんですけど、**ゲームの中だからこそ、学ぶことで自分が成長することが楽しい、**という気持ちになりましたね。

宇多丸　主人公も当時の大知くんと同世代かもしれないし。ホント「こんな教育的なゲームあるかな？」っていう感じですよね。それに、大知くんはR&Bシンガーで、アメリカの文化やエンターテインメントに触れていますよね。そ

02　三人称視点のシューティングゲームのことで、「Third-person shooter」の略。『ギアーズ・オブ・ウォー』や『スプラトゥーン』、『PLAYERUNKNOWN'S BATTLE GROUNDS』などのシリーズが有名作。FPSよりもジャンルの歴史は新しいが、操作キャラクターの状況が把握しやすいなどの要因もあってか、日本でも定着しやすかった。

03　海外で2006年に、日本では2008年に発売されたロックスター・ゲームスのオープンワールドアクションゲーム。悪ガキのジミーとして全寮制の学園に入学。課題にイタズラに、異なるスクールカースト間での争いに巻き込まれたりと、自由度の高い学園生活を送ることになる。「学園GTA」などと呼ばれることも。

ういう背景もあって、センス的にも洋ゲーが合ったのかもしれない。

三浦　そうですね。『GTA』[04]のカーオーディオは面白かったです。初回盤を買うとサントラが付いてくるんですけど、ずっと聴いていました。

宇多丸　そういう要素もあるから、洋ゲーにはまるのも必然というか。さっきの話に戻ると、大知くんのストレス発散法はスポーツじゃないんだ。

三浦　基本的にストレス発散はゲーム。睡眠を削ってもゲーム。これはゲーム好きのみなさん同じだと思うんですけど、違う自分になれるというか。ゲームの世界に没入することで、今やらなければいけないことや悩み事がリセットされる感覚があるんですよ。だから15分でも1時間でもゲームの時間を設けると気持ちが違います。

音楽もゲームも共同作業で

宇多丸　では、今までいちばんハマったゲームは？

三浦　『メタルギアソリッド』[05]ですかね。アクションだったりRPGだったりするところに衝撃を受けました。それまでやっていたゲームは作戦とか練らずに多少ゴリ押しでもいけたりしたんですよ。それも一種ゲームの醍醐味ではあるんですけどね。『メタルギアソリッド』は最初、侵入してエレベーターに乗るシーンがあるんですけど、ちゃんとやらないと敵に見つかってしまうんですよ。

宇多丸　敵が巡回しているから段ボールに隠れたりしながら進まないといけないんだよね。今で言うステルスゲーム。そうすると敵の兵士が、「なんだ、ただの箱か」と。**「ただの箱か」なんて言うことあるか？**　と思ったりもするんだけど（笑）、そういうのが楽しいんですよね。

三浦　そうそう（笑）。なので、それまでのゲームの感覚でやっていたらすぐに見つかって援軍を呼ばれゲームオーバー。あのシーンで「これ

04 タイトルにも冠されているように「車」が重要なモチーフになっている『GTA』シリーズにおいて、車中で流れるカーラジオも魅力のひとつ。ラジオ局ごとの選曲はもちろん、80年代を舞台にした『バイスシティ』では本物の80年代ベストヒットが大量に用意されるなど、ロックスターの細部に至るこだわりがここにも炸裂していた。

05 1998年にコナミが発売した潜入アクションゲーム。ソリッド・スネークを主役としたシリーズ第3弾であり、ポリゴンにより初3D化。基本的には「敵兵に見つからず戦闘を避ける」ながらも、ボス戦は派手で頭脳戦の要素もアリ。

はちゃんと考えなくちゃいけないんだ」と思わされましたね。なので、物音をさせて相手をおびき寄せてからエレベーターのボタンを押す。でも現実世界と同じように押したとしてもすぐには乗れないので、エレベーターが来るまでの間、またどこかに隠れながら待って……といったことまでやらされて。

宇多丸　めちゃくちゃプレイヤーにストレスがかかるシステムではあるんだけれど、そこが新鮮だったと。

三浦　あと、ソフトの中で行われていることとハード側が連動することがあるんですよ。

宇多丸　あ〜、途中で超能力使いが出てきて、どうしても倒せないとき！

三浦　頭の中を読まれてしまうので、こちらの攻撃が当たらないんですよね。その倒し方が画期的で。当時のPSはコントローラーの差込み口が2つあったんですが、コントローラーのポートを変えてプレイすると、敵がこちらの思考が読めなくなって攻撃が当たるようになるんですよね。あれには**「ゲームの中だけで操作するんじゃないんだ！」**と衝撃を受けましたね。

宇多丸　そのくだり、ありましたねえ〜。

三浦　あと説明書に番号が書いてあって、そこに無線を合わせるとヒントがもらえたり。そういうひとつひとつの仕掛けに、ものすごくワクワクしましたね。

宇多丸　いや〜、現在においても、ああいった工夫をしているゲームはなかなかないから、きっと若い子がやっても楽しいよね。じゃあそこからハードなゲームをやるよ

うになったんですね。アンケートで挙げていただいたのはＦＰＳの[06]『レインボーシックス』。これは難易度高いよ!?

三浦　最新作とかは結構やっています。オンラインゲームもやるので。

宇多丸　じゃあ、相手が三浦大知と知らずにキャッキャッとプレイしている人が、この世にはいっぱいいるんだ。

三浦　撃っていると思います、僕のことを（笑）。

宇多丸　でも、ゲームをやる時間はどう捻出してんの？

三浦　自宅に帰ってから、夜中ですね。疲れてはいるんですが、いちばんのストレス解消法なので**「家に帰れたらゲーム出来るぞ！」ってテンションが上がります。**

宇多丸　分かります。ゲームをすることで、ちょっとずつ知らない土地に行く感覚、それかまったく違うルールの中で生きる感覚がありますよね。じゃあ、『メタルギアソリッド』の次にエポックメイキングだったソフトは？

三浦　その流れでステルスものにハマってＦＰＳ好きになったんです。『コール オブ デューティ』も一時期ものすごくやっていましたね。すごくシビアで最初のうちは手も足も出ないいま、すぐ終了になってしまうんですけど、あれも練習がモノを言うんです。マップがあったり戦略の読み合いといったことを練習すればするだけ上手くなるんです。トラックメイカーで好きな方が多かったので、家でスカイプを繋いで「そっちに敵が行きました！」とか言い合いながらプレイしていましたね。

宇多丸　スタジオで共同製作して、その後も共同作業している（笑）。

三浦　スタジオで「じゃあゲームしましょうよ！」となって、それぞれ家に帰ってゲームを開始するんですよ。**すごい時代になったなあと思います（笑）。**

宇多丸　練習すればクリアできる。そのイズムはきっと、大知くんのパフォーマンスにも通じていますよね。

06 ミリタリー小説家の名前を冠したゲームタイトル群「トム・クランシーシリーズ」のひとつとして、1998年に1作目が発売（日本ではＰＣ版はマイクロマウス、ＰＳ版はシスコンエンタテインメントより）。その後はユービーアイソフトの看板タイトルとなっていき、2015年発売の『レインボーシックス シージ』は奥深い戦略性を有したチーム対戦ＦＰＳとして長く楽しまれている。

ゲームで発見をしていく楽しみ

宇多丸　では、今やっているゲームを伺っていこうかと。まず、ハードは何を？

三浦　ひととおり持っているんじゃないですかね。ＰＳ４に（小声になり）×××に……。

宇多丸　大地くん、この番組は「プレイステーション・プレゼンツ」なんですけど、メーカーなどの縛りはないので、声を大にして喋ってもらって構いません！

三浦　スゴいですね、**太っ腹！**　えーとじゃあ、Ｗｉｉやニンテンドースイッチです。

宇多丸　スイッチでは何をやられていますか？

三浦　『ゼルダの伝説 ブレス オブ ザ ワイルド』[07]ですね。『ゼルダ』シリーズはもともと好きでやっていたんです。これまでのシリーズだと、この村でこの人に会って、その人の悩みを解決するためにアイテムを集め、神殿へ行って……といった流れがあったんですけど、今回の作品は、**それがほぼないんです。**

宇多丸　いきなり広い世界に放り出される、と。

三浦　最初におじいさんキャラがいるので、話しかけるとほんの少しだけゲームのチュートリアルっぽいことは聞けます。でも、その後はほとんど何もないんですよ。メインストーリーも何個かあって、サブクエストもたくさんあって、それが同時進行で進むんです。しかも、それをどれからやってもいいんです。

宇多丸　そんなに自由度が高いんだ。

三浦　例えばストーリーのひとつで雪山に行くことになるんですけど、そこに入ると気温が低いので体力がどんどん削れていくんです。それまでの『ゼルダ』だったら雪山に入る前にキャラクターが出てきて「ここから先、その恰好で行くのは寒いよ」といった助言をくれたんですよね。

宇多丸　親切に教えてくれていたと。

三浦　そして職人に防寒着を作ってもらうために材料アイテムを集め、それを職人に渡して服を

07　任天堂が２０１７年に発売したオープンワールドアクションゲーム。文字どおり「目に見える場所はどこにでも行ける」が実現されており、スタート直後にラスボスに直行できるほど自由度が高い。やり込み性も深く、発売から数年後もタイムアタックが盛り上がっていた。

作ってもらい、いざ雪山！といった流れがこれまではあったんです。でも今回は誰からも何も教えられない。「どうすればいいのかな？」と思っていたらゴブリンが焚火で鍋をしているのを見たんです。料理を作ることが出来るらしい、という話は雪山に来るまでの村でチョロっと聞いていたので**「これかな？」と。**

宇多丸　それも後になって「そういえば言ってたなあ」くらいなんだね。

三浦　〝教えてもらう〟感じではないんですよ。で、森へ行くと「ポカポカ草の実」というアイテムがあるので、「もしかすると、これを料理するんじゃないか？」と。そしてこれを調理して、ようやく「ホットミルク」が手に入り、雪山も大丈夫なようになる。……と、ここまでの流れを誰にも教えられず自分で探さなければいけないんです。

宇多丸　はあ〜、いまの一連の行動を自分で考えなきゃいけないんだ。

三浦　でも実は僕、それに気づかず、たくさん薬草を仕入れて凍える状態のまま雪山に入ったんです（笑）。**ひん死になったら薬草で回復を繰り返して、ようやく目的地にたどり着いたんですよ。**

宇多丸　ホットミルクを作らずに回復量で勝負（笑）。でも、それでも行けなくはないんだ。そういう作りだと、これまでの日本的RPGを期待してた人からしたらちょっと戸惑いかねないね。

三浦　「『ゼルダ』の当たり前を変える」をテーマに作られたらしいですね。自分でいろんな新しいことを発見して遊んでいくという。

宇多丸　そこに「あ、コレかあ〜」っていう快感があるのね。……それ、僕好みじゃないですか！

三浦　絶対に面白いですよ。あと『ゴーストリコン』[08]シリーズもやっています。『レインボーシックス』のオンラインは2年目に突入しているんですけど、キャラクターが1年かけてどんどん増えていくのでシーズンによってマップが

08　部隊員に命令を出して作戦を遂行する「部隊指揮システム」が特徴のタクティカルシューター。米国特殊部隊「ゴースト」がテロリストや敵軍隊に立ち向かう。アメリカの小説家トム・クランシー（故人）が監修を務めているため、リアリティたっぷりの近未来の戦場が描かれている。ゴースト部隊員を成長させたり、能力をカスタマイズすることも可能。2003年に第1作がUbisoftから発表され、いまもシリーズ作品が開発されている。

ダウンロードコンテンツで増えるんですよ。また夏にキャラクターが増えるというので今から練習しておかないと。

宇多丸　いまのゲームは、1回クリアしたら終わりではなくて、ダウンロードコンテンツによって無限に遊べますよね。僕は[09]『フォールアウト』シリーズも好きなんですけど、最近追加コンテンツで、「ちょっと待って！　こんなに広いの？」というマップが出てきて……やり出すとタイヘンなことになっちゃいますよね。

三浦　発売後にも追加要素がある、って音楽にはない発想じゃないですか。ちょっと羨ましいと思うことがありますね。

宇多丸　ひょっとしたら音楽も追加コンテンツの時代がくるかもしれない。例えば大知くんが曲を出し、その曲を聴き手側がヴァージョンアップしていける、そのとかね。

三浦　そんな新しい聴き方が出来たら面白いですね。

宇多丸　で、「三浦大知のアルバムはある程度、練習してからでないと聴けない」ってなったり。何の情報もなくリリースして、最初は聴き手を放り出す、みたいな。

三浦　「何コレ？　どうやって聴くの？」って（笑）。

STAGE.2

ゲームでコロナ禍の現実をエスケープ

宇多丸　ついにこの番組も新型コロナウイルス感染防止対策の影響を免れなくなりまして、スタジオにゲストをお招きすることがはばかられるようになりました。ただ、〝家にいなければならない〟という状況から今、ゲーム需要が高まってきています。そこで、これまでゲストにご登場いただいた方は自粛期間中、どういう過ごしかたをされているのか？　これを伺っていこうじゃないかと。まさに〝ライフ〟と直結した〝マイゲーム〟という意味ではいいんじゃな

09　核戦争により荒廃したアメリカでサバイバルするRPGシリーズ。1作目はInterplayから2007年に発売。シリーズの知的財産権を買い取ったベセスダ・ソフトワークスが2008年に発売した『Fallout3』以降はオープンワールドに。時間を止めて敵の身体の部位ごとに狙い撃てる「V.A.T.S.」システムなどが特徴。

いかということで、しばらくの間は企画「巣ごもりスペシャル 今、なんのゲームしてるの？」をお送りします。記念すべき初回ゲストは……出ました！　三浦大知さんです！　コロナで家にいる時間が増えました。大知くんのことだからさぞかしゲームをやっているんじゃないかと思うんですが……どうですか？

三浦　もちろん、やっているんですけど、ほぼ仕事を家でやっているわけなので、むしろ家でのフリー時間が減っていくというか。外でレコーディングをして帰ってきた場合は「よし、家でゲームしよう！」となるんですけど、今は歌も家で録ったりしていますから。そうするとオンとオフの境目がなくなって、作業が終わっても「ああ、もうゲームする時間はないな」となっています。

宇多丸　リモートワーク問題ですね。プライベート空間に仕事が侵食してきてキツイ、ということはあるよね。

三浦　前からオン・オフをハッキリさせていたのかは分からないんですけど、やっぱり**切り替えがないのは厳しいですね。**

宇多丸　さすがだね。俺なんてやることやったら酒飲んで寝っ転がってゲームばっかやってるよ。でも前回、大知くんは「どれだけ忙しくてもゲームで気分を変える」と言っていたので心配になりますね。

三浦　なので、ちょっとその時間を割くようにしています。

宇多丸　ちなみに、コロナ禍前にやっていたゲームは？

三浦　やっぱり『デス・ストランディング』[10]です。それと全然上手くないんですけど『エーペックス レジェンズ』。『エーペックス』は1〜2試合だけサクッとやることが出来ますからね。

宇多丸　では、いまやっているゲームは？

三浦　『エスケープ フロム タルコフ』です。これはロシアのゲーム会社が作っている本格的FPSで、**宇多丸さんならたまらないんじゃないか**と思うんですよ。タルコフという架空都市

10　2019年にソニー・インタラクティブエンタテインメントが発売したアクションゲーム。「大災害に分断された人々を物流でつなぐ伝説の配達人」が、左右ボタンを交互に押して歩き、荷物の重さによろめく。他のプレイヤーが掛けた橋を使ったり、ネット越しのゆるい繋がりに癒されたとの声も多い。

があって、装備などを自分で選び、いろんな物資を集めながら最終的に脱出を目指すゲームです。

宇多丸　そう簡単に脱出できないくらいタルコフという街は治安が悪いんだ。

三浦　悪いです。これはパソコンゲームなんですけど、**僕はこれがやりた過ぎて今年、パソコンゲームデビューをしました。**操作や描写がとにかく細かいんです。歩くスピードも6段階から調節出来て、それによって足音が変わるんですよ。銃の弾の種類も多いです。大体のゲームって残弾数が表示されますよね。でも『タルコフ』にはそれがないんです。

宇多丸　（画面を見て）あ、確かにゲージがないわ。

三浦　ここが細かいんですよ。敵を倒して奪った銃って、現実的に考えたら何発装弾されているか分かりませんよね。なので『タルコフ』ではちゃんとマガジンを外して、弾が入っているかをチェックしないといけないんです。でもマガジンを上から見ているだけでは何発入っているのかは分からないので、いちどマガジンから弾を抜いてちゃんと弾数を確認しなければならない。

宇多丸　そこまでやるんだ！　残弾がそこまでシビアなものって珍しいね。でも現実の戦いだとそうなるよね。

三浦　回復するのも細かくて、頭、ボディなど部位によってHPが振られているんです。たとえば右腕を撃たれたら、まず右腕をちゃんと止血をしたうえで回復アイテムを使わないといけない。しかも自分が倒されたら、それまで一生懸命カスタムした装備とかがロストされるんですよ。

宇多丸　じゃあ現実同様、死なないためシビアにやっていかなきゃいけないわけだ。……これ、ハマりこんだら長そうなやつだなあ。

在宅期間中にゲームでリフォーム

宇多丸　では、ほかには何をやられていますか？
三浦　最近やり始めたのはリフォーム・シミュレーションゲームの『ハウスフリッパー』[11]です。これは自分は清掃＋リフォーム業者で、まずミッションとなるメールが届くんです。例えば「元カレが嫌がらせで侵入したらしい。家の中を汚されたうえに物まで盗っていったらしいので掃除をしつつ盗られた物があったら新しく取り付けてほしい」といった。依頼を受けて家に行くと家中グチャグチャに汚されているので、椅子を避けたりしながらゴミを掃除して……。
宇多丸　楽しいの、それ？（笑）
三浦　ハハハ、結局は〝作業ゲー〟なんですけど、**なんかのんびり出来るんですよね。**
宇多丸　そっか、そんなに急き立てられることもなく。
三浦　で、壁とかを磨きながらエアコンが盗られていることに気づくんです。そしてエアコンを取り付け、その報酬で自分の事務所の内装・外装を良くしていくんです。
宇多丸　なるほど。いかにもアメリカのゲームですね。**カレシが暴れてエアコンを持っていく、なんて完全にアメリカの話だもん（笑）。**
三浦　ミッションもどんどん高度になっていくみたいです。まだ数ミッションしかクリアしていないんですけど、やっていると癒されるというか。
宇多丸　こういうゲームをどこで見つけてくんの？
三浦　プレイステーションのストアを見る習慣があるんで、そこで見つけました。**こういうインディーゲームも好きなんですよ。**
宇多丸　俺なんかはゲームでやっているうちに現実の自分の家が気になりそうだな。ちなみに大知くんは現実でもキレイ好きですか？
三浦　見えるところはキレイ好きで、引き出しの中とかは汚いですね（笑）。あとやっているのは『あつまれ どうぶつの森』ですかね。
宇多丸　「やる時間がない」とはいいつつ、**す**

11―「汚家（おうち）」を掃除やリフォームでキレイにして販売、一流のハウスフリッパーを目指すダウンロード専用ソフト。開発はポーランドのFrozen District社。

げえやってんじゃねえか！という。

三浦　もともとすごくやっていたものが、ちょっと減っただけですね（笑）。

宇多丸　先ほどの『タルコフ』なんて片手間では出来ないでしょう。

三浦　1ミッションに20～30分かかるときもあります。「生き返られない」という瀬戸際の状況で歩いているカンジが、ほかのゲームにはない緊張感がありますね。

宇多丸　では最後に、コロナ禍のなかゲーム好きのリスナーの皆さんにメッセージをいただけますでしょうか。

三浦　ステイホームが大事ななか、ゲームでは何にでもなれるし、どこにでも行けますよね。自分が行きたい場所、経験したことのないような世界も**ゲームなら何でもありなんです。**今、エンターテインメントとしてゲームが持っている力というのが存分に楽しめる時期だと思います。

宇多丸　オンラインでも楽しめますしね。あと改めて思うのが、『デススト』には今、必要とされるものが入っていますよね。さすが小島秀夫さん。

三浦　『デススト』をプレイすることによって、絆とか繋がることの重要性を体験していたところはあります。そこで受けた影響は、このコロナ禍のなか外に出て、誰かのために頑張っている方たちに対する感謝になっています。

宇多丸　孤立した気持ちになっている人こそ今、『デススト』がいいかもしれないね。

三浦　はい。今、それぞれが孤独を感じているからこそ、その**孤独が繋がったとき「一人じゃない」ということが伝わる**と思います。

加山雄三

YUZO KAYAMA

#2

▷▷▷

**船上でサメが出る
VRゲームをやらせると、
みんな怖がるね。
その後に言うの。
「ここらへんも
サメが出るんだよ」って。**

2017.11.4—11 O.A

PROFILE

▷▷▷

加山雄三(かやま・ゆうぞう)

1937年4月11日、神奈川県出身。慶應義塾大学法学部政治学科卒業後の1960年に東宝に入社し、俳優デビュー。主演映画『若大将』シリーズの大ヒットから“若大将”の愛称で親しまれる。1961年に歌手デビュー、「弾厚作」名義で作曲も行っており「君といつまでも」「お嫁においで」「旅人よ」など多くのヒット曲をもつ。その多彩な芸術的才能から油絵画家、陶芸家としても活躍。2014年秋の叙勲にて旭日小綬章を受賞している。

MY BEST GAME

『バイオハザード』
(カプコン)

ビデオゲームの若大将

宇多丸　今夜のゲストは加山雄三さんです。よろしくお願いします！　はじめまして、是非お目にかかりたかったので光栄です。

加山　いやいや、お礼を言わなくちゃいけないのは俺だよ。「旅人よ」[01]をリミックスしてくれて本当にありがとうございます。

宇多丸　張り切って手掛けさせていただきました！　でも今回は、音楽でなくゲームの話を伺います。

加山　俺、いつの間にかゲーマーになっちゃたなあ（笑）。

宇多丸　加山さんの多彩な面の中でも、ゲーム好きという面は鳴り響いていますから。

加山　我々の年代は誰もやっていないだろうな、という時期からやっているね。FM－7[02]というコンピューターをその会社の人からもらったこともあるね。

宇多丸　富士通の方から！

加山　それで「コンピューターっていろんなことが出来るんだな。面白い！」となって。ゲームと出会ったのも早かったね。結婚より前だったから……1970年より前。

宇多丸　初期のビデオゲームというと？

加山　ホテルのロビーとかに置いてあったテーブル型（筐体）のブロック崩し、あとインベーダーゲームとか『ギャラクシアン』とかいろんなのをやったね。

宇多丸　ゲームといえばゲームセンターでやる時代でしたね。

加山　息子ともいろんなゲームを探してきてはやったね。『ドラゴンクエスト』も最初の頃からやっているよ。『ドラクエ』がいいのはねえ、音楽。あのタイトル音楽がオーケストラ演奏されたときは「これはスゴい！」と思って尊敬したね。

宇多丸　当時の持てるスペックのなかで、いちばん豊かな音を鳴らすというか。また、息子さんでなく加山さんが率先してハマっているのがスゴいですね。

01　2017年3月、加山雄三生誕80周年を記念して発売されたアルバム『加山雄三の新世界』。その中で宇多丸氏は1966年発売のシングル「夜空を仰いで」のB面に収録された「旅人よ」をリミックスした楽曲「旅人よ feat. RHYMESTER」を手掛けている。

02　1982年に富士通が発売した8ビットパソコン。処理速度もグラフィック性能も高い、価格も安い、PSG音源も優秀で、ゲームやホビーに大活躍。このマシンを知らなくても、当時タモリのCMを見た覚えがある人はいるはず。

加山　好奇心旺盛なのかね。俺、バカみたいに新しいものが好きでね。

宇多丸　そこが感動しますよ。では、ブロック崩しの頃から始められて。家庭用ゲームも初期から所有されてましたか？

加山　**うん、もう手に入るものは全部。**パソコンもAmiga2000[03]まで買ったね。それは息子がアメリカ留学したときに手に入れたの。「コンピューターとして最高だな。いくら金をかけてもいいから買え、買え！」と言って。それから始まっちゃってるからさあ。

宇多丸　買えるからスゴいですよ。当時、パソコンを持っている人は少なかったでしょうね。

加山　少なかったね！　息子は俺のFM-7に興味を持ち始めて、次に出たMSX[04]ではプログラミングしてゲームを作り始めたからね。パソコンもかなり早かったから。コンピューターに強くなったのはそこからだな。

宇多丸　じゃあ、音楽にコンピューターを使ってみようと思われたのも早かったんですね。

加山　早かったですねえ。最初はエミュレータIIから始まってね。

宇多丸　日本で数名しか持っていなかったシンセサイザーのシンクラヴィアも買われていますよね。

加山　今も家に遺跡のように飾ってありますよ。今はもうあんなデカいの、いるわけないんだよ（笑）。でも息子が「とっておこうぜ」と言うからさ。

宇多丸　いや、でもそれは**〝現代のパイプオルガン〟**として持たれていたほうがいいと思います！

加山　ハハハ、いい表現したよ、お前。分かった！

宇多丸　加山さんのお話を伺っていると、ゲーム史以前にコンピューター史になりますね。

加山　最初に音楽でやったことはダビングだったんだよ。ウェブスターという会社のワイヤーレコーダーと、親父（俳優の上原謙）が買ってきたテープレコーダーを使って。歌を入れてみたらデュオみたく2人で歌っているようになった。

03　米コモドール社が80年代後半に発売したパソコン。「Amiga」のバリエーション。当時としては高性能なCPU「68000」を搭載しており、3DCGやビデオ映像も扱えたためにクリエイターに愛用された。日本でもテレビ番組『ウゴウゴルーガ』製作に使われている。

04　1983年にマイクロソフトとアスキーが提唱した8ビットパソコンの共通規格。ソニーや三菱、松下電器産業（当時）等が参入して製品を発売。安価でキーボードが付いた「ゲームもプログラムもできるマシン」として愛された。

たんで、そこにベースを入れてみたりピアノを入れてみたりと多重録音の面白さにハマってね。それが高校生の終わり頃かな？

宇多丸　となると1950年代。ビートルズがそういう試みをしている頃より早い。

加山　早い早い。ビートルズが出てくる前。**日本にテープレコーダーが入ってくる前で誰もやっていないんだから。**その音源もまだ残っているからね。

宇多丸　山下達郎さんよりはるかに早い多重録音音源！　それは発売されたほうがいいんじゃないですか？　……と、ひとつひとつ掘り下げていくと、とてもこの番組では収まりきりません。それをなんとかゲーム話に収めようというね。

加山　そうか。じゃあ、軽くいこう（笑）。

『バイオハザード』を狙撃せよ

宇多丸　音楽に対しても興味が広がっていたコンピューターですが、最初に買われた家庭用ゲーム機というと？

加山　ファミコンだね。それからはプレイステーション（PS）1から4までずっと。

宇多丸　加山さんというと『バイオハザード』[05]ファンという印象があります。

加山　『1』をやったときはものスゴく怖かったねえ。今でも『1』がいちばん良かったと思うな。別館に行ったら犬が飛んできたり、デカいカエルのようなのが飛んできたり……。**「こんな面白いものはねえな」**って。

宇多丸　加山さんのなかで『バイオ』は革命的だった？

加山　完全に革命的でしたね。これにハマっちゃってからは大変だったよ。

宇多丸　以前のインタビューで「『バイオ』は映画を超えた」ともおっしゃっています。

加山　それは『1』の後だね。『3』『4』になってくると映像がカクカクぎこちなくないんだよ。「これじゃあ俳優は廃業しちゃうんじゃないか」っていうくらいスゴかったと思うしさ。

05　1996年にカプコンより発売されたサバイバルホラーゲームの歴史的名作。迷路のような洋館、極限の恐怖の中でプレイヤーは謎を解き、生き残ることを目指していく。数多くの続編、スピンオフ、ハリウッドでの実写映画など様々に派生した作品群の原点とも言えるエポックメイキングな1本。

宇多丸　なぜ『バイオ』をやってみようと思われたんですか？

加山　ゲーム機を持っていたところ発売されたという情報が入ってきたわけだよ。すぐに飛びついて、すぐにやってみて、すぐにハマって、ひと晩中抜けられない（笑）。

宇多丸　ゲームはやり込み派ですか？

加山　そうだね。19時間連続でやったこともあるね。

宇多丸　19時間！……これは完全に〝ダメな人〟の領域ですよ。

加山　**そう、完全にダメな人の領域で使いモノにならなくなる（笑）。**もう家族にも見捨てられてるよ。でもクリアしたときの嬉しさがたまらないんだな。夜中の3時に「やったー！」って叫ぶくらい。で、この感動を誰かに言おうと思っても誰も起きていないから「チクショー！」となって。……バカだねえ、ホントにね。

宇多丸　いや、分かります。『バイオ』のラスボスは簡単に倒せないからこそ、より大きな快感がありますよね。

加山　そう。**ロケラン（ロケットランチャー）が手に入るようになってから楽しくなったね。**そこからはストレス解消になってくる。それまではストレスが溜まるんだよ。

宇多丸　最初は逃げ回ったりすることが多いですからね。

加山　いろんなことでもって稼いだ金で弾を買って増やしていって……弾数が無限大のロケランになる。『バイオ3』くらいから、いろんな武器が出てくるじゃない。それをゲットしながら弾を無限大にするんだよ。

宇多丸　どんどんクリアしていって。

加山　**ナイフだけでクリアしなきゃいけないとかもやったね。**

宇多丸　ナイフクリアもやられているんですか？

加山　あれは最悪！「バカだな」と思いながら、もうなんべんもやっているね。

宇多丸　ナイフ縛りのクリアって、もう何週目かのクリアのモードですよね。

加山　**12週目くらいかね。**いちど11週目くらいをやっていたんだけど元に戻っちゃって。「これはどうしたもんかね」と、また1周目から寝ないでそのままやり直しを始めて。もう、なんべん徹夜したか。でも、このアイテムが入手できるんなら……と思うとやってしまいますよね。

宇多丸　あと、加山さんが『バイオ』がお好きということを聞いて僕がパッと思ったのが、アクションスター・加山雄三という面です。ここに映画『狙撃』[06]のDVDを持ってきました。日本でガンアクションと銃描写がもっともリアルな映画として知られる作品で、加山さんは松下徹という狙撃手を演じられています。

加山　すごいな、よく知っているなあ（笑）。

宇多丸　『バイオ』でもいろんな銃が出てきますが、そういうところも魅了されたポイントとして大きいのかな、と思いまして。

加山　そういうところもあるんだろうね。**実際**

06　1968年公開の東宝映画。加山雄三が明朗快活な〝若大将〟のイメージを離れ、クールで寡黙な殺し屋・松下徹を熱演した「東宝ニューアクション」の傑作。こだわり抜かれたリアルな銃器描写も見どころ。脚本・永原秀一、監督・堀川弘通。同路線の作品に『弾痕』（1969年）がある。

の銃を撃った人なんて、そんなにいないじゃん。俺はアメリカ行ったとき、いろんな銃を撃たせてもらえる機会があったんだよ。そこには狙撃銃もあってさ。そこで銃と.357マグナム弾を買って……もちろん登録はしましたよ。それで砂漠へ行って狙撃銃を撃ってみたらものすごい反動でね。

宇多丸　肩にきましたか。

加山　3発くらい撃ったら、もう肩がダメ。痣も出来ていたんで「もうこんな銃、いらねえや」って店に戻したところ、店員から「お前、こんなシャツを着て撃ったのか？　バカだなあ、この銃はこういうジャンパーを着てやるものなんだよ」と言われて厚手のジャンパーを見せられて。しかも、その銃はトドかゾウを撃つためのものだったんだよ。

宇多丸　あ、人ではなく。

加山　そう。それほど銃の反動ってスゴいんだよ。

宇多丸　ちょっとゲームの話から外れます。みなさん、この名作『狙撃』のなかで加山さんが演じているスナイパーは、ちゃんと肩当てのあるジャンパーを着込んでいるんですよ！

加山　ベルトを巻きこんで、肩にギュッと銃を押し付け、前にのめり込むように体重をかけながらバンッ！　と引き金を引くというね。この作品は本気でやったからさ。**銃を扱ったことのある奴だったら「スゲえ!」と思うだろうと。**

凝り性なんだね（笑）。

宇多丸　だからこそ信用が出来ると言いますか、僕はガンマニアでもあるので今のお話を伺って、やっぱり実体験に即した演技だったんだと。……最高です！　なので『バイオ』好きと聞いたとき「加山さんなら不思議じゃないな」と思ったんですよ。

加山　あ、ホント。この『狙撃』は話題になったの。どこで話題になったかと言うとニューヨーク。でも向こうで本当に狙撃事件が起きてしまって上映禁止にされたんだよ。

宇多丸　そんなことがありましたか！　日本映

画をアメリカ人が観て「リアルだからダメだ」というぐらいのガンアクション映画ってないですよ。

加山　うん、珍しいと思うんだよね。

キャラ萌えからタイムアタックまで

宇多丸　あと『バイオ』の流れで『鬼武者』[07]シリーズもやられたということですが。

加山　『鬼武者』、面白かったねえ〜。どうしてか『3』でシリーズが終わっちゃったけど、ずっと続編を待っているよ。

宇多丸　ハマったポイントはどこですか？

加山　全部だよ。最後に幻魔王ってのが出てくるじゃない、あれ（織田）信長なんだよな。『3』だとジャン・レノが出てきて500年の時を往復するじゃん。それも面白いんだよ。

宇多丸　実際の俳優さんをモーションキャプチャーしていますね。

加山　そっくりだよ。走り方は変だけどさ。最後にモンサンミッシェルが出てくるんだけど、行ってみたくなっちゃったもんね。**あと『バイオハザード』に出てくる女性はいいなあ。**

宇多丸　クレアとかジルですね。

加山　エイダも良かったねえ！

宇多丸　**まさかのキャラクター萌えまでいきますか！**

加山　顔もいいけどさ、ボディラインがたまらないよね。着替えも出来るし。『バイオ5』だとシェバかなあ。彼女もボディラインがすごい。でも、短パンみたいな衣装があるじゃない。「あんな恰好で戦えるかよ！」とは思うね（笑）。

宇多丸　外国人の女性キャラがお好きなんですか？

加山　だって『バイオ』はそれしかいないじゃない。『ファイナルファンタジー』だと……あれは日本人なのかね？

宇多丸　『FF』もやられているんですね。

加山　『FF』は『X』まで。『XI』はオンラインになるというんで「あ、止めた」と。それ以

07　初代はカプコンが2001年に発売した、戦国サバイバルアクション。ゾンビから逃げ惑う『バイオハザード』に対して、刀剣でのバッサリ感が打ち出された。本文中のジャン・レノのほか、初代は金城武、『2』では故・松田優作をモデルに起用して度肝を抜いた。

来、やっていないんだよ。

宇多丸　『ドラクエ』はどうですか？

加山　『ドラクエ』はほとんど息子がやっているのを脇で見ていたね。どんどんクオリティが良くなっているけど、いまだにパーティが連なって出てくる同じスタイルじゃない。それが「いいねえ」って。なんか歴史ゲームをやる気持ちだね。

宇多丸　クラシックさを残してあるカンジですね。

加山　そういうこと。やっぱり音楽もいいしさ。

宇多丸　伺っていると、加山さんはリアル志向のビジュアルゲームがお好きなのかな、と。レースゲームだと『リッジレーサー』[08]シリーズもやられていますね。

加山　『リッジ』は『3』までやったね。あれはスモーキーマウンテンというステージが好きでさ。『リッジ』は点数を稼いでいくと車をチューンナップ出来るじゃない。

宇多丸　そして、どんどん上のレースにいくという。

加山　でも俺はそれを一切やらないで、最初に設定された状態のままでやるんだな。

宇多丸　周りの車の性能は上がっているのに？

加山　**そんなの関係ない。とにかく自分の腕を上げていくんだよ。**スモーキーマウンテンではアクセルを緩めるのは1か所だけなんだよ。あとはアクセル踏みっぱなし。

宇多丸　じゃあ、確実なコーナリングをしなければいけない。

加山　そう。このステージでなかなか3分50秒を切れなかったんだよ。

宇多丸　自分との戦いですね。

加山　それで、40ン秒までいったんだけど、それをゲーム仲間に言ったら「それはありえない！　あのステージは50秒台しかいけない！」って（笑）。

宇多丸　やり込みますねえ、最高です！　じゃあ、『鬼武者』でも一定条件を満たして本編をクリアした後、パンダ衣装になったり？

08　1993年からナムコが展開するレースゲーム。ドリフトでコーナーを駆け抜ける。中期作からはドリフトでニトロが蓄積されて爆発的な加速を得られるシステムで、スピード感がさらにアップ。

加山　あれは端武者（はしむしゃ）で終えたんだよ。端武者になると速いよ〜。アイテムを何も取らず、ひたすらラストまで行っちゃうの。あれは『鬼武者2』だな、1時間10何分というクリア時間を出したんだよ。

宇多丸　短時間クリアプレイもやられている！

加山　それをもっと上回って**最終的には57分ぐらいの記録が残っているよ。**

宇多丸　ということは全然、敵と戦わないで走り続けるんですね。マラソンみたいになっちゃって（笑）。

加山　なんかそういうのをやってみたいと思ったんだね。

宇多丸　伺っていると〝縛りプレイ〟がお好きなんですね。

加山　そうだな。**『鬼武者3』では1時間40分という記録があるんだよ。**これも端武者ね。その記録を自慢していたら、次男が「世の中すごいぞ、40分という記録のヤツがいるよ」と言うんだよ。……そんなこと絶っ対あり得ないんだよ！　で、次男に「お前やってみろよ！」って、そこからはケンカだよ。

宇多丸　ハハハ！　どういう親子ゲンカですか！

加山　そうしたら次男が聞いたのは1時間40分の間違いだったんだよね。だから俺とそいつは日本記録タイなんだよ。

洋ゲーとの邂逅？

宇多丸　ケンカをするほどゲームをやり込まれてきた加山さんですが、マイベストゲームは挙げられますか？

加山　やっぱり長いことやっている『バイオ』がいちばんいいよね。

宇多丸　ナンバリングでいうと？

加山　その都度いいのがあるね。古いナンバーでも「あの場面が好きだから、もう1回行ってみよう」ってやることがあるんだよ。すると「あ、こんなんだったなあ」とか「結構、動きがギクシャクしているなあ」とか思い出すの。新しいナンバーは動きもスムーズだし、ものすごくグレードアップしているでしょ？　それを見た後に古いナンバーをやると「ちょっとダセえな」とは思うんだけど……怖さにおいてはやっぱり『1』がいちばん怖かったな、と。

宇多丸　『バイオ』を愛されて止まないという。

加山　止まないですねえ。

宇多丸　ちなみにアメリカ製のゲームはやられないですか？

加山　やんないね。なんの情報も入ってこなかったからだと思うんだけどさ。

宇多丸　私はですね、アメリカ製のゲームが大好物でして。銃器のリアル志向という意味では、これはやはりアメリカ製なんですよ。

加山　なるほどね。

宇多丸　僕がいちばん加山さんにオススメしたいのが『グランド・セフト・オート』です。このゲームは犯罪者になってニューヨークを思わせる都市で、犯罪行為や金儲けをしていくという犯罪者生活をプレイできるんです。

加山　仮想犯罪者だ。

宇多丸　同じメーカーからもうすぐ西部劇をイメージした『レッド・デッド・リデンプション』というゲームの続編も出ます。この2本のプレイをお勧めします！

加山　じゃあ、メモって帰ろう（笑）。

宇多丸　今日は「狙撃者・松下徹にコレをオススメせずにどうする？」という気持ちでやって参りました。ちなみに『FF』は『X』までやられたということですが、なかでもどのタイトルがお好きですか？

加山　やっぱり『FFX』が好きだな。物語性がしっかりしていたし、最後に感動するシーンがあったり。ゲームなのに中に入り込んでいってキャラクター見ていると「いいなあ」と思っちゃうんだな。そういうのが『FF』の特徴だと思うんだよ。『バイオ』だと敵ばかりでおっかねえから（笑）。『バイオ2』[09]で思い出すのはエイダの死亡シーン。落ちそうになってい

09『バイオハザード2』。1998年にカプコンが発売したホラーアクションゲーム。前作の閉ざされた洋館から一転、広いラクーンシティを探索する。主人公は新人警官レオンと女子大生のクレアのどちらかを選び、クリア後にもう1人をプレイして事件の全貌を知ることになる。

るエイダにレオンが「手を離すな」と声をかけるんだけど、エイダは「さよなら」と言って落ちていくんだよ。そのときレオンが叫ぶんだよ、「エイダーっ！」って。**あのときなんて涙が出そうになるな。**

宇多丸　ご自身が登場キャラクターのようになって。

加山　そういう感動シーンが映像的にあったりするとゲームでも「いいなあ」と思うね。後でもって、エイダは生きていた、ってなって。**カワイイのよ、もう。**

宇多丸　キャラ萌え的な感覚が加山さんから出てくるのは新鮮ですね。それに加山さんはいろんなゲームを与えれば与えるほど、その世界にハマっていきそうですね。

加山　ハハハ、ヤバイよ！　時間が足んなくてしょうがないよ。

宇多丸　そこなんですよ、ゲームは時間がかかるから。

加山　そこがネックだね。俺ね、三つ子だったらいいなと思ったもん。**「お前は今日、仕事へ行っていろ、お前はここに行って歌っていろ、俺はゲームをやっているから」**とかってね。

唯一無二の『バイオ』プレイ

宇多丸　しかも加山さんのご趣味はゲームだけじゃないですもんね。

加山　うん、絵も描かなきゃいけないしさあ。

宇多丸　あと海にも行かれますし。

加山　まあ、海でもゲームやるけどね。

宇多丸　海でもゲーム!?　海にまで行って何やってるんですか！

加山　**海に行ったら泳ぐかゲーム。**

宇多丸　船内にゲーム機を完備しているんですか？

加山　船にもＰＳ３とＰＳ４が家とは別にあるね。ソフトもバーッと積んであって、１週間ごとに「今日はコレとコレをやろう」と決めていてさ。家と同じことをやっているよ。ＶＲもあるから誰かが来ると「やってみるか?」って言うんだけど「なんだコレは?」ってポカンとするの。**同年代はダメだね。全っ然、話が合わない!**

宇多丸　そもそもビデオゲームをプレイするということに慣れていないでしょうから。

加山　40歳くらいまでの若い奴だとゲーム経験があるから「やるやる」ってノってくるんだけどね。

宇多丸　お話を伺っていると、加山さん、俺たちの世界の頂点にいらっしゃいますよ。

加山　頂点でもないよ。輪の中に入れてもらいたいだけのハナシ(笑)。

宇多丸　加山さん、先ほどオススメした『GTA』は船も乗れるし飛行機も運転できるんですよ。つまり船上で船を運転するという謎のプレイが出来ます(笑)。

加山　**車にデッカいモニターを付けて車内でゲームはやっているけどね。**車を走らせながら『リッジレーサー』やってみな? 実車が右に曲がっているのにゲーム内の車は左に曲がったりするからG(重力)のかかりかたがおかしくなるんだよ。

宇多丸　それも変態的なプレイですけどね(笑)。それにしても加山さん……ゲーム好き過ぎじゃないですか。

加山　だって移動に2~3時間かかることがあるんだよ!? そういうときはゲームをやりながら行くよね。本当は移動中に歌の勉強でもすればいいんだろうけど……ダメだねえ(笑)。

宇多丸　いやいや、俺たちの鑑です! もうね、**〝俺たちの加山雄三〟**です! でも加山さんはホントに俺たちの好きなことを全部極めていらっしゃいますね。

加山　いやいや、まだまだこれからだよ。君が紹介してくれたゲーム、まだやっていないからね(笑)。

宇多丸　では、先ほどゲームに集中するとのめり込んでしまうタイプとおっしゃっていましたが、プレイ時間はどう作られていますか?

加山　結局、割り振りしかないんだよな。「ここで3日間空くな。よし、ゲーム！」って決めるんだよ。絵を描かなきゃいけないとなればちゃんと絵を描くしさ。予定が狂うこともあるけど、これからは時間表のようなものを作らないとダメだね。

宇多丸　お仕事から帰られた後ではなく、数日間、時間を取ってゲームをやられると。

加山　しっかり休みのときにやる。前夜にたっぷりと寝ておいて、午前11頃に起きて、風呂に入って、食事をして……「はい、やりましょう」と。

宇多丸　天国ですね！

加山　うん、もう天国だね。

宇多丸　ゲームのセッティングはどのようなものなんでしょう？

加山　テレビは50インチを超えているね。デカいよ、ものすごく。それが2階にもあって同じようにゲーム機をセッティングしてあるんだよ。どっちでもいけるように。

宇多丸　どっちにもいける？　ちなみに2か所でやる意味は……。

加山　移動してやるんだよ。同じゲームを上と下に入れておいて、**下の階は無限大のロケランを持っているいいデータのほう、上の階ではロケランを持っていないほう。**ロケランがないほうも、ないなりの楽しみ方があるからね。

宇多丸　プレイの仕方が違うわけですか。

加山　そうそう。2階はストレスが溜まる。それがイヤになったら1階に行ってストレスを解消する。

宇多丸　ラクにプレイしているほうと、ストレスがあるほうと分けている！　……加山さん。これ、端的に言って変態ですよ（笑）。

加山　**そう、だから見捨てられるんだよ。**

宇多丸　すごいな！　でもある意味、夢ですよね。パラレルワールドを生きているような。

加山　そういうこと。どこへ行っても同じものが出来る、というのも俺の夢だったからね。昔はフロッピーディスクにデータを入れて、それを本体に差せばよかったんだけど、今は違うんだよな。

宇多丸　記録媒体がハードディスクですからね。データ移行は何かやり方があると思うんですけど……加山さんのやり方のほうが豊かだと思います！

加山　ハハハ！　豊かかどうかは知らねえけど、まあ面白いよね。

世代を超えたゲーム仲間

宇多丸　プレイされる際はソファーなどに座られて？

加山　そう。

宇多丸　姿勢はどうですか？　ソファーにゆったりか前のめりか。

加山　どんな椅子に座ったってさ、前のめりになっちゃうときはあるよな。でも猫背になるやり方はしないね。

宇多丸　手元に置いておく飲食物はありますか？

加山　ない。飲食をするときはちゃんとゲームを止めるかセーブをするよ。そこはゲームをする人間としては古いんだろうな。**〝ながら〟っていうのはやんないね。**

宇多丸　加山さんはいろんな方面を極めていらっしゃるから、むしろ我々のように〝ながら〟ではないんですね。

加山　それと手を汚してゲーム機を汚したくないんだよ。

宇多丸　ポテトチップスを食べた手で触ると油が付きますから。この番組でゲストの方にセッティングの話を聞くと、クッションを置くとか面白いんですよ。

加山　ああ、肘を乗せるためにね。俺の椅子には肘を乗せる部分があるから。

宇多丸　長時間プレイに構えた椅子なんですね。

加山　そういうこと。船も同じ椅子だね。

宇多丸　ではゲーム仲間はどのような方なんでしょう？

加山　ウチの息子たちと、息子の友達。そこらへんまでだな。それ以上、年上になるとダメだね（笑）。ウチの息子が45歳（当時）だから、その下がちょっといるくらいかな。

宇多丸　僕の親が加山さんと同じくらいの年齢で、映画・小説には理解があるんです。でもゲームだけは「あんなものは分からない！」と言っていますね。

加山　「あんなものは」って言ったかあ〜。**俺には考えられない（笑）。**

宇多丸　だから「すごろくみたいな、あなたの時代のゲームとは違うんだからね！」と言い返しましたけどね。近い世代で加山さんのゲーム仲間というと鈴木史朗[10]さんは？

加山　あの方はゲーマーだというので取材で一緒になったんだよ。家で並んで一緒にゲームをやるわけではないね。

宇多丸　その世代の方でゲーマーというのは、なかなか珍しいということですね。

加山　でしょうね。取材が来たくらいだから。2人してゲームをしているところを写真で撮って新聞に出たんだよ（笑）。これってやっぱりすごいな、と思うね。

宇多丸　加山さんはスチャダラパーのＢｏｓｅくんやＰＵＮＰＥＥくんとかと交流していますから、そちらの世代のほうが話が合っちゃうんでしょうね。

加山　その場合はやっぱり音楽の話のほうが多い。ゲームの話はあんまりしないね。

宇多丸　でもＢｏｓｅくんはゲーム好きですよ。

加山　え？　好きなの？　あいつ。

宇多丸　好きですよ。「ゲームボーイズ」という曲もあるくらいです。彼はご実家が喫茶店を経営されていてインベーダーゲームが好きなだけ出来るという環境で育ったんですよ。

加山　じゃあ、やり始めた時期も早いんだ。

宇多丸　で、スチャダラパーとして小金を稼いだとき、ゲーム筐体を買ったというエピソードもあります。

10　1938年生まれのフリーアナウンサー。70年代末の『スペースインベーダー』からのゲーマーであり、テレビで『バイオハザード4』（当時69歳）をプレイした際に「手榴弾で一応ぶっ殺しときます」と言いつつ高スコアを叩き出して視聴者をシビれさせた。

加山　おお、いいねえ。

宇多丸　そのとき僕はまだぺーぺーだったので、そこで嫉妬ですよ。**加山さんとも先に仲良くなるし……ホントに許せない男ですよ（笑）。**

加山　いやいや、その「いつかは追い抜く」っていう精神だよ。

宇多丸　はい！　頑張っております！

これからのゲームのカタチ

宇多丸　最近のゲームはオンラインが主流になってきているんですけど、そちらはどうですか？

加山　やったけど……。4人くらい集めるファイティングゲームがあるじゃない。でも勝ったことないね。相手の動きがものスゴく早い！　**世界はものスゴい奴らばっかりだよ。**

宇多丸　それはもうゲームしかやっていない奴らですから（笑）。

加山　そうなの。それでなきゃ、あんなにスッと入ってくるわけないもの。

宇多丸　常にゲームが出来るようスタンバイしてますからね（笑）。

加山　それに敵がどこから撃ってくるのか分かっているから、すぐ位置を決めちゃうんだよ。こちらが「ん？　何やっているんだ？」と思っているうちに撃たれちゃう。そういうのが頭に来るからやっていないんだよ。やったことはやったけど〝トライ〟ってカンジだね。

宇多丸　息子さんとオンラインでゲームをやられたりとかは？

加山　俺がアメリカに行ったときに日本の息子とやったね。アメリカが夜の9時で日本時間は朝の10時。あれは『バイオ5』だったかな？　「俺はシェバをやるから、お前はクリスをやれ」とかさ。

宇多丸　離れているところでも息子さんとプレイが出来る。こういうオンラインの使い方はいいですね。

加山　そうだよ。そういうほうがいいよ。

宇多丸　知らないアメリカ人に罵られながら殺されるより（笑）。

加山　オンラインゲームは2回くらいやって、もうイヤになっちゃったね。**誰か分からないような他人が入ってきて負けたら腹がたつじゃん。**

宇多丸　僕のオススメしたゲームもオンライン版があるんですけど、そちらはオススメしないです！　では、苦手なタイプのゲームはありますか？

加山　RPGっていうのは基本的には苦手なんだよね。やったことはやったんだけどさ、でも**ファイティングのほうが燃えるというかね。**

宇多丸　リアルタイムで自分の運動神経を活かしてプレイするゲームのほうが性に合っている感じですかね。……これは力強いお言葉をいただきました。僕も長年「RPGは苦手」で来ましたので。**リスナーのみなさん、加山さんがおっしゃっているんですよ！　お聞きですか？**　と、虎の威を借るという（笑）。

加山　これからは『バイオ』のようなゲームの中に自分が入っていけたらいいな、と思うね。入っていくというのは映像的に。モーションキャプチャーやスキャニングをして、主人公の顔は俺。**自分がゲームの中に入って、『狙撃』のように銃を選んでやれたら面白いだろうな、と。**俺が出演した名古屋の博覧会で、撮った写真を一瞬にして動画に出来るというアトラクションがあったんだよ。あれがもっとクリエイティブになったらゲームに出来るんじゃないかと。

宇多丸　そのうちPS4の付属カメラを使ってスキャンして、それをやれる時代はおそらく来るでしょうね。

加山　絶対に来るはずなんだよね。自分の相棒となるキャラクターには気に入った女性の顔をスキャンしといてさ（笑）。

宇多丸　**松下徹とミラ・ジョヴォヴィッチがゲームで共演とか。**

加山　ハハハ！　それが出来たら、もっとゲームにのめり込みそうな気がするね。

宇多丸　改めて言っておくと、松下徹というのは映画『狙撃』で加山さんが演じた主人公です。

加山　聞いている人にはサッパリ分からないだろうけどね（笑）。

宇多丸　その分からないことを歌詞にいれてしまったのがライムスター・ヴァージョンの「旅人よ」です。「あるときは狙撃者 松下徹 戦後日本を撃ち抜くマタドール」と。

加山　嬉しいよね、そういうのって。年代を超えるのが音楽の良さだよね。俺はね、ゲームも年代を超えるようにならないといけないと思っているの。年寄りが「そんなものは」って言うのは何だろうと。**じゃあ年寄りにもっと近づける方法があるはずだと、いつも思うんだけどさ。**

宇多丸　年を重ねていくと文化全体に固くなってしまうところはあるかもしれないですね。音楽は好みの世界だから、あるところで固まってしまう。僕自身もそういうところはあるかもしれないので気を付けないといけないな、と。

加山　例えばゲームをやることで、その人間の性格や体質が分かって、それがデータとして残るようなゲームがあると面白いと思うんだよ。ゲームをクリアしていく順番でどのくらいの反射神経か？　といった身体検査や能力検査があってね。カラオケの点数と一緒でさ、結果から「こういうトレーニングをするといいです」といったアドバイスをされるといった。

宇多丸　実生活にフィードバックされる機能ですね。

加山　そうそう。その結果によって酒をあまり飲まない健康な生活を送るようになったり（笑）。ゲームがある年齢のところまでいけるようにするには、そういうことを含まないとダメじゃないかって気がするんだよね。

宇多丸　ヴァーチャルでありながらフィジカルでもあるという。その発想が面白いですね。加山さんは音楽に限らず、いろんなことに意識が向いているというか。

加山　結構フレキシビリティだからね。何にでも興味を持つ。このゲームは自分の反射神経を養えるけど、このゲームは意味ないな、ということはあるけど。

宇多丸　でも、いったんは無心で触れてみて、そのうえでジャッジするという。

加山　そうそう。オンラインで戦ってみて、あきらめて引くとかさ（笑）。

VR世界において

宇多丸　ヴァーチャルというと、以前Boseくんから加山さんが「VR、やべえぞ」とおっしゃられていたという話を聞きました。VRはヤバいですか？

加山　**うん、ヤバい。VRは全っ然違う！**『バイオ7』[11]でもホントにゾンビに頭を噛みつかれるんじゃないかって思うからね。あまりにも怖くなったんでVRを止めて普通の画面にしたよ。それくらい怖かった。

宇多丸　『PS VR WORLDS』[12]に入っている『オーシャンディセント』ではサメが出てきますよね。

加山　あれも面白いねえ。あのサメ、オリにぶつかって帰っていくよね。

宇多丸　あれって映画『ジョーズ』で描いていることをまんまやっているわけですよね。でも、こちらは映画で見慣れているし「いまどきサメなんて怖いか！」と思っていたら……いや、怖い怖い。

加山　やっぱりVRだからすごいね。平面じゃないから。いきなり右端からサメがガーッと出てきてさ、こちらは「うおおおお！」だよ（笑）。

宇多丸　それじゃあ加山さん、VRをやったことのない人に船の上で『オーシャンディセント』をやらせて、その様子を楽しんだり？

加山　そうだよ。「俺はいいよ」っていうのをやらせてみるわけ。そうしたらギャーギャー言ってんだよ。で、その後**「ここはときどきサメが出るから」って（笑）。**

宇多丸　ちょっと加山さん、なにやってるんですか！（笑）

加山　「2メートルちょっとのハンマーヘッド

11 カプコンが2017年に発売した、シリーズ20周年記念作品。主人公を一般人（当初は）のイーサンとして従来作からリセットし、恐怖も原点回帰。PSVRでグロテスク版をプレイすると怖すぎると評判で、そのためか続編『8』では表現がマイルドにされていた。

12 2016年にソニー・インタラクティブエンタテインメントから発売された、PlayStation VRのローンチタイトル『VR WORLDS』には、VRの様々な魅力が味わえる5つのゲームモードが搭載されていた。そのうちのひとつが「オーシャンディセント」で、昇降機に乗って海底深くへと降りていく臨場感抜群の体験が楽しめた。なかなかの恐怖体験も待っているので、怖いのが苦手な人は注意。

シャークだよ。俺は3回くらい見ているかなあ」とか言うと「ウソだろ？　ウソだろ？」って、みんな嫌がるんだよね（笑）。

宇多丸　完全にイタズラっ子じゃないですか（笑）。

加山　なんか面白いことねえかな、っていつも思っているから。

宇多丸　そんな加山さんも最初にプレイしたときは間違いなくビビっていたはずですよ（笑）。

加山　ビビったというよりも映像に感心したね。「ちゃんとボートの下に船外機が付いているな。うん、たいしたものだよ、これは」と思いながらやっていたの。見たことあるからね、俺は。

宇多丸　加山さんは実際に海に潜られていますもんね。

加山　潜っていくと暗くなっていくっていうのは本当なんだよ。100メートルくらい潜ると真っ暗に近くなる。だからライトを付けなきゃならないんだ。それと同じことをゲームの映像でもやっているしさ。

宇多丸　さらに知識を得ました。加山さんはどの方向のエピソードでも最高ですし、勉強になります！　と、VRの話題が出たところで、今日は加山さんに『グランツーリスモ　SPORT』を体験していただこうと思います。

加山　俺は『3』までしか知らないや。

宇多丸　これはVRでない映像も実物としか思えないグラフィックなんですよ。

加山　ホントかよ。コースはどこがいい？

（ゲームをひとしきりプレイして）

加山　いいねえ～、面白い！　やっぱり最高ですね。

宇多丸　加山さんのステアリング技術も素晴らしかったです。着実にコースを体に染みこませてからラストランでボンッと勝負に出るという。

加山　いちどやるとコースの取り方を覚えるからね。3、4回目から大丈夫だな、俺は。今度この番組来たときには君と勝負しなきゃいけない。

宇多丸　でも今のプレイ見ていたら、加山さん本気じゃないですか！　潰しにかかってきますよね。
加山　ハハハ！　いや、ゲームをやるときはやっぱ本気だね、俺は。
宇多丸　このようにどんどん面白いゲームが出ていますし、楽しみは尽きませんね。
加山　そういうことですよ。「毎日が新しいスタートだ！」という気持ちで生きていると楽しいよ。

ゲームといつまでも

宇多丸　ではゲームから学んだことはありますか？
加山　**反射神経と多様性。**急に物事が変化したとき、客観的に自分自身を捉えることが出来ると心にゆとりが出来るんだよ。例えば今やったゲームも「ヨットが浮いている」「船が浮いている」とか背景を見ながら車を走らせていたんだよ。普通に車を運転しているとそこまで気が回らないけど、ゲームの中では全体を見ながら走ることが出来る。要は脳のトレーニング。
宇多丸　それはアクションゲームをやられているときも常に？
加山　そう。何回かやっていると敵が現れる場所が変わってくることがある。それでもそこからまた何回かやっているうちに、また前のパターンに戻って現れる。そういうことを頭に入れておくとすぐに対処できるからさ。客観的に物事を見るという訓練だな。
宇多丸　ライヴでも瞬時にいろんなことが起こりますが、それを客観的に捉えることが出来るというか。
加山　そういうこと！　以前、横浜で屋外ステージをやったとき、どしゃ降りの雨になったことがあるんだよ。そこは屋根がなかったから電気系統が全部イカれちゃってエレキギターがダメになった。でもマイクだけは生きていたんで、咄嗟《とっさ》の判断で俺ひとりがアコースティックギターを弾いてステージをやりきったの。そうしたら、それがお客さんにものすごくウケてね。**あそこで臨機応変に対応できたのはゲームのおかげなんだね。**

宇多丸　なるほど。ゲームも違う分岐を選べば、また別のストーリーのルートが開けますからね。先ほどの「心のゆとり」というのは、もうひとつ別の俯瞰視点を持つということですね。

加山　そうそう、それだよ。それがゲームから学んだこと。

宇多丸　常に新しいものにチャレンジしていく加山さん、常に客観的に分析をして賞賛を得ていく加山さん……という両面が表れた学びの言葉ですね。

加山　**人生、客観的に自分を見ることは大事だよ。**そうすると「うぬぼれるな、感謝を忘れてはいいかん」となる。やっぱり人との関わりがなければ自分は存在しないわけだからね。感謝の気持ちを持って接すれば相手も心を開くし、お互いに心の中でも話が出来るようになる。だから、そういうことをクセにするといいと思うよ。

宇多丸　いやあ……深い！　それはゲームに関わらず心がけていこうと思います。僕らは先行車の加山さんの後ろを2、3週遅れで走っている状態ですが。

加山　ハハハ！　宇多丸くん、謙虚だねえ(笑)。

宇多丸　でも、この謙虚さこそが大事なんですよね。

加山　そう、大事です。いやあ、すげえ楽しかった！　こういう好きなことだったら止まらず喋るよ。では宇多丸くん、頑張ってください。ずっと応援しているよ。

椎名慶治

YOSHIHARU SHIINA

SURFACE

#3

▷▷▷

『ＦＦXI』は僕の人生を大きく変えました。『ＦＦXI』をやっていなかったら、たぶんSURFACEは解散していなかったと思います。

STAGE.1	2017.12.2-9 O.A
STAGE.2	2020.7.2 O.A

巣ごもりスペシャル「今、なんのゲームしてるの?」

PROFILE

▷▷▷

椎名慶治（しいな・よしはる）

1975年12月30日、東京都生まれ。1993年、高校の文化祭で永谷喬夫と出会いユニット結成。1998年、SURFACE（サーフィス）のボーカルとしてシングル「それじゃあバイバイ」でデビュー。2010年にいちど解散するも2018年、再結成。ソロとしても活動している。

MY BEST GAME

『ファイナルファンタジーXI』
（スクウェア）

STAGE.1

ゲーム大好き少年の涙

宇多丸　椎名さんはハードコアなゲーマーということで、アンケートの熱量がハンパではなくて。

椎名　そうですか？　**これでも、はしょって書いたつもりなんですけど……。**

宇多丸　そのテンションがすでに、ハードコアの片鱗を感じさせます！　まずは、最初のゲームの記憶を伺ってゆきましょう。

椎名　記憶があったときにはゲームを持っていましたね。ダイヤル式のコントローラーでボールを打ち返すだけのゲームをやっていました。

宇多丸　ブロック崩し的な。

椎名　そのゲームは液晶なので「ココッ……ココッ……」とボールの動きがスムーズじゃないんですよ。

宇多丸　それはご両親が持っていたんですか？

椎名　僕が「欲しい」と言って買ってもらったんですよ。その後はゲーム&ウォッチ[01]にいきまして。

宇多丸　携帯ゲーム機のはしり、僕もドンピシャ世代です。

椎名　でも、これも液晶なのでキャラクターがスムーズに動くこともなく。また「ココッ……ココッ……」と（笑）。

宇多丸　ゲームは何をやられていたんですか？

椎名　『ドンキーコング』と『エッグ』ですね。

宇多丸　僕らの世代は「ゲームをやるならアーケード」という感じだったんですけど、そちらは行ってらっしゃいましたか？

椎名　『スペースインベーダー』、『パックマン』はやっていましたよ。でもどちらかというと駄菓子屋の前に置かれていた30円のゲーム機で『ディグダグ』とかをやっていましたね。20円のものもあったと思います。そこでもう10円玉を積んで。そんなカンジでゲームは小さい頃から好きでしたね。

01 任天堂が1980年から発売した携帯型の液晶ゲーム機。お手ごろ価格や小ささのため小中学生に大人気となり、次々とシリーズ化されて2画面の「マルチスクリーン」まで投入された。その大ヒットは任天堂に豊富な資金をもたらし、やがてファミコン誕生に繋がった。

宇多丸　ご両親はゲームへのご理解はあったんですか？

椎名　母は気づくと大体、ファミリーコンピュータの麻雀ゲームをやっていていましたね。しかもコントローラーを離さないんですよ。だから隠れゲーマーだったんじゃないかなと思ってます。でも「勉強しなさい！」という親ではなかったので、そこは助かりましたね。

宇多丸　では、ファミコンは発売されたと同時に買われたんでしょうか。

椎名　僕は親に何かを頼むことが得意ではなかったので**泣きながら親に頼みましたね。**

宇多丸　べつに「ダメ！」と言われたわけではないのに？

椎名　そう。「すいません……ファミリーコンピュータが……欲しいですぅ〜」って。そうやって買ってもらったファミコンは、ボタンが四角い頃で、ボタンを強く押すと、押したまんまの状態になっちゃうことがあるんですよ。そこで『ドンキーコング』をやっていました。

宇多丸　ゲームは上手いほうですか？

椎名　その地域では小学生ナンバー1でした。高橋名人[02]が流行している頃には「高橋名人に負けない練習が出来るのは椎名だけだよ！」と言われたりしていましたね。高橋名人は16連射でしたけど、僕は測ったところ**12連射**だったんですよ。

宇多丸　いいセンいってたんだ。いっぱいボタンを叩けばいい、という牧歌的な時代。

椎名　**……でも、いま喋っていて怖くなってきました。ダメだな〜、俺。**このままゲームの話続けたら好感度、下がりますね（笑）。

宇多丸　椎名さん、大丈夫です！　その**ダメな部分からにじみ出るものに親近感が沸く**んですよ！　それこそがこの番組における好感度なんです！　皆さん結構、聞いたことのないダメさが出てきていますからね。そもそもゲームの話をおもいっきりすることってなかなかないじゃないですか。

椎名　うん、ないです、ないです。

02　1959年生まれの元祖プロゲーマー。ハドソン社員として親子連れの前でゲームを実演したところ大反響、全国キャラバンで「名人」人気を不動のものとした。得意ワザは16連射、「ゲームは1日1時間」のフレーズも有名。

宇多丸　だから、もういいんです。どうせ聞いている人だってダメなんだから！　ダメエピソードほど聞きたいのでブレーキをかけなくても大丈夫です。

ゲームでミュージックに開眼

椎名　ファミコン版『ドンキーコング』は全4面で、それがループするだけなので飽きるんですよ。そうなると次のゲームが欲しくなる。で、また泣くわけですよ。**「お母さん……『ドンキーコングＪＲ.の算数遊び』が欲しいですぅ〜！」**って。

宇多丸　お利口そうなタイトルを（笑）。まあでも『ドンキーコング』をやり込んだ後ですからね。

椎名　お小遣い制だったし、ファミコンカセットは1本5千円くらいはするので泣きついていましたね。

宇多丸　では、その流れでスーパーファミコンも買われると。さすがにこの頃は年齢的に泣いてはいませんよね。

椎名　いや、**涙目くらいはいっていたんじゃないですかね。**

宇多丸　そこからは途切れずゲームハードを購入していた？

椎名　ですね。ファミコンから始まってセガマークⅡ、メガドライブ、ＭＳＸというパソコンも持っていましたね。で、その頃、〝ぺけろっぱー〟というパソコンがあったんです。

宇多丸　正式名称は「Ｘ６８０００」[03]。

椎名　当時、これを持っている人は勝ち組だったんですよ。ファミコンの『グラディウス』で満足していた俺には、このＸ６８０００のグラフィックは神懸っていましたね。

宇多丸　（本体画像を見て）これはもう立派なパソコンですよね。

椎名　これはすごかった！　ビックリばっかりです！

宇多丸　杉浦太陽さん（２０１７年６月３、10

03　1987年にシャープが発売したホビーパソコン。価格・性能ともに破格の高レベルで、同梱された『グラディウス』のデキがゲーマーを魅了。さらに「DoGA CGA System」により初期の国内3DCGを牽引し、『君の名は。』の新海誠監督も愛用していた。

日放送回出演）はスーパーファミコンの画面を見て「スーパーや！」と感嘆したということなんですが、その驚きに近いですね。でも、MSXを持っているって子供的にはすごくないですか？

椎名　小学校時代の友達が電気屋さんの子供で、そこがMSXを販売している会社だったんです。そこを通りかかると、その友達がショーウィンドウにあるMSXでゲームをプレイしているんです。その姿が、まあ～イケてて！　それでまた親に泣きつくわけですよ。**「あの～、MSXってあるんですけど……」って。**

宇多丸　いやあ、泣き落としにしてもちょっと高いですけどね。でも各ハード、取り揃えていたんですね。

椎名　**全部泣いて手に入れました。**もう、泣けば買ってもらえると思ってましたから。

宇多丸　親的にも「はいはい、きたきた。お得意の涙ね」と思っていたでしょうね(笑)。でも、この頃ってまだ10代ですよね？

椎名　MSXの頃は11歳でした。

宇多丸　それだけゲームに夢中な子供が後年、音楽の道に行かれるわけじゃないですか。ゲーム漬けでほかのことをやる時間はあったんですか？

椎名　そこなんですよ！　MSXを購入してからはプログラミングに興味が出てきたんです。その理由もゲームミュージックを作りたいからという。「シューティングゲームのミュージックだったらこういうのはどうだ？」って**勝手にBGMをイメージして作っているわけですよ。**

宇多丸　おお～、クリエイティブですね、それ。カッコイイ！

椎名　これが中学生の頃です。だから僕の音楽のきっかけはゲームなんですよ。ゲームがなかったら音楽の道を目指していないです。その後にシーケンサー……打ち込みにいって。だからギターやキーボードもやらないままプロになっちゃったんです。

宇多丸　完全に打ち込みをゲーム機で。「音楽もいけるじゃん、コレ！」と。ちなみに、そのときの使用マシンは？

椎名　MSXⅡでした。FM音源という本当にピアノの音が出る音源が出るんですよね。それをMSXってカートリッジがふたつ刺せるんですよ。FM音源だけのカートリッジ、それを動かすためのカートリッジ。それをカセットテープで録音するんですよ。

宇多丸　カセットテープ時代だ！　お若いリスナーの皆さん、**カセットテープがデジタルデータの記録媒体だった時代**があったんですよ。

椎名　FAX受信音のような音がするんですよね。でも、ロードすると「いやいや、こんな音楽、作ってないし！」みたいにおかしくなっていることがあって。

宇多丸　データ記憶媒体として、カセットテープはやはりそこまで精度が高くないから。

椎名　やっぱ磁気がおかしいことになったんでしょうね。それで何曲かボツになった曲はあります。

宇多丸　ゲームをきっかけにして音楽で成功されているわけですから。椎名さん、全然ダメじゃないですよ。

椎名　……うん。そうですね！

やり込みプレイ原体験

宇多丸　強く記憶に残っているゲームは？

椎名　ファミリーコンピュータでいちばんハマったのが『マイティボンジャック』[04]。これはもともとアーケードゲームの移植作で、容量的にゲームの質は落ちるはずなんですけど、ファミコン版はゲームにストーリー性を増していてアーケード版よりさらに良くなっていたんですよ。（画面を見て）いや〜、もう神ゲーム！　これがファミリーコンピュータに出ていたいちばんの思い出深いゲームです。

宇多丸　画面自体は8ビットそのものですけど、そこにストーリー性が加わったと。

椎名　舞台が謎だらけのピラミッドなんです

04　1986年にテクモが発売したアクションアドベンチャー。主人公のジャックを操り、ジャンプとマイティパワーを駆使して魔王にさらわれた王族達を助ける。非常に難度が高く、『ゲームセンターCX』の「有野の挑戦」でも指折りの名勝負となった。

よ。ある場所で何回ジャンプしなければ扉が開かない、といった。

宇多丸　復刻版は出ていないんですか？

椎名　出ていないんですよ。あと『スーパースターフォース』[05]もすごくいいゲームでしたね。シューティングゲームでありながらアクションゲームにもなっていて。戦闘機で戦って、地上に着陸するとパイロットが戦うんです。全然違うゲームになるんですよ。でもこれ、セーブが出来ないので一筋縄でクリアできるゲームではないんです。もう何時間もかかる！　なので**ポーズボタンを押して小学校に行く**わけです。そして帰宅してスタートボタンを押したところから話を進めるんですよ。

宇多丸　えー！　かなりリスキーな行為ですよね、それ。

椎名　だからテレビを点けた瞬間にバグった画面が出ちゃったりすることもありましたね。そのときは「お母さ～ん！」って。

宇多丸　お母さんも泣きつかれたり怒られたりでタイヘンだ（笑）。でもそれは確実に掃除機がファミコン本体に当たったりしましたね。

椎名　完全に当たりましたね。ウチは猫も飼っていたのでヘタすると猫でもありますね。

宇多丸　いやそれ、ほぼ猫でしょ！

椎名　**でも猫にあたるわけにはいかなかったんで。**（動画を見ながら）コレですよ、コレ！　今日はコレを見ながら寝ますよ！　いやあ～最高の番組だ！

宇多丸　ありがとうございます（笑）。

椎名　で、そのあとファミコンのディスクシステムで『悪魔城ドラキュラ』[06]が出るんですけど、ここで音楽にシビれるんですよ。そこで「音楽を作りたい」という気持ちになりましたね。コナミのゲームは音楽が素晴らしくて。当時、コナミのゲームミュージックを集めたコンサートもあったんですよ。でも自分ではチケットが取れないのでお母さんに……。

宇多丸　泣きが（笑）。

椎名　それが僕のファミコンの思い出ですね。

05　1986年にテクモが発売した、縦スクロールシューティングとRPGを組み合わせたゲーム。主人公のラルフは、ある時は戦闘機で戦い、またある時は地上を探索。過去を改変すると未来も変化する。

06　ヴァンパイアハンターの主人公が吸血鬼ドラキュラを討伐するために、ムチを武器に怪物が巣くう城へ乗り込んでいくアクションゲーム。ジャンプ中の軌道修正ができない、ダメージを受けたときに弾き飛ばされるといった独特のシステムは難度が高く、多くのゲームファンをうならせた。1986年にコナミからファミリーコンピュータ・ディスクシステム用に発売。1993年にはROMカセット版も発売された。海外では「Castlevania」というタイトルで展開。多数のシリーズ作品が作られている。

FFと運命の出会い

椎名　そのあとスーパーファミコン、NINTENDO64となっていくなか、プレイステーションが出てくるわけなんですけど、「2枚組のゲームが出来るんだ！」と衝撃でしたね。そして最大容量の多さやストーリーの奥深さから『ファイナルファンタジー』シリーズにハマっていくわけですよ。

宇多丸　PS時代に入ったらほかの機種も？

椎名　セガサターンもドリームキャストも持っていました。ドリキャスでは『不思議のダンジョン 風来のシレン外伝 女剣士アスカ見参！』がまた神懸っているゲームなんですよ。

宇多丸　僕は主にPSをやっていたんですけど、ドリキャス派でもありまして。

椎名　じゃあ『シェンムー』もやられていました？

宇多丸　やってました！　あのゲームでオープンワールドの楽しさを知りましたよ。僕は毎日、**朝イチでスロット屋の前に並んでいましたね。**開店後だと絶対に先客がいる台があるので。

椎名　そんな遊び方があの時代からゲームで出来ていたんですよね。それが『龍が如く』シリーズに繋がっていくと思うんですけど。

宇多丸　まさに。

椎名　そこからPS2になって『モンスターハンター』[07]。時代的にオンライン環境があまり整っていない頃に出たオンラインシステムのゲームだったんですけど、僕はどっぷりハマって。で、PSP版が出た後、大ブームになるじゃないですか。それで、**なんか嫉妬したんですよね。**

宇多丸　「何ナニ？　にわかどもが！」と（笑）。

椎名　「お前のリオレウス（モンスターの名）じゃねえぞ！」と（笑）。でも画期的だったと思います。僕もPSPでみんなとやりましたけど一大ブームを築きましたよね。

宇多丸　今度『モンスターハンター：ワールド』が出ますね。〝沼〟としてはヤバいんじゃないですか？

07― 2004年にカプコンがPS2向けに発売した、元祖ハンティングアクションゲーム。巨大なモンスターを大剣やボウガンなどの武器で討伐し、素材を集めるといった現在に至るシリーズコンセプトの原点。ソロプレイも可能だが、オンラインによる協力プレイの熱中度が非常に高く、多くのファンを獲得した。

椎名　もうPS４も買って準備しています！　来年、デビュー20周年なんですけど……**何にもしません！**

宇多丸　本来なら、いろいろなことをしなくてはいけないのに（笑）。大事な20周年に「『モンハンワールド』やっていました」って言ったらファンが怒りますよ！

椎名　いやあ、もうPS４の可能性の広さといったら、ねえ。ずっとトレーラー映像を見ていますもん。

宇多丸　グラフィックがここまで進化したのは『モンハン』シリーズでは初めてですからね。PS４だと何をプレイされていますか？

椎名　『FFXV』。これは歴史的なゲームと思っています。ノクティスという王子の主人公がひとりで国を守るために苦悩しながら成長していく物語で、結末までいくと泣かずにはいられないです。

宇多丸　あの～、このくだり、リスナーの皆さんは飽き飽きしていると思いますが、言わせていただくと……僕は**"FF童貞"**なんです。
椎名　えー！　じゃあ来る人みんなに驚かれているんじゃないですか？
宇多丸　そうなんですよ。で、「じゃあ、やってみようか」と、なったときにどれをプレイすればいいのかを聞くと、いちばん多いのが『FFX』[08]なんです。
椎名　僕は『FFX』も『FFX-2』もやりましたけど、『FFIX』のほうが好きですね。
宇多丸　『FF』はそこが面白い！　ナンバリングで本当に好みが分かれますからね。ちなみに『FFIX』を挙げられていたのは真野恵里菜さんです。
椎名　ああ、『FF』は「ファンタジー」とタイトルに付くだけあって『FFIX』は本当にファンタジー世界ですから。
宇多丸　ゲームって相性がありますよね。それこそ『FF』だけでもこんなにオススメタイトルが分かれるわけだから。だから、みんながここまで推しているのに僕が「う〜ん……」となるのもね、これはもうしょうがない！

"洋ゲー怖い"問題

椎名　『FF』はシリーズごとにシステムが違いすぎますからね。もう、ナンバリングしないでほしいぐらい違うので。じゃあ『FFXV』をプレイしたら大納得だと思いますよ。オープンワールドだし、物語を進めなくてもいいくらい自由です。メシを食いに行ったり、狩りに行ったり、釣りをしたり。そして日が暮れて夜になって……あ！　『シェンムー』[09]と一緒なんですよ！
宇多丸さんに『FFX』？　ないないない！　『FFXV』でしょ!!
宇多丸　お前ら、薦め方がヘタなんだと（笑）。確かに「自由にやっていい？　じゃあ俺の世界じゃん！」となりますね。
椎名　僕、『FFXV』が好きすぎて2本持っているので、1本あげますよ。
宇多丸　ハハハ！　なんで2枚買いしたんです

08　2001年にスクウェアが発売したシリーズ第10弾。初のPS2ソフトで、グラフィックと音楽ともに底上げ。東洋的な「スピラ」の世界観は独特で、カウントタイムバトルは戦略性が、スフィア盤による成長は自由度が高い。終盤の展開は驚きを呼んだ。

09　1999年にセガが発売したアクションアドベンチャー。途方もない自由度の高さ、刻々と変化する世界から、元祖オープンワールドゲームとの呼び声が高い。全11章構成の物語は未だに完結せず、2019年にシリーズ最新作『シェンムーIII』が発売された。

か？
椎名　1枚は普通に買ったんですけど、もうひとつは『FFXV』の導入部分のCG映画が付いているんですよ。
宇多丸　では、送り先を後でお教えします(笑)。あと、ニンテンドースイッチのほうは？
椎名　『スプラトゥーン2』でシリーズ作を初めてプレイしたんですけど、よく出来ているなと。その流れで『マリオオデッセイ』をやって、さすが任天堂のクオリティで楽しませてもらいました。
宇多丸　椎名さんが挙げられたラインナップを見ると、洋ゲーはないですよね。
椎名　洋ゲーは『グランド・セフト・オート』をちょっとかじったくらいと、『トゥームレイダー』、『コール オブ デューティ』、『アサシン クリード』[10]とかやっていますが……やっぱ『FF』でしょ！
宇多丸　お話を伺っていると、ファンタジーというか、ちょっとフィクショナルな世界観がお好きなんですね。
椎名　**洋ゲーはリアル過ぎて！**『コール オブ デューティ』はとくに怖いです。ダメなんです、怖いのが。
宇多丸　たしかに、そりゃ戦争は怖いよね。
椎名　人を殺めるのも怖いし、どこから狙われているのかとソワソワしちゃうし。そこへいくと『スプラトゥーン』だとインクで塗りつぶすだけですから、やりやすいですよね。だから面白いんだけど苦手なのが『バイオハザード』。
宇多丸　買ってはみたけども……という？
椎名　『1』、『2』、『3』も持っています。
宇多丸　じゃあ、とくに『バイオ1』なんて……。
椎名　いいやいやいや……ダメです、ダメです！　プレイはしているんですけど、始めて何分か進むと館の窓際通路からゾンビの犬が入ってきますよね。そこでリセットボタンです！
宇多丸　やられたからリセットでなく、**出てきただけで（笑）。**

10　いまやユービーアイソフトの看板シリーズとなったステルスアクションゲームの、2007年に発売された記念すべき1作目。アサシンのアルタイルを操作して、テンプル騎士団の要人を暗殺していく。フリーランニング、ソーシャルステルスなど、のちのシリーズでもお馴染みのシステムがすでに搭載されていた。

椎名　『バイオ2』も同じでしたね。でも売れているから後追いで買うんですよ。よく出来ているんですけどね。

宇多丸　聞いていると、ゲームジャンル、全方位的にやられていますね。

椎名　やっていますね。格闘ゲームもメダルゲームも大好きですから。ゲームと名の付くものはもう全部！

宇多丸　でも、ゲームってほかの趣味より時間がかかるじゃないですか。だから〝ほかの趣味はどうするんだ問題〟ってありますよね。

椎名　僕は1本のゲームをクリアするまでほかのゲームが出来なくなるんです。ただ、コンプリートタイプではないです。人によってストーリーの本筋でない脇道にどんどん入っていくプレイヤーもいますけど、僕は本筋をクリアしたら次のゲームにいきます。それでも寄り道したくなったゲームが『FFⅩⅤ』なわけです。

〝向こう側〟との邂逅

宇多丸　では、椎名さんが生涯いちばんハマったゲームについて伺っていきたいと思います。

椎名　これもやっぱり『FF』で、『FFⅪ』[11]。これはもう**僕の人生を大きく変えた……いや、屈折させた**というか。『FFⅦ』もやっていたんですが、自分には操作性が難しくてすぐ止めてしまったんです。でも、その後の『FFⅧ』でどハマりしました。

宇多丸　さっきも言ったように『FF』はナンバリングによってまったく内容が違いますならね。ちなみに『ドラゴンクエスト』シリーズは？

椎名　やっていましたけど、『Ⅰ』、『Ⅱ』、『Ⅲ』が良かったですね。『ドラクエ』はファミコンだな、と思っています。

宇多丸　『FFⅪ』というと、この時期はもうSURFACE（サーフィス）としてデビューはされていますよね？　これはオンラインゲームでしたね。

11　2002年からスクウェア・エニックスがサービスしたMMORPG。これまでのシリーズが1人用だったのに対し、本作は沢山の人々がゲーム世界に接続、パーティを組んで冒険できる。ゲーム内外に無数のコミュニティが誕生した。

椎名　はい。「こんにちは」と語りかけたら、向こうも「こんにちは」と返してくるといった。

宇多丸　いわゆるMMORPG。オンラインでもうひとつの世界があるという。

椎名　ひとつのサーバに1万人くらいいて、「バハムート」「カーバンクル」と名付けられたサーバがたくさんあるなか僕がいたのは「フェニックス」です。そこで出会った世界中の人たちとゲームをやっているうちに「どんな奴がプレイしているんだろう?」と興味が沸くじゃないですか。

宇多丸　**オンラインの〝向こう側〟が。**

椎名　で、向こうも俺の素性を知りたくなっている。そこでどうなるかというと……オフ会。

宇多丸　当然、向こうはSURFACEの椎名さんが『FFXI』をやっていることなんて知らないわけですよね!?　まず、段取りを組むところから聞かせてくださいよ。

椎名　まず「リンクシェル」という、みんなで組めるグループがあって、そこで会話が出来るチャットがあるんですね。で、「そろそろみんなとは長い付き合いになったから」という会話の流れになって。そのときはもう**5年くらいになっていましたかね。**

宇多丸　……5年!?　じゃあ5年間、『FF』の世界のキャラクターとして過ごしてきていて……。

椎名　そうそう、みんな名前を変えていますから、僕は**「シイナスター」**というキャラクター名だったので「最近シイナ、来なかったじゃん」みたいなやり取りがありながら。で、「東京のプレイヤーだけが集まれる」となったんですが、そうしたら北海道や福岡の奴も「行きたい」となるわけですよ。

宇多丸　5年も同じゲームをやってりゃあ親友ですもんね。

椎名　で、「有楽町の飲み屋に集まろう」となって、そこに行くわけですよ。そうしたらオッサンやきれいな女性が何人かいて、「自己紹介するの、ちょっと待って!　ん〜、お前……ウルフだろ！」みたいなノリになるわけですよ。でも満場一致で俺は「シイナスターだ」と言われましたね。そこでみんな**「なんて奴とゲームやっていたんだ」とロアングリ**といった。

宇多丸　だし、**そもそも有名アーティストがオフ会に来るか？　という驚き**もある（笑）。

椎名　「来るんだ、お前が！」と（笑）。まあ、5年目にしてそんなことがあって全部で8年くらい『FFⅪ』はちゃんとプレイしていましたね。今もずっと課金はしています。

宇多丸　アカウントは消していないんだ。

椎名　**だって俺ですもん！**　もうひとりの俺が俺を待っているわけですから。

宇多丸　サービスは2016年3月末で終了していますが、パソコン版でのサービスは続いていますね。

椎名　それに『FFⅪ』仲間とはツイッターでまだ繋がっていますからね。『FFⅩⅣ』[12]もオンラインゲームなんで、当時の仲間たちはそっちにシフトチェンジしてやっているらしいんですよ。それもすごい魅かれるんですが……でもやったら俺、絶対ダメになっちゃうから!!　……でもね、仲良くしているGLAYのTERU君が『FFⅩⅣ』を始めて、先輩のTERU君が「やろうよ」って言ってくるわけですよ。

宇多丸　忙しさでいえばTERUさんだって相当なもんですよ！

椎名　なので「『FFⅩⅣ』、どうですか？」って聞いたら「椎名クン。人生、変わるよ」って言われたんですけど……**いやいや！　それに関しては俺のほうが先輩だから！（笑）**

宇多丸　**「オフ会行ってっから！」（笑）。**

椎名　でも同じゲームを8年やることって、なかなかないことですよね。なので、いちばんハマったゲームというと僕は『FFⅪ』ですね。

宇多丸　8年ともなるとゲームの思い出というよりも、もう人生の一部ですよね。だって小学校時代より長いわけですから。

椎名　**人生です！**　そこで出会った人たちは本当の友達になっているし。そういうのを「気持

12『FFⅪ』に続いてスクウェア・エニックスが2010年よりサービスを開始したMMORPG。冒険者数2700万人、現在までに200以上のゲームアワードを獲得（ともに2023年3月現在）。今日も世界中のプレイヤーがオンラインで冒険を繰り広げている。

ち悪い」なんて思う人もいるかもしれないけど、やっぱりそれは出逢いだと思っています。

番組史上最大の〝やらかし〟！

宇多丸　ちなみに『ＦＦXI』の沼にハマって、音楽活動に支障は出なかったんでしょうか？

椎名　ありましたよ。いっぱいありました！　**『ＦＦXI』をやっていなかったら、たぶんSURFACEは解散していなかったと思います。**

宇多丸　え〜〜っ！　いやいやいやいや……**それは問題発言っ！！**

椎名　ん〜、でもホントにそうだと思います。解散って、ひとりの気持ちだけではないじゃないですか。お互いの気持ちがぶつかっていろいろあると思うんですけど、そのときの僕には解散を引き留める力がなかったですねえ。

宇多丸　僕も音楽グループをやっているので分かりますが……ちょうど難しい時期を迎えた頃に、よりによって『ＦＦXI』の磁力が強すぎたんですね。

椎名　そうですね。もっと強く「続けていこうよ！」とはならず「一回、離れよう」となっちゃったんですね。そのときに**「あ……ここで休めたらもっと『ＦＦ』が出来るなあ……」って思っちゃうわけですよ！**

宇多丸　いや〜、これは他人事ではないですね。増子直純[13]さんもハッキリおっしゃっていましたから。「ゲームで音楽制作に完全に支障をきたした」って。番組でも名言を残されていますよ。**「バンドはバンドでやるんだけれども、こっちは俺が行かねえと救えねえ村があるからさ。ほっとけねえじゃん」**って。

椎名　ハハハ！　ゴメンなさい、先輩の発言に対して大笑いしちゃいました。いやあ〜、カッコイイ！　シビれるなあ、その話。うん、俺、明日から『ＦＦＸⅣ』、やります！　マネージャー聞いてた？　俺、守らなけりゃいけない城があるんで明日から休ませてもらっていいで

13　1966年生まれ、北海道出身。ロックバンド「怒髪天」のボーカリスト。ゲーム好きとして知られており、2017年10月には『マイゲーム・マイライフ』にも出演。ゲームが原因でバイトを辞めることになった理由について「俺が救わないとならない街なり村なりがあるから。人任せにはできないからね、これだけは」というシビれる名言を残した。

すか？（笑）

宇多丸　ちなみに『FFXI』の頃は24時間、PS2がフル回転だったと。

椎名　そうです。もともとPS2ってハードディスクが付いていないヴァージョンが売られていたんので、後で外付けハードディスクを付けたんですけども、それをフル回転させているとハードディスクが面白い音を出すんですよ。

宇多丸　ガリガリガリ……！　って。

椎名　で、ガタンゴトン…って、また面白いリズムを刻み始めるんですよ。そうなったらもうデータがダメになるという。そこで新しく内蔵ヴァージョンを買うんです。でもまたフル回転させので、そうすると「キシー……キシー……」っていう違うリズムを奏でるわけですよね（笑）。で、止めておけばいいのに「絶対に開けないでください」と書かれてあるのに本体を開けて見ちゃうわけです。その後、戻そうとするんですけど……**どうやってもネジが余るんですよ。**

宇多丸　ちゃんと言うこと聞いておけばよかった（笑）。

椎名　と、いうのを4回。PS2だけで4台買いました。

宇多丸　でも、24時間プレイしているわけではないですよね。何でフル回転させていたんですか？

椎名　『FFXI』ってオープンワールドの中にいっぱい人がいて、そのなかに「ノートリアスモンスター」というレアキャラがいるわけです。さらにその上に「HNM」——ハイ・ノートリアス・モンスターがいて、HNMを倒すと、その時期に最強と言われる武器が手に入るので争奪戦になるんです。でもHNMは3日に1回しか沸かない。しかもいつという明確な時間はなくて「そろそろ沸く時間だな」っていうときに電源が付いていないといけないんです。その時刻になってからサインインとかやっていると、その間に捕られるかもしれないので。

宇多丸　みんなそれを狙っているんだ。

椎名　だからみんな何もせず、風がビュービュー吹いていたりする砂漠に突っ立っていたりするんですよ。

宇多丸　ハハハ！　みんなも画面の向こうでは全く別のことをしながら。出現ポイントはなんとなく分かっているけど。

椎名　「ここに出る」というのは決まっているので。しかも、そのHNMにファーストタッチしたグループでないと触れられないんです。最大18人のグループなんですけど、石を投げるのか、直接攻撃するのか、魔法をかけるのか……そのときのためにみんな調べ上げていましたね。

宇多丸　アプローチ手法は何が早かったですか？

椎名　ディアという魔法でした。だからディアが使えるキャラクター……黒魔導士がいないとダメなんです。俺はナイトだったんですけどディアが使えたので。でも唱えるのが早すぎるとノーカウントになるんです。「ここ！」っていうタイミングで捕るんですよね。でも、このHNMがクソ強いんですよ。だから先にタッチされたとしても「あ〜あ、あのグループに取られちゃったから帰ろうか」とはならないんです。**「……あいつら負けんじゃね？」**と。

宇多丸　感じ悪い！

椎名　HNMにタッチされたときなんて、みんな罵声ですよ。そこからは「負けろ〜っ！」ってずっとシャウト。

宇多丸　ヒドイな（笑）。

椎名　でも、そのグループの人数が少なかった場合、18人目に入れるかもしれないので、そのときは「空いてませんか〜っ！」とシャウトするわけです。

宇多丸　とにかく**HNMを巡ってさもしい姿が繰り広げられると（笑）。**

椎名　もうホントにね……人のクズですよ、クズ！

作業的にはマイナス、人生にはプラス！

宇多丸　でも、そうなると音楽作業中も、気が気でなくなりますよね。

椎名　正直、作業していませんもん！　だから、そのときに書いていた詞は若干ゲームの影響を受けていますね。『ＦＦ』って**「限界突破」**しないとレベル50から51になれないんですけど、「その言葉はいいねえ」と思って詞に使いました。

宇多丸　それはいいフィードバックですね。

椎名　でもアブなかったですよ。「俺もう現実世界に戻ってこれないんじゃねえか」と思いましたもん。

宇多丸　その状態から脱するきっかけは何だったんですか？

椎名　４代目のＰＳ２が壊れたとき、時代はすでにＰＳ３になっていたんですよ。ＰＳ２は生産中止になって買えなくなっていたんです。なのでパソコンでやろうとしてたんですけど、ほとぼりが冷めて。そうしたら『ＦＦⅩⅣ』が出たじゃないですか。でもこれやったらまたダメになるな〜と思っていて。

宇多丸　**いったんヤバいやつを抜いたのにね（笑）。**

椎名　……あのね、ハッキリ言います。スクウェア・エニックス嫌いです！　**だって、俺を落とし込もうとするから!!**

宇多丸　スクエニのゲームが好きすぎて（笑）。でも分かります！　**僕も最近はソニーの人に逆ギレ気味ですから。**「こんなに面白そうなタイトルいっぱい出されても、全部出来るわけないじゃないですか！　こっちだって仕事しているんですよ！」って逆ギレしたくなりますよ。

椎名　自分のなかでゲームが出来る限界を決めているんですけど、ＰＳ４はその線引きを余裕で超えてくるので。「なんなのこの機械？　このグラフィックの速さ？」とか。

宇多丸　昔だったらしばらくローディングに時間がかかったのに。

椎名　それがない！　デフォルメ的な可愛さを追求するとニンテンドースイッチにいくんですけど、リアルさだとPS４に敵うものはないですもん。しかもこれから『キングダム ハーツⅢ』が出るんですよね。何度も言いますけど、来年20周年なんですが……仕事はしないと思います！

宇多丸　いやいや、ファンがガッカリしますから（笑）。

椎名　もうね、ガッカリしていいと思う！

宇多丸　「それが椎名」ということですね。覚悟しておいてくれ、と。

椎名　そうです。**みんな期待してて！　来年の俺はPS４にどっぷりだから！**

宇多丸　最高ですね（笑）。では椎名さんがゲームから学んだことは？

椎名　ミュージシャンになるきっかけもゲームだし、人との出会いもあったし……もう学んでいることが多過ぎて「これです」って言えないくらいですね。人生です、僕の。

宇多丸　ではゲームに「こうなっていってほしい」という希望はありますか？

椎名　事件が起きると何かにつけて「ゲームの影響を受けて」と引き合いに出されるんですけど……いやいや、その人の人間性でしょ、と。その人がブレーキをかけるか、かけないかだからゲームのせいにして語られることのない世の中であってほしいですね。なので**「ゲームは人生のプラスになるものなんだよ」**ということをメーカーの方も忘れないで楽しい作品を作っていってほしいです。僕はゲームに育てられていますからね。

STAGE.2

シイナスターの帰還

宇多丸　前回ご登場いただいたときの『FFⅪ』話は、**〝ゲームを通じて、やらかした事件〟のトップクラス**ですね。ゲームに没頭し過ぎてしまう、という例として何回もお話させていただいています。

椎名　ただね、**その話をこの番組でした半年後に**ＳＵＲＦＡＣＥは再始動しましたから。

宇多丸　そうなんですよ！　本当におめでとうございます。このタイミングで再結成されたのはなぜ？

椎名　あのとき、ちょうどデビューから20周年だったんですよね。再結成するんならこのタイミングだろう、と。

宇多丸　番組出演の反響はありましたか？

椎名　ありましたよ！　ファンが騒いでくれるのは分かるんですけど、『ＦＦⅪ』の製作陣が騒いでくれたんですよ。それでその後、２件ほど『ＦＦⅪ』のお仕事をさせていただきました。

宇多丸　それだけ椎名さんのエピソードが強烈だったというか。作った側としては「それほど好きなんだ」と嬉しかったでしょうしね。どんなお仕事だったんですか？

椎名　よみうりランドで行われた『ＦＦⅪ』16周年イベントです。有名声優さんたちと声優シロウトの私、椎名慶治が一緒に出て、『ＦＦ』のキャラクターとなって朗読劇をやったんですよ。

宇多丸　えー！　じゃあ、ある意味〝中の人〟になったというか。

椎名　あとは『ファミ通』さんのＹｏｕＴｕｂｅ番組の「シイナスターを復活させよう！」という企画で、**再び『ＦＦⅪ』の大地に降り立ちましたね。**

宇多丸　「降り立った」なんてカッコよく言わないでよ（笑）。沼に舞い戻ったんですね。

椎名　でも、そのいちどきりです！　やったらまた解散します！

宇多丸　でも、この番組がきっかけになったのは光栄です。

椎名　**また素晴らしいRPGが世に出ないことを願うばかりです（笑）。**いやあダメですね、オンラインは無限の可能性があり過ぎて。

宇多丸　それはいいことでもありますけどね。

とくに今はコロナ禍の影響で表に出られないので、そこをゲームで解消している面もありますし。

椎名　なので「こういうときだからこそオンラインゲームじゃなくてオフラインをじっくりとやろう」と言いたいですね。僕は今『FFⅦ REMAKE』[14]をプレイしています。このリメイクでのグラフィックの度肝を抜かれて。

宇多丸　久々にプレイされた『Ⅶ』、いかがでしたか？

椎名　いやあ、クリアするのがもったいないくらい、めちゃくちゃ面白かったですね。ラスト手前までやった後、数日間開けてクリアしましたもん。

宇多丸　分かる気もします。「この世界にずっといたいのに終わっちゃう！」という感覚はありますよね。

椎名　もうゲームをやっていない方に言いたいのは……**「やれ！」**。いや、今のゲームはすごいです。それに加えて今は『FFⅩⅢ』のような過去ゲーもやっていますね。

宇多丸　たまたま『FF』が続いているけど（笑）。お話を伺っていると、『FFⅩⅢ』をやっている、『FFⅩⅤ』もやった。じゃあ間の『FFⅩⅣ』もやりゃあいいじゃん、と思うんですけど……。

椎名　SURFACEがまた活動休止になってもいいならばやりますよ。やっとアルバムが完成しそうなのに……**作業、止まりますよ？**

宇多丸　ひどい脅しだ（笑）。じゃあ逆に、アルバムが出来上がってしまえば？

椎名　いやいや、違う違う！　宇多丸さん、そういうことじゃない！　まだリリースイベントもありますし！　それに僕は今年ソロ10周年を迎えて（当時）、ソロ作品も作っているので『FFⅩⅣ』に関してはまだまだ自粛です。でも小池徹平くんとも『モンハンワールド』もやっていたし、『スプラトゥーン』もやっているんですけど、やっぱゲームは楽しすぎてダメですね。

14　1997年の名作『ファイナルファンタジーⅦ』をPS4でフルリメイク、スクウェア・エニックスより2020年に発売された。本作では魔晄都市ミッドガルを脱出するまでのストーリーが描かれており、その続編は『ファイナルファンタジーⅦリバース』というタイトルでPS5での発売が決定している。

宇多丸　いま流行っているゲームは全部そうですよね、終わりがない。例えば『スプラトゥーン』なら、3試合やって終わり、みたいなことも本来は出来るはずなんですけどね。

椎名　はいはい。でも、その後「じゃあ次のゲームは何する？」になるじゃないですか。

宇多丸　う〜ん……まあ……そうなるかなあ？

椎名　だから宇多丸さんがどう俺を説得しようとしても無理なんですよ。

宇多丸　べつに説得はしていませんけど（笑）。ほら、アーティスト活動で大事な時なので、ゲームが妨げになるのは良くないと思ったんですよ。じゃあ、ゲームやめましょう！

椎名　**だからバランスですって、宇多丸さん。**

宇多丸　バランス!?　それをなんで椎名さんに言われないといけないんですか！（笑）**いちばんバランスについて説教されたくない人ですよ！**

椎名　宇多丸さ〜ん、なんでもバランスですよ。

宇多丸　腹立つなあ〜（笑）。まあでも、それくらい楽しいゲームがあり過ぎる、ということですよね。

椎名　はい。1年365日、ゲームをやっていない日は1日もないので。

宇多丸　俺は椎名さんのお話から発見がありましたよ。ゲームをやる話も楽しいけど、ゲームをやらない話もこんなに楽しいんだ、って。**「俺はやらない！」という高らかな宣言がこんなに楽しい人はいないですよ。**

椎名　俺が『FFXIV』を始めたら、この番組で速報に出ますよね。

「椎名がついに始めた！」って。

宇多丸　では、コロナ禍のなか塞いだ気分になっているゲーム好きリスナーにメッセージをお願いします。

椎名　そうですね、友達などと会う機会は少なくなっていると思います。でもオンライン上で会話や冒険に行くことは出来るので、今までゲームに触れたことのない方もやるべきタイミングなのでは、と。**「ゲームってこんなに可能性があるんだ！」という驚きを知る機会**になるし、元気出ますよ！

宇多丸　素晴らしいお言葉ですね。先ほど言っていたことと180度違ってはいるんですけど（笑）。

椎名　だから〜、俺は仕事のために自粛しているんです！　沼に堕ちるから！　**PS2が5台壊れるまでやっていますからね!!**

宇多丸　もう、椎名さんの意思が固いんだか弱いんだか分からなくなってきてますよ。

椎名　固いと思います……！

宇多丸　では、今日の会話がパートナーの永谷（喬夫）さんの耳に入らないことを祈るばかりです！

椎名　……あの〜、宇多丸さん。一言だけいいですか？　**永谷、いるんですよ。**いま作業の途中でして、僕の隣でギターをつま弾いています。

宇多丸　え〜！　なんだよ〜!!

椎名　あー、でも宇多丸さんの声は聞こえていないので「何を話しているんだろうな？」という感じですね。

宇多丸　いやあ〜、まさか永谷さんが作業に精を出されている状況のなか、ゲームに手を出す・出さないといった話をしていたとは……。椎名さん、今日はこれぐらいにしておきましょう（笑）。

#4

加藤夏希

NATSUKI KATO

▷▷▷

ゲームプレイでの憧れは“姫プレイ”。娘も“ゲーム界の姫”になってほしいですね。

2018.1.20—27 O.A

PROFILE

▷▷▷ **加藤夏希（かとう・なつき）**

1985年７月26日、秋田県出身。ゲームメーカー元気の「GENKIイメージガール」として芸能活動を開始し、1999年に『燃えろ!! ロボコン』（テレビ朝日）のヒロイン、ロビーナ役で女優デビュー。アニメ、ゲームに造詣が深いことからサブカル系アイドルとして人気を呼び、一躍人気タレントに。10代の頃から多くのファッションショーに出演し、カリスマモデルとしても活躍。私生活では2014年に結婚、現在は３児の母。

MY BEST GAME

『rain』
（ソニー・コンピュータエンタテインメント）

ゲーム好き一家の姫

宇多丸　今夜のゲストは女優・モデルの加藤夏希さんです。いらっしゃいませ！

加藤　はじめまして。ラジオでゲームの話をするのって難しそうですね（笑）。聴いてくださる方がすごく想像力がある方だと願ってます。

宇多丸　この番組のリスナーは大丈夫です！加藤さんの豊富なゲームエピソードは、すでになんとなく伝わってきておりますが……まずは、ビデオゲームとの出会いから伺いましょうか。

加藤　初めて買ってもらったのは『美少女戦士セーラームーンR』[01]ですね。

宇多丸　出ました。この番組のゲストでは佐藤かよさん（2017年12月16、23日放送回出演）、蒼天のハリーさん（現・白雪りら／2018年1月7、13日放送回出演）も、このゲームが入り口だったと語られています。そもそも『セーラームーン』がお好きなんですね。

加藤　テレビアニメを観ていたので「ゲームがあるんだ」というくらいの感覚で買ったんですよ。あとは兄のやっているゲームを一緒にやっていました。

宇多丸　それと、子供の頃からすでにパソコンでもゲームをやられていたとか。

加藤　そうです。父親も機械やゲーム好きなのでマッキントッシュが我が家に早くやってまいりまして。当時はヤフーにあるオセロなどのゲームをやっていました。

宇多丸　フリーで出来るゲームですね。ということは初期のオンラインゲーム的なこともやられている。

加藤　あとはチャットや掲示板で会話していました。

宇多丸　それはおいくつの頃でしたか？

加藤　**小学校高学年の頃にはもうやっていましたね。**

宇多丸　それは早い！　エリートですよ。

加藤　エリートですかねえ？（笑）

01　1993年にバンダイが発売したアクションゲーム。セーラー戦士らの技は拳や蹴りなど格闘が主で、原作よりバイオレンス。身体が小さく使いやすいちびうさの登場で、女児も遊びやすく。

宇多丸　加藤さんは後年またオンラインゲームにすごくハマっていくわけですが、小さい頃から慣れ親しんだ文化でもあったんですね。僕なんかいまだに抵抗感が拭えませんもん。「知らない人と遊ぶなんて怖いじゃないの！」って。

加藤　アハハ、私はソロプレイのほうが心細いんですよね。ずっとNPC（ノン・プレイヤー・キャラクター）と同じ会話ばかりで、**ファミリーとは思えないというか。**

宇多丸　生きていると思えない（笑）。昔はスペックの問題もありますけどね。

加藤　当時は攻略サイトがなかったのでゲーム雑誌の「こういう攻略法を見つけました！」という投稿を見ると「あ、仲間がいる〜」という気持ちになりましたね。そこでもオンラインの感覚を味わっていました。

宇多丸　雑誌を読んでいても、その後ろに人を感じている。面白いですね。僕はいまだに、ちょいバカAI相手に勝って利口になった気になる、という歪んだ快感を得ているというのに！

では、親御さんもゲームをやることに理解があったんですね。

加藤　時間は決められていましたが、家族全員でゲームをやる家庭でした。当時『ダンス・ダンス・レボリューション』が家庭用でも流行っていて、家でマットを敷いてエクササイズがわりにやったり。

宇多丸　理想的な家族とゲームの関係ですね。

加藤　ただ、田舎なので友達の家が遠くて。逆に友達とゲームを持ち寄って遊ぶという交流はなかったです。

宇多丸　そんなに遠いんですか？

加藤　ゲームをやる友達の家は車で40分くらいの場所にありましたね。

宇多丸　ということは、クラスメイトとゲームの話で盛り上がるということは……。

加藤　なかったんですよ。

スクール水着のキャンペーンガール？

宇多丸　では、『セーラームーンR』以降、どんどん自分の好きなゲームを買ってもらっていたんですか。

加藤　そこで、この業界に入るきっかけになるんですけど、兄が『首都高バトル』[02]をやっていたんです。

宇多丸　戦いとレースが混ざったようなゲームですね。僕も『首都高バトル』大好きで、よくやっていました。

加藤　このゲームで私は兄に全然勝てず、それがスゴく悔しくて**「これを作った人に聞けば勝ち方を教えてくれるかも」**と思ったんです。

宇多丸　……作った人に!?

加藤　当時『首都高バトル』のメーカー・元気がキャンペーンガールを募集していたんですよ。「これに行けば作った人に会いに行ける!」と思い立って「お母さん、私はオーディションに出る!」って。

宇多丸　え？　それまで芸能活動に対しての意欲はあったんですか？

加藤　そういうわけではなくて、**単に元気の方に攻略法を聞きたかったんです。**

宇多丸　それに対してお母さんはなんて言われたんですか？

加藤　「え？　テレビに出たいの？」という感じでした。でも、どうせ落ちるからそこであきらめるでしょう、ということでオーディションに行かせてもらいました。

宇多丸　お母さんに「『首都高バトル』の勝ち方が知りたい」というホントの理由は言ったんですか？

加藤　言わなかったです。それを兄に告げ口されたらいけないので、そこは内密に（笑）。

宇多丸　ハハハ！　オーディションに行く意味がなくなるから。すごいな！　これがおいくつのときですか？

加藤　小学5年生です。

宇多丸　ああ、かわいらしい発想ですね。でも、『首都高バトル』のキャンペーンガールですよ？　そもそも小5がエントリー出来るんですか？

02　元気が開発、1994年からBPSやメディアクエストなどから発売したレースゲーム。首都高を始めとした各地の高速道路がリアルに再現され、走り屋たちが激突する。走りで差を付けて相手の精神力（SP）を減らし、心を屈服させるのだ。

加藤　最終まで残って呼ばれたので東京に行きましたね。でも先方はレースクイーン的な女性を探していたんでしょうね。会場へ行ったら20歳以上のグラマラスな方ばかりなのでビックリしました。で、水着のコンテストがあるというので**私はスクール水着を持っていったんです。**

宇多丸　周りにグラビアアイドルのような方々がいるなかで⁉

加藤　そうなんです。しかも、ほぼ日本人の方がいなくて外国の方ばかりで。「え！　なに？　この世界！」と驚きながら水着審査を経て……。

宇多丸　ハハハ！　そこにスクール水着を着た小5の加藤夏希が！　会場がザワつきませんでした？

加藤　私は当時、大人っぽく見られていたんですね。先方もおそらく年齢まではちゃんと見ていなくて、写真だけ見て選ばれたんですよ。でも来たら訛っているし、トークも「加藤夏希です！　小学5年生です！」って幼児的だったりで。

宇多丸　審査員たちも唖然としたでしょうね。その場面の映像見たいわぁ～（笑）。

加藤　その審査員の中に今の事務所の方がいて、「君、この業界に入ったほうがいいよ」と言われ事務所に入ることになったんですよ。

宇多丸　すごい！　何がきっかけになるか分からないですね。もうちょっと大人だったら「あれ？ここは違うかも」と思っていたでしょうからね。

加藤　気づきそうですもんね。

宇多丸　でも、そこでい

い会社に見出していただいて。ちなみに、オーディション自体の結末は？

加藤　あ、受かったんですよ！

宇多丸　えー！　……元気も何を考えているんだ！

加藤　ただ、水着の仕事は出来ないだろう、と。当時は「コスプレ」という言葉も一般化していませんでしたしね。先方は東京ゲームショウで水着姿でボードを持つレースクイーン的な女性を求めていたのに、**まさかこんなのが来たので（笑）。**

宇多丸　おそらく審査員のみなさんは、加藤さんがスクール水着で登場した瞬間、**「……マズい！」**と思われたはずですよ。

加藤　そこで急遽、準グランプリを2つ作って、私が優勝をいただいたんです。ゲーム宣伝のため『ファミ通』さんで写真撮影をしましたね。

宇多丸　もともとゲームが好きで、結果ゲームの世界に入れたわけだから、願ったり叶ったりでしたね。

加藤　でも攻略法は聞けなかったんですよ。私が宣伝していたのは『玉繭物語』[03]というゲームで『首都高バトル』班ではなかったんです。

宇多丸　さすがに小5女子に『首都高バトル』の宣伝はね（笑）。でも、ついでに聞くことも出来なかったんだ。

加藤　教えてもらえなかったですね（笑）。

深夜3時にゲームいじり

宇多丸　『首都高バトル』の勝ち方は聞けなかったけど、業界に入っていかがでしたか？

加藤　ゲーム宣伝の仕事をしていたから最新のゲームを知ることが出来て嬉しかったですね。

宇多丸　じゃあ、「新しいソフトが出来たんだけど……」とプレイさせてもらうこともあったんじゃないですか？

加藤　ありました。「試しにやってみてください」って。

宇多丸　それは嬉しいよね。この番組でも、ゲ

03　1998年に元気から発売されたプレイステーション用RPG。主人公は失踪した父の跡を継ぎ、「繭使い」になった少年レバント。森の魔物たちを「しもべ」として使役し、召喚して戦わせることができる。ジブリ作品のような、幻想的・牧歌的で温かみのある世界観が魅力。

ストの方々がソニーの人からお土産として新作ソフトをもらうと、「やったぁ〜!」って、みなさんめちゃくちゃ無邪気に喜ばれてます。

加藤　本気の「やったあ〜!」ですね（笑）。私もそれを得意げに兄に自慢していました。あれは優越感がありましたね。

宇多丸　**ゲームでは負けていたけど、ある意味、勝ちましたね!**　では、かなり早い段階から芸能界のお仕事も始めつつ、ゲームもそのままお好きで。

加藤　はい、継続してやっていました。

宇多丸　では、これまでプレイされたなかで、印象に残ったゲームは?

加藤　画期的だな、と感じたのは『せがれいじり』[04]。言葉遊びのゲームなんですけど、汚い言葉と汚い言葉をかけあわせたらその映像が出来上がるというのが楽しくて。面白いのに誰も分かってくれないんですよ!

宇多丸　いかにも当時のセガがたまに作っていた、露骨に変なゲーム。

加藤　まだ小学生だったかな?　なにせ「ウ●コ」といった下ネタが大好きな時期で（笑）。でも母から「女のコだからそんなこと言っちゃいけません!」と言われるので『せがれいじり』の世界だけは、って。なので、**早くに寝て夜中の3時くらいに起きて『せがれいじり』をしていました。**

宇多丸　なんて小学生だ!

加藤　親にワードチョイスを見られたくないので。親が寝ている時間に『せがれいじり』をひとりでやるという楽しみ、というのはありましたね。

宇多丸　中学生男子が親に隠れて深夜のエロ番組を観る、といったようなことを、ゲームでやられていたんですね。

加藤　ウフフ、そうですね。

宇多丸　この番組で初めて出たタイトルです。名前は知っていましたが、そういうゲームだったんですね。一方で、王道系RPGなどは?　『ドラクエ』『FF』という2大派閥があります

04　1999年にエニックスが発売した初代PS用ゲーム。セケン（ステージ内）にあるオキモノを調べて「作文」を完成させ、新たなオキモノが出現……を繰り返してストーリーを進行。『ウゴウゴルーガ』の秋元きつね氏によるシュールなセンスがさく裂している。

が。

加藤　私はどちらでもなく『キングダムハーツ』が好きでした。ディズニーが好きだったのでディズニーキャラが援護してくれる、というのが戦いやすかったですね。これは『FF』寄りのゲームなんですけど、オンラインの『ドラクエX』[05]が出たときに『ドラクエ』にバン！と一気に入りました。

宇多丸　ちなみに僕は、加藤さんに〝モンスターハンターをすごくやる人〟という勝手なイメージがあったんですが。

加藤　そうなんですね（笑）。でも「ゲームが好き」と言うと「ゲーム好き＝上手い」と思われてしまうんです。「加藤さん、ゲーム上手いんですよね！」と、『モンハン』企画に呼ばれるんですが……私、めちゃめちゃヘタで（笑）。**「ジャマだから別のマップに行って調合してて」**って言われました。

宇多丸　ヒドい（笑）。それ、『モンハン』一緒にやってることになってないじゃないですか！

加藤　そう、**持ち物係**です。だから「ゲームが好きです」と言うのは気を付けなくちゃいけないなって。

宇多丸　僕もゲームが好きでたくさんやっていますけど、アクションはべつに上手くないので気持ちは分かります。じゃあ、オンラインで今のような問題は起きないんですか？　協力プレイの際、周りに迷惑をかけてしまったり。

加藤　オンラインでは**「姫プレイ」に憧れているんです。**私は女性なので女性キャラにすることによって結構もてはやされるというか。

宇多丸　〝女優でモデルの加藤夏希さん〟が、ゲーム内でこそもてはやされるのを求めている、という（笑）。

加藤　そこで姫プレイヤーさんのブログを見たりするんですよ。「こういうことをやると姫プレイになるんだ」とか。

宇多丸　あ、チヤホヤされるプレイがあるんだ。

加藤　『ドラクエX』では種族によって職業のパワーバランスが違うんです。初期は〈種族は

05　シリーズ初のMMORPGとしてスクウェア・エニックスより2012年に発売。オンラインでできた仲間と冒険や交流が楽しめるのはもちろん、サポートAIとともにひとりでストーリーを進めることもできる。2022年にはインターネット接続せずにプレイできるオフライン版も発売された。

エルフで女の子、職業は僧侶〉というのがいちばん良かったんですが、実際は女の子エルフのプレイヤーは男性が多い、という状況があったんです。
だから、私がどれだけ言っても「どうせ男だろ！　そんな定型文を使って！」って。

宇多丸　加藤さんがプレイしていると知ったら驚きますよね。っていうか、**エルフより加藤夏希のほうがすごいだろ！**　それより加藤さん、何やってんすか（笑）。

加藤　「助けてもらえる」という行為がオンラインにはありますから。

宇多丸　なるほど！　それは面白い考え方ですね。

現実ではできないことをゲームで

宇多丸　プレイタイトルに洋ゲーの『[06]ウォッチドッグス』を挙げられていますね。

加藤　最近のゲームは読み込みがなくストレスがないので始めてみたんです。

宇多丸　たしかに洋ゲーのオープンワールドは、どこへ行こうと読み込みがないですもんね。

加藤　でもストーリーはあまりやらないんです。私の場合は**〈いかにそのマップ上で普通に生活するか〉**なんです。

宇多丸　ミッションもやらないの？

加藤　たまにやったりするんですけど、基本的にはダラダラ過ごしています。

宇多丸　町を散策したり？

加藤　はい。『ウォッチドッグス』はハッキングのゲームなんですけど、私の場合は地味に人の情報を読み込むんです。**「あ、こういう家族構成で貯金はこれぐらいあるんだ」とかそういうのをメモっておく。**

宇多丸　メモる？　自分で書くの？

加藤　そうです、手書きで。

宇多丸　僕、かなりやり込みましたが……**そんな遊び方があるとは！**

加藤　それがスゴく楽しいんですよね。

06　ユービーアイソフトが2014年に発売したオープンワールドクライムアクション。舞台はアメリカ・シカゴ。『GTA』シリーズに近いゲーム性だが、都市全体にネットワークシステムが張り巡らされており、ハッキングによる妨害が、銃撃戦や車での逃走などに活かせる独自要素が存在する。

宇多丸　あれって、レベルを上げていくと街中を大騒ぎに出来るし、スゴい能力も身に付くんだけど、そういうことはせずに。

加藤　だから一向に終わらないんですよ。

宇多丸　ひたすら、人の私生活を覗いている……加藤さん、何やってんすか（笑）。

加藤　なんでしょうね。実際にやってはいけないことをゲームでは出来るから。

宇多丸　もっと派手な〝やってはいけないこと〟が出来るゲームなんですけどね。（笑）。でも分かります。オープンワールドは、まず世界を味わうこと自体が楽しい、ということですもんね。

加藤　そうなんです。

宇多丸　これはね、僕も分かります。僕も『グランド・セフト・オート』というゲームで、何の意味もなく自転車で野山を「WHOOOO!」って駆け巡っていました。実際にはそんなこと絶対やらないからこそ!

ちやほやメモリアル

宇多丸　ほかに挙げられているのが、恋愛シミュレーションの『ときめきメモリアル Girl's Side（ときメモGS）』[07]。

加藤　はい、大好きです!

宇多丸　これは女の子視点での『ときめきメモリアル』ですね。

加藤　はい、男性に告白してもらうためにどう攻略するか、というゲームです。

宇多丸　**加藤さんのチヤホヤされたい癖がここでも出てしまうという（笑）。**

加藤　でも均等にチヤホヤされようとすると、キャラクターがみんな爆弾（キャラクターの傷心度を表すマーク）を抱え始めるんですよ。

宇多丸　関係がピリピリし始める、と。

加藤　それが爆発すると全員から好感度が下がるんです。

宇多丸　現実と同じだね、「二兎追う者は一兎も得ず」。そういうことをゲームから学べるん

07　2002年にコナミよりPS2用ソフトとして発売された恋愛シミュレーションゲーム。それまでの『ときメモ』と性別が反転。女性主人公として様々なタイプの男性キャラクターたちとの恋愛を成就させるのが目的。OP・EDをB'zが担当していた。

ですね。この番組ゲストでは真野(恵里菜)ちゃん(2017年6月17日、24日放送回出演)もプレイしていましたね。

加藤　あら、仲良くなれそう。私の周りでプレイしている人はいないので。……でも、〝私だけのキャラクターたち〟だからいいのかもしれませんね。**ゲームを知っている人と喋っちゃうとキャラの取り合いになっちゃうから。**

宇多丸　なるほど。「なんでアンタ、私の○○クンから告られてんのよ！」みたいな。

加藤　男性がこのゲームをやったらどうなるんですかね？　私は『ときメモ』をやって「あ、男性は女性にこういうこと求めているんだ」って地味に参考にしたいです。私、甘え方がヘタだから**「手を顔の前に持っていけばいいのかな?」とか。**目も「キラキラッ」ってならないし、頬も「ポッ」とはならないけど。

宇多丸　ハハハ！　現実にその「お願い?」みたいなポーズされたら、**あざとすぎて逆に警戒しますよ！**　むしろ男性陣こそ『ときメモGS』で勉強したほうがいいのかもしれないですけど。

加藤　そこまでクサい台詞もないですから参考になるかも。ただ、みんながミステリアス過ぎて。過去に深い闇があるとか。

宇多丸　現実の男性は、ミステリアスな雰囲気をかもし出すのがまず不可能です！　ミステリアスぶっていても、「お腹痛いのかな?」とか思われて終わりですよ。

加藤　あと『ときメモGS』には、ほかのゲームにないことがあるんですよ。主題歌がB'zさんなんです。当時メジャー級アーティストの方はあまりゲームにはやって来なかったのですごいなあ、と。

宇多丸　ホントだ、主題歌「SIGNAL」！『ときメモGS』、今のハードで出来ないんですかね。新作を出すとかで。

加藤　それならばリメイクをお願いしたいです。続編では主人公が変わっていて、それは私にはちょっと違うんですよね。私は『1』のあの人に会いたいのに」という想いが強いので。

宇多丸　じゃあ、中身を変えずにクオリティだけ上げるといった、最近よくあるＰＳ４版アップデートみたいなのがベストと。

加藤　それだったらいいですよね！　需要はあると思うんですよ。

宇多丸　そんな加藤さん、生涯ベストゲームはなんですか？

加藤　『ドラクエX』はずっとやっているので、あえて私が自らサントラを買った『ｒａｉｎ』[08]ですね。

宇多丸　雨の中、透明な主人公が移動していく、ちょっと不思議な雰囲気のゲームですよね。

加藤　まるで絵本を開いたかのような世界観がずーっと続いているのがスゴく良かったです。

宇多丸　グラフィックとか、今見てもカッコイイですよね。

加藤　ただ結構難しくて。なにせ主人公が見えませんから。昔、ホラーアドベンチャーの『Ｄの食卓』でセーブの仕方が分からず、何回もタイムアップをしてしまったことを思い出したりしていました。『ｒａｉｎ』はホラーではないんですけど世界観が似ているな、って。そんなどこか懐かしいような、でも自分だけの世界というか。

宇多丸　主人公はひとりぼっちなんですよね。

加藤　だからオンライン派の私としては心細いんですよ。誰も助けてくれないので、ずーっと淋しいんです。

宇多丸　ほかにキャラは出てきませんからね。

加藤　これは私にとって試練ではあるんですけど、すごく新しい世界を開いてくれましたね。

宇多丸　普段の好みとは真逆なゲームが印象に残る。それも面白いですね。

オンライントークで痛恨の一撃

宇多丸　でも、加藤さんの『ドラクエX』の姫プレイで、「オジさんじゃないの？」と決めつける人が多かったという話は衝撃的でしたね。

08　2013年にソニー・コンピュータエンタテインメントより発売されたPS3用アクションアドベンチャーゲーム。ある雨の晩、怪物に襲われている「透明な少女」と出会った少年は、彼女とともに街からの脱出を目指す。雨の日の空気感を表現した効果音や、叙情的なBGM、ときおり建物の壁面などにテキストで表現されるストーリーが、唯一無二の作品世界を生み出している。

加藤　姫プレイをしている人はゲームキャラクターでブログやツイッターをされている方が多いので、私もやり始めたんですよ。そうしたら今度はそちらのほうでも悪口を言われて。

宇多丸　また「どうせ男だろ?」って。

加藤　**「はいはい、物もらいね」とか。**

宇多丸　ヒドい（笑）。

加藤　あげくの果てに私のゲームのキャラクターが5ちゃんねるで叩かれて。

宇多丸　それもスゴいな。ホントに加藤さんがやっているわけだから、ヤツらの決めつけには何の根拠もないのに!

加藤　で、オンライン上で言われるんですよ。「こいつ知ってる。はい、通報しました」って。**「加藤夏希」で叩かれても泣かないのに初めて画面の前で泣きました。**

宇多丸　かわいそうだし……何でそこまで疑う?　よっぽど不自然に見える言動だったんですかね。

加藤　ヘタだったと思うんですよ。「え〜、その武器カッコイイ〜。そのまま錬金つけてほしいなあ〜。てへ☆」みたいな言動がイラっとさせるようなニュアンスだったんじゃないかと。

宇多丸　先ほど『ときメモGS』のエピソードのときに僕が指摘したあざとさ……**まさにそれなんですよ!**　『ときメモ』から学ぶとそういうことになる、ということじゃないですか（笑）。

加藤　アハハ、そっかあ。でもゲーム内だと二次元じゃないですか。鳥山先生の絵ならいけるかな、と思ったんですけど……ダメでしたね。

宇多丸　**〝テンプレのかわいさ〟**が透けて見えるというか。

加藤　あと夕方頃にプレイしていると子供と思われます。「おいキッズ、時間は終了だ。宿題しろよ」とか言われるんですよ。夕方の無料タイムにたまたまログインしていたからそう言われたと思うんですよね。

宇多丸　『ドラクエX』のキャラクターを叩いた記憶があるみなさん、その人は加藤夏希さんだからね!　**あなた方、加藤さんを泣かした可**

能性があるんだから、反省してくださいね！

加藤家のゲーム英才教育

宇多丸　リスナーからは、「子供が出来たらどのようなゲームライフをしたら良いか？」というメールが来ています。ちなみに加藤さんの最長プレイ時間は？

加藤　基本的に仕事をしていないときはゲームをしていました。**楽屋にゲーム機を持ち込んで……。**

宇多丸　え？　それは据え置き機ですか？

加藤　はい。

宇多丸　マジですか！　据え置き機持ち込みタイプは、これまでオカダ・カズチカさん（2017年9月9、16日放送回出演）しかいませんでしたよ。

加藤　子供って生まれて半年はほぼ朝まで寝ているので最初は「ゲーム出来るじゃん」と思っていたんですけど、成長していくにつれ起きているどんどん時間が長くなって。いまやお昼寝なんて1時間半しかしないんですよ。1時間半だとプレイヤーに挨拶するだけで、たわいもない無駄な会話が出来ずに終わるんですよね。

宇多丸　オンラインゲームだと。お子さんもこれからどんどん活発になりますよね。

加藤　なので基本的には子供が寝てから。あとは子供に使用していないコントローラーを持たせて、まるで子供が操作しているようにして。

宇多丸　一緒に遊んであげる体（てい）で。それでお子さんもキャッキャッとなっていますか？

加藤　はい。でもゲームのチョイスは多少、変えないといけないと思っています。そこで最近、悩んでいるのが『龍が如く6』[09]です。年齢制限の指定がありますから。まず人を殴りますしね。

宇多丸　まあ、向こうがケンカを売ってくるからしょうがないですよ。

加藤　そこで逃げるとキャラが強くならないので、夜中に**子供が寝てから戦闘をしていま**

09　セガが2016年に発売したシリーズ第6弾。伝説の極道・桐生一馬となり、東京・神室町や広島・尾道仁涯町を舞台に熱き男たちの生き様を体験する。シリーズを通じたファンにとっては、成長を見守ってきた澤村遥の身に起きたことが衝撃的だった。

す。子供がいるときに思いがけなく戦闘モードになってしまったときは銃を使います。

宇多丸　銃を？　いやいやいやいや……。

加藤　子供だったら**「どこかで花火が鳴っているのかな？」**って思うのかなって。

宇多丸　まあ……ねえ。殴ることに関しては「保育園に入ったとき、友達を殴ったらいけないよ」ということですよね。

加藤　そう。ゲームで殴っていたら「お母さんもやってるじゃん！」って言われますから。でも銃は日本では家庭にないので。

宇多丸　たしかに現実的ではないけど……でもさあ、ぶん殴るのと銃だったら銃のほうが悪いと思うんですけど（笑）。

加藤　**でも銃は最強の武器なんですよね。**

宇多丸　そりゃそうですよ（笑）。**というか、まず子供と『龍が如く』やってんじゃん！**　どうしてもプレイしたい気持ちを抑えられなかったんですね。

加藤　でも、だんだん子供に知恵がついてきているのでそこは考えなきゃ、と思っています。平和な『どうぶつの森』とかを子供と一緒にゲームが出来ればいいな、と。

宇多丸　いまスタジオを元気に歩き回っていらっしゃる、お子さんとね。

加藤　はい、娘が極道の道に行かないように（笑）。

宇多丸　『スプラトゥーン』だったら水遊びをしているようなものじゃないですか？

加藤　はい、『スプラトゥーン』は操作をさせて楽しんでいます。戦いではない「さんぽ」というエリアに行って、ちょっとずつ操作が出来るように、英才教育ですね（笑）。

宇多丸　いいじゃないですか。いずれ娘さんとゲームを楽しんでほしいですよ。

ドラゴンクエスト オンラインの花嫁

加藤　私の家庭はゲームが共通の話題になっていたんですよね。でも周りの家庭では、旦那さんがゲームをして奥さんがゲームをしないため「あなたばっか遊んで！」となることが多いんですよ。

宇多丸　僕も、ゲームをやっていると何か知らないけど妻に謝っちゃいますね。「あ、ゴメンゴメン！　すぐ終わるから！」って。

加藤　私の場合は**〝ドラクエ婚〟**でもあったので、そこは大丈夫なんですけどね。

宇多丸　ドラクエ婚？

加藤　はい。ゲーム内で仲良くなって結婚したんですよ。もともと知っている人ではあったんですけど、ゲーム内で初めて会話したんです。

宇多丸　初めての共同作業もゲームで。

加藤　お互い鳥山明先生のキャラクターに恋をして。

宇多丸　旦那さんのプレイの仕方にも惚れた？

加藤　惚れましたね。私は僧侶なので補助をする後衛、主人は攻撃をするバトルマスターで前衛だったので**「守ってもらってる！」というヒロイン気分になりました。**

宇多丸　旦那さんによる姫プレイがいちばん心地よかった、という。それで「この人とならリアルでも上手くいくんじゃないか？」と。

加藤　そうなんです。あげく結婚したら主人のキャラクターをカスタマイズすることも出来るので、より私の理想のキャラになっていくんですね。

宇多丸　なんか言っていることがおかしい気もしますけど、お幸せなら何よりです（笑）。とにかく旦那さんもゲーム好きで、家族共通の話題があるのはいいことですね。

加藤　はい。家族共通の話題になっていきそうです。ひとりで寂しくプレイということはなさそうだな、と。

宇多丸　しかも、世界が広いゲームをプレイすると、実際に旅行に行った感覚があるじゃないですか。

加藤　そうです！　まさに新婚旅行がそれでした。私たちはハワイに行ったんですけど、**初日から最終日までずーーっと『ドラクエ』の話を**

していました。

宇多丸　ハワイの景色を見るたびに、プレイの記憶のほうがよみがえる（笑）。

加藤　私の『ドラクエⅩ』キャラは、ジュレットという海辺にある町で裁縫を職業としているんですけど、**ハワイの海岸に行ったときは「ほら、ここ私の職場だよ！」と盛り上がって。**

宇多丸　そこで旦那さんも「なに言ってるんだ？」とはならず「そうだね！」となるわけですからね。

加藤　はい。「あそこのボス強かったよね！」となりますから。

宇多丸　それはとってもステキだと思います。いずれはその会話にお子さんも加わってほしいですね。

ゲームで描く子供の未来計画

宇多丸　ちなみに『龍が如く6』は「CERO：D（17才以上対象）」ということです。

加藤　思いがけずキャバクラに入って「イヤ～ン」なカンジになることもありますから気を付けないと。でも、**そうは言っても子供も分かるんですよ。「ゲームはゲームで現実とは違う世界」ということが。**

宇多丸　そう！　それは分かりますよね

加藤　子供も成長しますすし。でも問題は……腐女子になってしまうこと。

宇多丸　加藤さんの通るルートを一緒に歩んでるんだから、そりゃ腐女子化必至ですよ！　ある程度の年齢になったら、娘さんが『ときメモGS』のような乙女ゲーをやられている可能性はありますよ。

加藤　たしかに。あと、娘にはユーチューバーになるんだったら**〝ゲーム界の姫〟**になってほしいです。

宇多丸　プロゲーマーでもなく〝姫〟ですか！

加藤　**はい、姫で。**やはり女の子ですから。

宇多丸　それも現実でなくてゲームの中でという（笑）。

加藤　でも20年後……子供が成人するとき、私たちがやっていたゲームは「わ、古っ！」って言われるんだろうな、という恐怖はあります。

宇多丸　VR技術が進化して、なおかつオンラインとなったら、リアルな感覚でみんなに囲まれチヤホヤされる世界が来るかもしれないですよ。

加藤　そうなるとホントに可愛くないとダメになってきますよね。今までゲームのキャラでカモフラージュされていたものが、そうではなくなる可能性があるから。

宇多丸　自分そのものが出てしまうようになるかもしれない、と。でも、それも含めて楽しみですよね。こんなにリアルタイムで進化し続けるエンタテインメントって、ゲームのほかないじゃないですか。

加藤　そして、つねに子供に対しては負けないように。

宇多丸　加藤さんの負けず嫌いはずっとあるんですね。『首都高バトル』の件もそうでしたし。

加藤　『首都高バトル』では負けていると腹が立つので、**わざと逆走して1位の車に当たりに行っていましたね。**

宇多丸　ハハハ！　タチ悪いなあ（笑）。

加藤　でもチョロQのテレビゲームではそれが出来ず、逆走したら強制的に戻されるんですよ。それが悔しくて。でも『モンハン』で負けず嫌いだった部分も折れましたかね。

宇多丸　戦いに加わらせてもらえなかったから（笑）。そんななか新作の『モンスターハンター：ワールド』が発売されます。今作では、モンスター同士を戦わせて漁夫の利を狙う、といったことも出来るそうですよ。

加藤　じゃあ、**リオレウス（モンスターの名）の夫婦ゲンカ**が出来るんですかね？　オスとメスがいるから洞窟の中で夫婦ゲンカをさせたり。

宇多丸　先ほどの『ウォッチドッグ』の楽しみ方といい……加藤さんのゲームの面白がりのポイント、不思議ですね（笑）。

加藤　ゲームキャラに生活感が出てくると面白くないですか？　『モンハン』でもモンスターの卵を持つとお母さんモンスターが「危ない！」という感じで飛んでくるんですよ？　カワイくないですか？

宇多丸　たしかに。ちゃんと親心が再現されているわけですもんね。

加藤　で、そのモンスターを倒した後は「お母さん死んじゃったね。ひとりで生きていくのは大変だよね。だから……ゴメンね」って言いながら卵を割るんです。**残酷だけど平和的に。それが私の儀式です。**

宇多丸　優しいのか優しくないのか分かりませんけど（笑）。加藤さんはヴァーチャル世界への没入度がハンパないんでしょうね。

加藤　**もうひとりの自分がそこに存在しているんだと思います。**あと『モンハン』はメンタルが鍛えられますね。見た目重視の装備で行ったら「その装備で行こうと思ってんの？」とか知らない人からとやかく言われるので。

宇多丸　加藤さん、『モンハン』でも姫プレイ感が残っているんですね（笑）。

加藤　そうです（笑）。**いかに可愛く見えるか**を考えるんですけど……。

宇多丸　そうすると「お前、調合でもしてろ」と。

加藤　あと「わー、こわ～い」とか「にげろ～♪」とか言っていると……。

宇多丸　「お前、男だろ」と。

加藤　新作でもウソつき呼ばわりされてしまうかもですね（笑）。

『ドラクエX』は故郷

宇多丸　では、お仕事仲間でゲームをやる方はいらっしゃいますか？

加藤　『ドラクエX』だとモデルでプロレスもやられている赤井沙希[10]さん。彼女とは仕事場でもプライベートで会っても『ドラクエ』の話しかしていないです。『ドラクエX』の「土地開放」で家が買えることになったときに「土地の価格、

10　1987年生まれ、京都府出身。DDTプロレス所属。芸能、モデルなどと並行して女子プロレスラーとして活躍中。父は元プロボクサーで俳優の赤井英和氏。

スゴく高いよね。どうやって稼ぐ?」といった金策の話題をカフェでずーっとしていましたね。
宇多丸　金策（笑）。
加藤　どの職業が儲かるか、相場が高くなっているものは何か、をネットで調べて。その会話の流れで仕事場で「今度、土地を買って家を建てるよ」と話していたところスタッフの方から「加藤さん、家を買ったんですか!」と驚かれて。
宇多丸　普通はそうなりますよね。
加藤　で、「あ、そうか。周りは普通のこととして聞いているんだ」と思って。「洋服で35万もいった」という話もゲームの中のことなんですけどね。
宇多丸　いやでも、加藤さんだとない話ではないから!
加藤　「でもね、カラーリングの花が高いの」というところで「ん?　花?」となるんですけどね。
宇多丸　でも、いいですね。子供のときはゲーム友達がいなかったということですから。
加藤　はい。大人になって花咲きました。**「こんなに仲間がいたんだ!」**というか。
宇多丸　オンラインはそういう面がありますよね。
加藤　オンラインの友達は親にも言えない友だちだったんですよね。だって顔も本当の名前も知らないし。
宇多丸　たしかに、そうなると親御さんは心配かあ。
加藤　でも毎日、親より喋っているんですよ。そうするとオンラインの友達は私より私のことを知っているんじゃないかと思えてきて。
宇多丸　ゲームをやるというよりは、もうひとつの世界に行く感覚ですね。
加藤　家に帰ってきた、みたいな。だから**今はゲームのサービス終了が怖いです。**『ドラクエX』は10年計画なので、あと5年（当時）は生活できるんですけど、その後はどうなるんだろう……。
宇多丸　そうしたら、慣れ親しんだ世界がまるごとなくなってしまうんですよ！
加藤　そう。「私の10年間は何だったの？」って。
宇多丸　いやでも、加藤さんは『ドラクエX』きっかけでご結婚までされていますし、めちゃくちゃ実があったほうだと思いますけど（笑）。ただ、故郷が消える感覚はありますよね。
加藤　だからオンラインの住人は転居先を作っておいたほうがいいですよね。
宇多丸　たしかにね。マンションも取り壊す際、次の住まいのことを考えてあげなければいけないわけだから。
加藤　**いま、保険がないんですよね。**
宇多丸　ハハハ！　オンライン保険。ＳＵＲＦＡＣＥの椎名さんは、オンラインゲームの『ＦＦXI』で知らない人と仲良くなって、オフ会まで行くようになったんですよ。『ＦＦXI』はまだサービスが続いているから、戻ればいつでも再会できるそうですね。
加藤　でも、**〝業者〟がいなくなったら怖いですね。**
宇多丸　オンラインサービスの会社の人のことですか？
加藤　いや、アカウント停止されるようなことをやる人たちです。
宇多丸　ああ、ゲーム内のアイテムなどを実際のお金で売買するＲＭＴ（リアル・マネー・トレード）をしている人たちですね。
加藤　そうそう、名前が文字化けしているようなブラックな人たち。絶対にダメなことをやっているんですど、その人たちがいるうちはまだ盛んなんだな、となりますから。
宇多丸　人がいっぱいいるところだから、商売になると踏んでゲームをやっているわけですからね。そこでゲーム内の活気を感じる、と。では、『ドラクエX』にはまだ業者がいる？
加藤　だから運営さんは困られています。
宇多丸　業者によってサービス停止に繋がったらイヤですよね。これだけの熱で語られているゲームがなくなるのは悲しいでしょうし。旦那さんとの思い出の場所ですもんね。

加藤　それがなくなると思うと。……あ～、ヤだ。どうしよう！

宇多丸　今から思い出の場所を、動画とかで録り溜めしておいたほうがいいんじゃないですか？　で、お子さんがゲームを出来るようになったら、家族3人でまたその場所に行って記念撮影をして。

加藤　ああ～～、それ、それ、した～～い。

宇多丸　もう、実際にハワイに行く必要もないんじゃないかっていう（笑）。

子供に想像力を

宇多丸　そんな加藤さんが、今後のゲームに期待されることはありますか？

加藤　いま「小学生からプログラミングを習うのではないか？」と言われていますが、若いうちからそういった世界に触れていたほうがいいことだと思います。私は「iPadを持たせない」「YouTube観てはダメ」という親ではないので。

宇多丸　むしろ積極的にテクノロジーに触れさせる。

加藤　はい。**その時代に合わせ、子供の想像力を若いうちから膨らませておく。**そして80歳になったときに、あの頃を思い出して楽しめる。そんなゲームが出来る世界になってほしいです。

宇多丸　いいですね。加藤さんは幼い頃からパソコンのチャットとかを通じてオンラインのやり取りに慣れていますけど、現在ではそれがデフォルトじゃないですか。まさにSNSがそういう世界ですから。そこで人間性を知ることも出来れば、分かり合えることもある。だからその考えはいいと思いますね。

加藤　あと**ゲームは子供の自信にも繋がります。**いちばん分かりやすいですよね、「クリア出来た」「達成できた」というのは。

宇多丸　最初、全然倒せなかった敵を倒せるようになったり。

加藤　そしてオンラインゲームになると、より人と協力することになりますし。だから、よりいい方向にいっているんじゃないかな、と。

宇多丸　役割分担もありますし。「調合しとけ」とか（笑）。でも、そこでネットリテラシーというか礼儀も学べますね。

加藤　はい、マナーとかも。

宇多丸　そこで傷つくことも学びというか。「あ、こういうことを言われるとイヤなんだな」と。

加藤　そうですね。**大人になっても泣くんですもん、ゲームで。**でもゲームは本当に学びになると思います。あとは算数や英語がどう面白いゲームになるか、ですよ。

宇多丸　では最後の質問になりますが、加藤さんは、ゲーム時のセッティングはどうされていますか？

加藤　私、椅子がヒドくて。背もたれのないパイプ椅子にあぐらをかいて座っています。

宇多丸　え？　もっとラクな姿勢ですればいいのに……。

加藤　**寝落ち防止です（笑）。**

宇多丸　ハハハ！　眠かったら寝なさいよ！

加藤　オンラインで戦闘中に寝ちゃったら迷惑をかけてしまうんですよ！　あと私、ゲームで両手が腱鞘炎になって病院に行ったこともあるんです。手が疲れて親指が使えなくなったら**人差し指と薬指でどうにか操作していたので。**

宇多丸　そんなプレイスタイル初めて聞きましたよ！

加藤　それで、お医者さんから「作家さんですか？」と聞かれました（笑）。

宇多丸　あの～……どうぞお体だけは気を付けてゲームをしてくださいね。でもホント、素晴らしかったです。お子さんがゲーム出来るようになったときに、ぜひまた加藤家のゲームライフ話、続きを聞かせてください！

酒井雄二

ゴスペラーズ

YUJI SAKAI

#5

▷▷▷

僕は“旅ゲーマー”で、据え置き型ハード持ち歩き派。携帯してしまえば、もうそれは携帯ゲーム機なんです。

STAGE.1	2018.3.17-24 O.A
STAGE.2	2020.6.11 O.A

巣ごもりスペシャル「今、なんのゲームしてるの?」

PROFILE

▷▷▷

酒井雄二(さかい・ゆうじ)

1972年10月５日、愛知県出身。ボーカルグループ、ゴスペラーズのメンバー(村上てつや、黒沢薫、北山陽一、安岡優との５人)。1991年、早稲田大学のアカペラ・サークル、「ストリート・コーナー・シンフォニー」で結成され、1994年のメジャーデビュー以降「永遠に」「ミモザ」など多くのヒット曲を放つ。また鈴木雅之らとのユニット「ゴスペラッツ」としても活動。ライムスターとは2002年「勝算(オッズ) session with ゴスペラーズ」や同年のゴスペラーズ「ポーカーフェイス featuring RHYMESTER」で共演。また2017年にも「Hide and Seek feat. RHYMESTER」をリリースしている。

MY BEST GAME

『塊魂』
(ナムコ)

STAGE.1

音楽の先生はゲーム

宇多丸　今夜のゲストはゴスペラーズの酒井雄二さんです。私たちライムスターとは昔から曲を一緒に作ったりもしていますが、そんな酒井さん、ゲーマーとして度を越していると伺っております。

酒井　この番組に出られてホント嬉しいです。ツイッターでも「今こういうゲームをやっています」とファンにも発信していますし、ゲーマーという面は隠していませんしね。

宇多丸　僕とほぼ同世代の酒井さんですが、ビデオゲームとの出会いは？　世代的には家庭用ゲーム機の黎明期からずーっと知っていることになるよね。

酒井　**すごく濃ゆい黎明期を実体験しちゃった世代**だと思うんですよ。ゲーム&ウォッチとかＬＳＩゲームを友達の家に持って行って変わりばんこで遊ぶという子供時代でした。でも１９８３年にファミコンが出ても、プログラミングも出来るトイパソコンが出ても、どれも家には来ず。ファミコンを持っている友達の家でおしゃべりしながら遊んでしました。

宇多丸　ゲーセン世代でもありますが、ゲーセンには通っていたんですか？

酒井　ゲーセンのゲームのほうが画がキレイで音楽も最高。でも家庭用に移植されるとショボくて残念……ということが80年代はありましたね。

宇多丸　アーケードゲームのほうがスペックが高いという時代は長く続きましたよね。

酒井　当時ゲームセンターは不良のたまり場ということで立ち入り厳禁だったんですが、小学校の修学旅行で行った遊園地のなかにゲームセンターがあって。俺、その画面にくぎ付けになってしまったんですよ。集合時間が過ぎてもず～っと画面を見ていました。**もうねえ、ホンットにキレイだったんだ！**

宇多丸　画面を見ているだけで幸せ……そんな人いる？

酒井　幸せ！　画像処理とか、グラフィックもサウンドも当時の最先端だったし。「雑誌でしか見られない世界がここにある！」って。

宇多丸　ゲーセンでは何をプレイされていたんですか？

酒井　ナムコのゲーム全盛時でしたから『ゼビウス』とかですね。あとスーパーの入り口に50円でプレイできるゲーム機がやってきて、ゲーセンへ行けない子供たちが「なんだコレは！」と、そこに大集合。**もう街頭テレビ状態ですよ。**

宇多丸　なんか、むちゃくちゃ昭和っぽいエピソード！　……って、ホントに昭和ではあるんだけどさ（笑）。

酒井　そこでなけなしの50円を入れてプレイするヤツが出てきたら、それこそ力道山を応援するような勢いでギャラリーが応援するんです。で、そのうちファミコンを買ったやつが出てきて。

宇多丸　アーケードゲームに憧憬がある世代にとってのファミコンって、やっぱり「ゲーセンよりは劣っている」、とはいえ「家で出来ちゃうの？」っていう感覚ですよね。

酒井　嬉しいは嬉しい。『グラディウス』[01]というシューティングゲームでは自機に分身を4つまで付けられて、長いレーザー光線で敵をなぎ払っていく攻撃方法が美しいんです。でもそれがファミコン版になると分身の数も2にスケールダウンしてレーザーのグラフィックも短く切れた蕎麦の麺みたいになっていて。

宇多丸　「劣化版だ！」と思う方向にいっちゃったんだ。

酒井　**その言葉を押し殺して「ありがとうコナミさん！」でしたけどね。**でも音楽を聴いていても「あの曲だ！」という気持ちがありつつ「こうじゃないんだ！」と。

宇多丸　「なんか和音がちょっと……」とか（笑）。

酒井　それで僕、モノラル録音が出来るカセッ

01　敵を貫通する長いレーザーや、自機と同じ攻撃をしてくれる発光体（オプション）を付けてくれる、独特なパワーアップシステムが人気となった横スクロールのシューティングゲーム。トーク中に酒井が指摘しているように、ゲームの特徴である「長いレーザー」が、ファミリーコンピュータ版はハードの制約により表現できず「短いレーザー」になってしまった。1985年にコナミがアーケードゲームとしてリリース。シリーズ化される息の長い名作となった。

トレコーダーを借りてきてゲーセンに行き、友達に「この100円で『グラディウス』、行けるところまで行って」とお願いして、**テーブル筐体の音が出るところで音楽を録音しました。**そして、それを家で聴くという。

宇多丸　えー！　すげーな、それ……。ゲーム音楽好きな人はいっぱいいますけど、そういうエピソードは初めて聞いた！　じゃあ音楽の初期衝動はゲームから？

酒井　**影響大ですね。**欧米のアーティストでは幼少期にゴスペルの聖歌隊に参加して鍛えられた、といったエピソードがあるじゃないですか。それが俺はゲーム音楽。揺らがないリズム、安定したピッチ感、ほかのどのシンセサイザーとも違う音色で耳が肥えていったというのがバックグラウンドに必ずありますね。

宇多丸　限られた音数の和音で豊かな曲を作っていく……**こじつければ、これはゴスペラーズ的だね！**

酒井　まさにおっしゃるとおりで！　当時は同時に発音できる音数が6~8音、ファミコンだと3音でしたね。「この音だけでどれだけ出来るか？」というのは、後に大学のアカペラ・サークルに入った後、5人のメンバーで「この音楽をどうやろうか？」となったときガッチガチに活きてくる！「メロディはここで、あと2つはコレとコレでいいんじゃない？　**だってそれ、ファミコンではこうやってたもん**」という風に。

宇多丸　ゲーセンで録音していたことは無駄じゃなかったんだ。

酒井　全然、無駄じゃない！　さらに僕は中学校時代、クラスで人気者になるためゲーム音楽の口マネをしていたんですよ。でもメロディだけだと雰囲気が出ないから、空いているところで伴奏も同時にやるんです。

宇多丸　ヒューマンビートボックス的な。それ今、出来ないの？

酒井　じゃあ、ファミコンの『レッキングクルー』だと……（『レッキングクルー』ステージBGMを口マネで披露)。

宇多丸　うおおおお〜。ホントに今やっていることに繋がっているんだね!

酒井　ベースラインとドラムは相性がいいんだな、とか学びましたね。だから**ゲーム音楽はスゴくいい〝先生〟なんですよ。**

宇多丸　説得力、ハンパない!

隠れゲーマーなキャンパスライフ

宇多丸　そんな酒井少年の家にゲーム機がやって来たのはいつ頃なんですか?

酒井　中学校の頃です。友達から「壊れた」というファミコンを貰ってきたら案の定、映像出力端子が壊れていただけだったんですよ。そこで技術がスゴく出来るウチの兄ちゃんに直してもらい、無料でファミコンをゲット。

宇多丸　一貫してDIY精神というか。ではソフトは何をやっていたんですか?

酒井　中古の[02]『ドラゴンスクロール 甦りし魔竜』という俯瞰型アクションRPGが1本目でした。ファミコンのカートリッジが大容量化している頃でしたね。そこからはもう、あれやこれやで……。

宇多丸　ここまで溜めに溜めたゲームへの憧憬、間接的に愛を育んできたものが一気にドーン!　じゃあ大学生になったら止める人がいなくなって大変でしょ?

酒井　その前に浪人生時代があるんです。予備校へ行っている体(てい)でゲーセン通いが始まっちゃって。ほら、浪人中は本体が部屋にあったりするとマズいので。その時代のアーケードゲームには好きなものがいっぱいありますね。ナムコさんの『スターブレード』とか。半球型スクリーンがあって、そこに映像が投影されるんです。俺、そういう斬新なゲームにものすごく弱いんですよ。

宇多丸　そういう筐体はアーケードならではですよね。で、早稲田大学に入学して、ゴスペラーズの母体となるアカペラ・サークル「ストリー

02　1987年にコナミから発売されたファミコン用アクションRPG。封印が解かれてしまった邪悪なドラゴンを倒すため、人間の姿となった光のドラゴンとして冒険をくり広げる。歯ごたえのある謎解きや、メロディアスで耳に残る音楽が特徴。

ト・コーナー・シンフォニー」に入ります。
酒井　ここが重要なところですね。あれは早稲田の学園祭でしたね。外では僕らがアカペラ・ライヴをやっていて、教室の中では……。
宇多丸　僕が所属していたソウルミュージック研究会GALAXYがディスコでギャーン！とDJプレイをしている。汗をかいて窓を開けると、酒井くんたちのキレイな歌声が聴こえてきて。
酒井　♪ウゥ～って（笑）。**これが後のゴスペラーズとライムスターの出会い。**
宇多丸　しかしアカペラと同時に、ゲームもやっていたんですよね？
酒井　はい。入学してまずサークル回り。手帳に「○月×日に演劇サークルを見学」とかメモをしながら回っていたところ『ストリートファイターII』がスーパーファミコンで発売されることを知ったので、忘れないよう**「6月21日SFII」**と、これも手帳にメモをして。ストリート・コーナー・シンフォニーに入るつもりなのにストリートファイターに頭がいっちゃったという。
宇多丸　**「ストリート」繋がりで（笑）。**
酒井　で、ストリート・コーナー・シンフォニーに入ったところ、先輩に「酒井は逸材だ。是非ウチのサークルに来てほしい」と言われたんですが、**「ただ、この『SFII』というメモは何なんだ？　ヨソにも行く気なのか？」**と聞かれてしまって。
宇多丸　「かけもちは困るよ」と（笑）。
酒井　でもそこで『SFII』が何を意味するのかは言えなかったですね。
宇多丸　その時期はまだ、ゲームは後ろ暗い趣味というイメージがあったんですかね？
酒井　俺は「ゲームが好きです」と、なかなか周りに言えなかったタイプですね。音楽サークルで同じくらいゲームが好きという人に出会えなかったというのもあります。
宇多丸　僕の周りではMELLOW YELLOWのTAMAちゃんがスーファミ版『ストII』がめちゃくちゃ上手かったですね。クラブで開催された『ストII』大会で優勝もしてましたから。僕はそれを横で見ているだけなんだけど。

酒井　クラブとゲーム、親和性があるじゃないですか。ヒップホップの世界でゲーム好きの方は多いですよね。僕はそういう仲間を見つけられていなかったので、『SFII』を説明しても分かってもらえないんじゃないか、と。

宇多丸　じゃあ当時はゲームをやるときはひとり？

酒井　たまにはゲームを持っている友達とも遊んだりするんだけれども、やっぱり俺のどうかしているところが際立ってしまうというか。

宇多丸　その頃からやり込み派ですか？

酒井　やり込み派ですね。

宇多丸　じゃあ大学時代にやり込んだゲームは？

酒井　え〜と……どれがいいかなあ。ん〜、僕、映画とかで「ここを突かれるとどうしても泣いてしまう」というツボがあるんです。それは**「宇宙開発などSFもの」と「拍手喝采もの」**。これが出てくる作品はボロ泣きしてしまう。前者なら『フロントミッション』[03]とか。後者なら『ワンダープロジェクトJ 機械の少年ピーノ』[04]ですかね。

宇多丸　『ワンダープロジェクトJ』は知らないなあ。

酒井　このゲームは何ひとつ物事を満足に出来ないチビっ子ロボットに「これはやっちゃダメ」「動物は撫でるもの」といったことを教えていくんです。それによって賢くなっていったロボットが大観衆の前で喝采を浴びるシーンがあるんです。**それで大号泣。**

宇多丸　育成的なことですね。喝采という点では、今のお仕事がまさにそれで。この大学時代には、プレイステーションも出たんじゃない？

酒井　忘れもしないワン・ツー・スリー、PS発売日は1月23日でした。これは買うしかない！　と予約して発売日を指折り数えていたクチです。初日のローンチタイトルも結構買いました。『リッジレーサー』とかずっとやってい

03　1995年にスクウェアが発売したシミュレーションRPG。人形兵器「ヴァンツァー」は頭や手足といったパーツを組み合わせられ、自分だけの愛機を作る楽しみがある。ダークな物語も衝撃を与えた。

04　エニックスが1994年に発売した育成ゲーム。主人公のピーノは、何も知らないロボットで、本や鉄アレイを食べてしまうなど、とんちんかんな行動を取る。その度に褒めたり叱ったりで行動を評価する。

ました。この頃からゲーセンのほうが最先端というイメージがなくなってきましたよね。

宇多丸　たしかに。この時期から「家庭用ゲームは劣化版」といったイメージが逆転してきたかもしれない。

ミュージシャン人生とゲーム好きがクロス

酒井　そして当時ゲームをやっていて良かったな、という話になるんですけど……1994年にゴスペラーズとしてキューンレコードからデビューするんです。PSを開発したSCEとはソニー繋がりで。

宇多丸　ライムスターが所属していたファイルレコードも、当時はソニー系列だったんですよね。

酒井　僕の上司のところには丸山茂雄[05]さんがいらっしゃって、その会社には当時プロモーション用にPSの試遊台が置いてあったんです。

宇多丸　あった！　フェスとかでもPSが置いてある時期が続きましたよね。

酒井　あれ、施策だったんですよね。イベント会場やレコード会社、ソニーの各営業所に置かれていて、いろんな人に遊んでもらおうという狙いがあった。そこで丸山さんが発売前のポリゴン格闘ゲームの『闘神伝』[06]をやられていたんですよ。で、ゴスペラーズで「それ、発売前のタイトルじゃないですか！」って驚いていたところ、丸山さんはゲームを普段なさらなかったからコマンド技がなかなか入らず**「誰かゲームを出来るやつはいないか？」と僕らに聞かれてきて。**

宇多丸　おお、ついに今まで積み重ねたものが！　ゴスペラーズである件とゲーム好きである件が一致した！

酒井　僕も「来た〜！　ここだ！」と（笑）。**「ハイ！　雑誌記事を読んでいるのでコマンドは大体頭に入っています！」とすぐに手を挙げました。**

宇多丸　当然プレイはしていないんだよね？

05　1941年生まれ、東京都出身。エピック・ソニーの創始者であり、ソニー・コンピュータエンタテインメント取締役会長、ソニー・ミュージックエンタテインメント代表取締役社長などを歴任。80年代ロックとプレイステーションを世に送り出した「日本エンタメ界の巨人」。

06　1995年にタカラが発売した3D格闘。アニメ的なキャラや飛び道具を絡めた攻防、ピンチになると解禁される「秘伝必殺技」など、2D格闘ゲーム的なエッセンスで既存作と差別化。幅広い層から人気を博した。

やっていないゲームをコマンド覚えているだけでうまく出来るもんなの？

酒井　格闘ゲームって、大体『ストⅡ』のコマンドと同じですから。それで丸山さんの前である程度、技を出し、それっぽい対戦風景をお見せしてご満足していただきました。丸山さんが「これならいけそうだな」という感触になっているのを見届けて僕らは帰っていったんですが、そのときほかのメンバーから「酒井、ありがとう。今までお前の趣味に理解はしていなかったけど……」って感謝を浴びたんですよ。

そこですよね、俺の人生で音楽とゲームがクロスした瞬間は。

宇多丸　しかもそこに丸山茂雄さんという超ビッグネームがいらして。こんなクロスはないですよ。

酒井　だから好きなことを続けていたら、そういう瞬間が訪れるかもしれない、ということをみんなに伝えたいです。

宇多丸　その流れでゲームをやってお金をもらうという仕事が出来ているわけですから。では、印象に残るゲームを挙げるとすると？

酒井　先ほどの大歓声を浴びるのが俺のツボ、という話になってくるんです。[07]『パラッパラッパー』の音楽……（ここで最終面BGMが流れる）これがかかると泣くんですよ。パラッパくんがサニーちゃんの前でいいカッコしたくてラップを始める。そしていくつもの難関をラップと〝とんち〟で切り抜けた先に今までの集大成的なライヴシーンがあるんですよ。ここでの見違えるほどに成長したパラッパくんの雄姿。**「お前、めちゃくちゃカッコイイじゃん！　見てみなよ、サニーちゃんのあの表情を！　お前、いま絶対モテてるよ！」**みたいなね。

宇多丸　最新版も出ていますよね。

酒井　このゲームのいいところは正解に向かって〝覚えゲー〟のようにやっていくだけではなく、アドリブやっても「クール！」と言われたり評価が返ってくるところですね。あと『ポー

07　1996年にソニー・コンピュータエンタテインメントが発売。音楽に合わせてタイミング良くボタンを押せば、主人公のパラッパがラップを決める、リズムゲームのハシリ。ペラペラの紙のようなキャラが歌い踊る様は児童番組のよう。初期PSを象徴する、自由な発想の作品。

タル』もめちゃくちゃ面白かったですね。横の壁に穴を作って飛び込むと天井の穴から落ちてこれるといった立体アクションパズルゲーム。

宇多丸　天地が複雑に交錯したようなステージを次々とクリアしていくゲーム。僕も好きでした！　『ポータル』を作った人は、頭いいっスよね〜。

酒井　そういう、アクションゲームの文脈で何かをさせられるゲームがめちゃくちゃ好きかもしれない。なぜかというと、そこには腕前面での上達が見込めるから。最初はまず「あ〜、出来ない！」。それが「あ、ちょっと出来た」となり、そして「出来たー！」。**これぞゲーム！　という。**

宇多丸　練習して慣れてくると絶対に不可能と思っていたことが出来る。

酒井　なんなら簡単になる。これで脳内でアドレナリンがドバー！　ですね。無理か無理じゃないかの当落線上を行きたいので、RPGでもあまりレベルを上げ過ぎないプレイを心がけています。『ドラゴンクエスト』だったら、あと3〜4レベル上げればボスに勝てちゃうところを、そうしない。勝利が確定しているバトルなんて全っ然面白くないじゃないですか。仲間が「しに／しに／しに」となっている状態で「もうダメだ！　でも〝たたかう〟！」……みたいな**不可能ギリギリのゲームバランスに「よく出来てる！」って感動したいんだと思います。**圧勝プレイを否定するものではないですよ？　それはそれで遊び方のひとつですから。

宇多丸　分かります。針の穴を通すようなことを、自力で通したかのように思わせてくれるゲームね。それこそ『ドラクエ』は、余裕勝ちも、針の穴を通すような勝利もどちらもいけますからね。

酒井　そうなんですよ。これが俺が考える面白いゲームなんですけど……どうですかね？

宇多丸　分かる。俺で言うところの『攻殻機動隊 GHOST IN THE SHELL』がそれ。四苦八苦してフチコマを自在に操作できるようになって、今までボロクソ言われていた草薙素子から褒められたとき、みたいな。

酒井　それが快感を得るポイントですよね。

メンバーと『サカつく』をやろう！

宇多丸　いろんなタイプのゲームをやりますよね。ドリームキャストでは『Jリーグ プロサッカークラブをつくろう！』[08]とか。

酒井　ゴスペラーズはサッカー好きが多いということもあり、サッカー関連の仕事が多かった時期があったんですよ。そんなときにこのゲームが出たんです。そこで旅先にドリキャスを持っていき、ゲームにあまり理解のないメンバーに「これは、これまでのような指先でカチャカチャするゲームでなく、監督になって選手をスカウトして、チームを作って連携を上げ、将来的に連覇を目指していくゲームなんですよ」って説明したところメンバーが「ほほう」と食いついてきたんですよ。なんなら欧州サッカー好きなマネージャーまで食いってきて、みんなでドリキャスを買って。

宇多丸　それはいい流れですねえ。

酒井　で、**ツアーの旅先で仕事が終わった後、持ち寄ったセーブデータで『サカつく』トーナメント。**

宇多丸　いいねー！　それ楽しいじゃん！

酒井　ものすごい戦いを繰り広げましたね。メンバーの安岡（優）くんは堅実に準備を積み重ねるタイプで、数年ぶん先までゲームを消化してきたんです。そうすると圧倒的な戦力差がついてしまうんですよ。

宇多丸　あー、さっきの話だと着実にレベル上げして挑むタイプだ。

酒井　「ダメだ、勝てない！」みたいなチームを短期間で作り上げてきちゃう。そこで**「差が出るなあ〜、性格違うなあ〜」と。**

宇多丸　面白いね、同じグループで同じサッカーゲームをやってプレイスタイルが全然違うというのは。

酒井　メンバー全員でハマったもんだから開発

08　セガのサッカークラブ経営シミュレーションゲーム。通称『サカつく』。1作目は1996年にセガサターンで発売された。クラブオーナーとして選手の育成以外に施設や人事の管理も行うなど、それまでのサッカーゲームとは異なる切り口でヒット作となった。

元のスマイルビットさんとお話させていただく機会も得ました。とある世代の『サカつく』にはゴスペラーズ全員が選手として登場しているんですよ。ぜひ探してみてください。能力はそんなに高くないけど（笑）。

宇多丸　中の人になれた！　これは嬉しいでしょう。

酒井　嬉しいですね。ゲームのデータを取る際、リーダーの村上（てつや）が**「酒井、悪いことは言わない。身長はサバ読んどけ、身長は大事だから！」**って言われて（笑）。でもそれだと本人じゃなくなってしまうので、俺はメーカーさんにはリアルに申告しましたよ。

宇多丸　じゃあ村上くんの身長はサバ読まれているかもしれない（笑）。でもメンバーと盛り上がったのはいい思い出ですね。

ゲームから受け取った LOVE&PEACEの塊

宇多丸　そんな酒井くんにこの質問は難しいだろうけど……マイベストゲームは？

酒井　僕、近所にトランクルームを借りているんですよ。事前にこの質問をいただいたので、そこに行って段ボール箱を空けて……。

宇多丸　え？　え？　ソフトのためだけに借りてるとか？　……まさかソフトだけじゃないよね？　いろんな物を収納しているんだよね？

酒井　はい。各種ハードや『鉄騎』[09]というゲームの巨大コントローラーもあります。

宇多丸　いやいやいやいや……ゲーム関係の物だけじゃないんですよね!?

酒井　**……あ！　楽器もあります（笑）。**まあそんな話はともかく、そこでこれまでのゲームを振り返ってまいりまして、悩みに悩んで『塊魂』[10]になりました。

宇多丸　『塊魂』！　これまでのゲストの皆さんもタイトルは挙げられてはいるんですが、なかなか話題にならず。僕は大好きなんですけどね。

09　2002年にカプコンより発売されたXbox専用ソフト『鉄騎』。ロボットの操縦をリアルに追及した本作は超巨大なコントローラー（コクピット）を同梱、組み立てると横幅88センチ、ボタン40個以上、フットペダルまで付いた本格仕様だった。さらに自機が破壊された際に使用する緊急脱出ボタンは「爆発するまでに押さないとセーブデータが消去される（＝死亡する）」というリアルにも程があるシステムで、当時のXboxユーザーは戦慄を越える感動を覚えた。

10　2004年にナムコが発売したPS2用アクションゲーム。アナログスティック2本を使って塊を転がし、モノを巻き込んで大きくする。最初は鉛筆やお菓子、しだいに人やクルマや大陸までエスカレートしていく。松崎しげるや水森亜土らの歌も豪華だ。

酒井　これも僕が大好きな斬新な操作系のゲームです。ＬＲボタンでボールを押し引きしながら転がしていき、このボールより小さい物であればくっつけて巻き込めるというルールが与えられているんです。ステージは最初の四畳半部屋から町内、そして全世界まで。
宇多丸　巻き込んで巻き込んで、最終的には橋、ビル、山まで巻き込める。
酒井　指数関数的にスケールが上がっていくカンジはもう笑うしかない。
宇多丸　最初は猫を巻き込むくらいで騒いでいたのが、オジさんや女子高生を巻き込めるようになったり。
酒井　その猫を巻き込むにはキャラメルを先に巻き込まないといけないとか。俺は一軒家を巻き込んだ頃から「めちゃくちゃにしてやるぞ！」といった破壊衝動が沸き上がっていましたね。このゲームはアイデア一発勝負のようでいて、非常にラウンド構成が練り込まれている。うまく遊ばせてくれているカンジがあるんですよ。

宇多丸　これ以上は大きくならないとこっちに行けないよ、といったところが上手く出来ていますよね。

酒井　「こっちに行くと巻き込めないものばかりだなあ。ということは、こっちに来たのは間違いだったか！」といった。でね、このゲームは音楽がいいじゃないですか！

宇多丸　**最っ高！**　僕ね、『ウィークエンド・シャッフル』[11]初年度で、『塊魂』サントラ特集をやったくらいです。DJでもよくかけていますね。

酒井　僕も自分の番組で「この曲をぜひ聴いてほしい」って何曲もかけました。とくにエンディング[12]の松崎しげるさんの曲が好きなんですよ。『塊魂』のエンディングは、スタッフロールが流れる背後でまだ操作が出来るところがあるんです。そこでの舞台は地球。小さな島国から大きなロシアのような国まで巻き込んでいく、その間ずっと地球はゆっくり遠ざかっていく。**そこで松崎しげるさんの絶唱！**

宇多丸　オシャレだねえ〜。

酒井　そしてヨーロッパとかを巻き込んでいっているときにハッと気づくんです。「自分がいまひとつにまとめているのは何なんだ？　国境を越え、あらゆる国をひとつにしているではないか。そうだ、**国境なんてないんだ。これはLOVE&PEACEだ！**」と。そのメッセージを受け取ったとき、僕の頬に涙がつたっていました。これをゲームで伝えているんですよ！

宇多丸　アクション性とメッセージが一致していて。

酒井　自分が操作しなければ、ここに気づいて感動することはない。「みなさん戦争はいけません、愛と平和です」といったメッセージを言葉や文字で伝えるのではなく。これはオシャレですよ。

宇多丸　いまお話を伺っていてもまたやりたくなりますね。ゲーム性の斬新さ……というか似ているゲームがないよね。『塊魂』は出し続けてほしいタイトルですね。

11　TBSラジオで、2007年4月7日から2018年3月31日までの11年間、毎週土曜夜に放送されていた『ライムスター宇多丸のウィークエンド・シャッフル』のこと。通称「タマフル」。宇多丸氏による映画批評コーナー、しまおまほなどのレギュラー出演者は同じく『アトロク』（127ページ注釈参照）に継続されている。

12　『塊魂』のエンディングテーマ「愛のカタマリー」のこと。世界各国を豪快に巻き込みながら、松崎しげるが愛と絆を高らかに歌い上げる名曲。

ゲームと旅する男

宇多丸　あとハマったゲームとして挙げられているのが『ゼルダの伝説 時のオカリナ』[13]。

酒井　そう！　世界のゲームレビューでいまだに1位に挙がる名作中の名作。このゲームの思い出は苗場です。ゴスペラーズは毎年、苗場のスキー場でコンサートを行なっているんですが、最初に苗場でのコンサートのお誘いをいただいた際、下見に伺ったんです。で、僕は**〝旅ゲーマー〟**でもありまして。

宇多丸　ゴスペラーズは1年の半分以上、ツアーを行われていますよね。

酒井　昔から明日は福岡、今度は札幌という日常です。で、下見に行くとなったとき、そこでも「ゲームがやりたい！」となって。ここで言っておきます、**僕は据え置き型ハードを持ち歩くスタイルです。**

宇多丸　３ＤＳ、ＰＳＰといった携帯ゲーム機があるにしても？

酒井　１週間の旅があるんですよ!?　そのあいだ発売直後のゲームを家に置いていけますか？　**携帯してしまえば、もうそれは携帯ゲーム機なんですよ。**

宇多丸　……ま、まあ、運べない大きさではないか。

酒井　何をもって携帯ゲーム機と言うか？　**それはその本人が決めるんです。**今まで僕がすごい持ち歩き方をした話でいうと……初代ＰＳ、ソニーグラストロンというメガネ型ディスプレイ、そしてキャンプ用の１００ボルトバッテリー電源（およそ7キロ）を旅行カバンに入れ、旅をしたことがあります。当時の新幹線に１００ボルト電源はなかったので。

宇多丸　これがちょっとおかしいでしょ？　まあ、スマホの充電とかしない時代でしたけど。

酒井　新幹線をはじめ、あらゆる移動中にＰＳをやるためです！

宇多丸　ちょっと待って！　まず新幹線の中でグラストロンをかけているだけでかなり目立つ

13　１９９８年に任天堂が発売した３Ｄアクションアドベンチャー。主人公リンクが子供時代と大人時代を行き来しつつ、ハイラル世界を冒険する。敵をロックオンできる「Ｚ注目システム」は、３Ｄアクションを遊びやすくする画期的な発明だった。

と思うんだけど……。

酒井　だからトイレから戻ってきたオバちゃんが俺のことを二度見するんですよ。グラストロンをかけていると**〝未来から来た男〟**みたいな画になるので。

宇多丸　そこまではまだいいけど、バッテリーを繋いでるんですよね？　同じく据え置き型ハード持ち歩き派ではプロレスラーのオカダ・カズチカさんがいらっしゃいまいたが、でも彼はケースに収納して持ち運んでいるんですよ。パカッと開くとPS4とモニターが一体化しているという。

酒井　カッコイイ！　オカダさんも旅の多いオン・ザ・ロードな方ですよね。

宇多丸　ただ、オカダさんは191㎝と身長がデカいし、そういう方がPS4を持ち歩くとたしかに〝携帯〟感があるんですが……。ということは、苗場のときも持って行っているんだよね。

酒井　その時はNINTENDO64と、宿泊先のテレビ端子がどんなタイプであっても対応できるよう、あらゆるケーブルを持って来ていました。で、ゲームを始めますよね。そうしたら一睡も出来ないの！

宇多丸　**そもそもさ、苗場にはコンサートの下見をするために行っているんだよね？**

酒井　ええ。コンサートのMCでお客さんにゲレンデの様子を話したり、スキーもいいよ、と伝えるためだったんですけど……結局ゲレンデにも出ず、関連施設も一切見ず、部屋でずっと『時のオカリナ』をやり通し。

宇多丸　じゃあウチにいろよ、って話だよ(笑)。

酒井　帰ったら当然メンバーから苗場の感想を聞かれますよね。でも俺の答えは「『時のオカリナ』をずっとやっていた」。そうしたらメンバーが「何それ、面白いの？」と聞いてきたので**「面白くて死ぬ！」**と。そんな答えは後にも先にもこれだけ。それぐらい『時のオカリナ』は画期的でしたね。

大人ゲーマーのたしなみ

宇多丸　そのぐらい持ち歩いている酒井くん。今も同じ状態ですか？

酒井　そのときにやっているゲームにもよりますね。今回の苗場にはPS4プロを持参します。

宇多丸　というわけで番組出演後、まさに苗場に向かわれるんですが、いま後方にスーツケースとは別に赤いバッグがあります。その中にPS4プロが入っているんですね。でも、ハードって精密機械じゃないですか。俺は持ち歩くのに不安になっちゃうなあ。

酒井　ですよね……そこは、**「故障上等！」と言えないうちは旅ゲーマーを名乗れないかもしれないですね。**ちなみにモニターは安定のHORIさんが出されたゲーミングモニターです。

宇多丸　かっけー！　タブレットを大きくしたような形ですね。

酒井　それをPS4の上に置きますと……**ほら！**

宇多丸　「ほら」って言ってもよ？　これ、飛行機でもそれなりに広い席じゃないと隣の乗客に被りますよ！

酒井　確かに！　あとPS4は排熱がハンパないんですよ。向かいの席に座ったディレクターから**「ゴメン、熱い」**と言われましたから。でも、なんか憧れがあるんですよね。海外アーティストの「ツアートラックの中でレコーディングしたぜ」といったカッコつけのような。

宇多丸　でも、旅先でやり込んじゃったりすると寝不足になったりすると思うんですけど、そこはどうなんですか？

酒井　これがですねえ……歌手というのは因果な商売で、喉って寝れば寝るほど治るんですね。ここが**ゲームか歌かの二律背反**というか。

宇多丸　〝二律〟ではないよね……。

酒井　だから、やり過ぎない。これが**大人ゲーマー！**

宇多丸　ツアー生活にゲームを組み込んではいくけども（笑）。メンバーと飲みに行くようなときはどうするんですか？

酒井　「ちょっとゴメン」と断って、そのぶんをゲームにあてる。こんなことを言っていると社会性を不安視されるけど（笑）。

宇多丸　いや、でもこれね、60数か所を一緒に移動していて飲み食いも一緒だったら……逆に精神衛生上よろしくない！

酒井　さらに言えば飲み食いすれば喋るわけで、喉も疲弊しますから。その点、ゲームは喉の疲弊がゼロなんですよ！　ゴスペラーズで地声高めを担当することの多い僕としては、**回復優先の優秀な過ごし方なんです。**

宇多丸　なんか自分に都合よく話してるなあ（笑）。

酒井　そのうえで大人ゲーマーとして、いつでもプレイを止められるようにしています。レコーディングの待ち時間中にゲームをしていている場合は、出番を呼ばれたら「はい！」で止める。でも『スプラトゥーン2』はそこを止められないいんですよね。「全国のチビっ子が泣いちゃうから試合が終わるまで待って！」って詫びることに……。

宇多丸　あの～……**合間にオンラインゲームやんなよ！**　『スプラトゥーン』なんてターンがあるし、ほかのプレイヤーの都合も関係してくるからね！

酒井　すみません（笑）。いつも「まさかココでお呼びがかかるとは！」というタイミングで……。それで最近考えるんです、「周りに迷惑をかけないゲーマーとは？」って。**我々は「ゲームが趣味ってカッコイイね」と言われるようにしなくてはいけないわけですよ。**映画とかと並び立つように。

宇多丸　はい、この番組もゲームの地位向上をテーマにしています。

酒井　そのためには我々ゲーマーが範を示していかないといけない。

宇多丸　酒井くん、示せているかなあ……。

酒井　……ダメっすかね？　そういう意識はあるんですけどね（笑）。

大晦日に『おいでよ』

宇多丸　ちなみに今は何をプレイされているんですか？

酒井　いま旬の『モンスターハンター：ワールド』。これもひとりでやるのが大好きなんですよ。というのも条件が厳しくなるじゃないですか。もちろんソロプレイが不可能ではないゲームバランスが取ってあるわけでしょ？

宇多丸　そうでした。「勘弁……出来た！」が、酒井さんのお好きなゲームバランスでした。

酒井　それが沼ですね。昔から『モンハン』は数100時間単位でやっています。

宇多丸　ちなみに『スプラトゥーン』の話がありましたから、オンラインゲームもやられるんですよね？

酒井　もちろん。『ファイナルファンタジーXI』ではリアルに支障が出るところまでいきましたが、なんとか現実世界に帰ってきました。貴重な素材を取るためレアモンスターが出現するのを待ったりしていましたね。レアモンスターの出現予想時刻が近づくとプレイヤーが1人2人と、どんどん増えていくわけですよ。でも、これは負けられない。なぜなら俺は1日かけて待っていますから。

宇多丸　早いもの勝ちだからね。

酒井　ただ、出現時間は幅があって時刻ピッタリには出ないんです。そこで**「レアモンスター出現時間が仕事の集合時間と重なったらどうする？」と天秤にして考えたんです。**で、「これではいけない」という結論に至りました。ゲームにログインする際「実生活に支障のないようにプレイしてください」といった文言も出ますしね。

宇多丸　そこで酒井くんは引き返せたけど、引き返せなかったのがSURFACEの椎名さんなんですよ。

酒井　あらあ……。でも、それほど面白かったのは確かです。あとDSの『おいでよ どうぶつの森』[14]でもゲームに縛られる自分がいました

14 任天堂から2005年に発売。どうぶつたちが住む村でスローライフを送る。現実と連動して時間が流れ、様々なイベントが起こるのは前作同様。今作は最大4人で自宅を共有できるのに加え、インターネット経由で友達の村へ遊びに行ける。

ね。動物たちと年越しカウントダウンパーティというイベントをやろうと約束をしたんですが、でもその年の大晦日は『NHK紅白歌合戦』に出る年だったんです。「あいつともこいつとも約束してたよなあ」って、だんだん気になってくるんですけど、番組出演後はレコード会社の方と打ち上げがある。みんなで「『紅白』出場、おめでとう！」とかって。

宇多丸　うん、それは打ち上げするよ。

酒井　で！　明け方に自宅に帰ってきてゲームを立ち上げてみたら……**「ユウジが約束を破るなんて本当に残念だったよ」という置き手紙を残して、みんな引っ越していたんですよ！**　それがもうトラウマになっちゃって……。

宇多丸　え！　たった1回の約束反故で、出てっちゃうの!?

酒井　いやあ、何かほかの理由もあったのかもしれないですけど。で、「これ、キッツいわあ～」となって、それ以降は現実世界と時間をリンクさせるゲームは勘弁してください！　となりましたね。俺、ホンットに無理な時があるから。

宇多丸　僕も『どこでもいっしょ』[15]で同じことがありましたよ。主人公の猫・トロが旅立つ日が決まっていたんだけど、それが日付をまたいでツアーから帰ってくる日というタイミングで。タクシー内でそれに気づいてポケステを見てみたら……置き手紙をして、いなくなっていて。これは俺に落ち度があったんだけど、酒井くんの場合はディスられていますからね（笑）。

酒井　あれはキッかった……。どうか全国のゲームデザイナーの皆さん、そういうゲームデザインだけは勘弁してください。

宇多丸　でも、さっきの理論で言うと、イベントとシンクロしたときの喜びは大きいわけですよね。「無理か？　無理か？　……間に合ったあ！」って。

酒井　「『紅白』の打ち上げ、抜けて来たよー！」って（笑）。

15　1997年にソニー・コンピュータエンタテインメントが発売。モバイル周辺機器・ポケットステーションを通して、不思議なポケピたちとコミュニケーションする。ポケピたちは現実の時間と連動して生活、一定期間が過ぎると旅立つ。

酒井雄二式ゲームダイエット

宇多丸　では、VRはどうですか？

酒井　僕ね、恐怖に使われちゃうと弱いですね。

宇多丸　分かります。それは加山雄三さんも『バイオハザード』の話でおっしゃっていましたね。

酒井　**僕、加山さんと『バイオ』の話をしたくてしょうがないんですよ。**加山さんとは音楽番組でご一緒させていただく機会が多くて、「共演者に伺いたいこと」いった番組の事前アンケートに「加山さんはゲームがお上手だと伺っています。是非『バイオ』のお話をお聞きしたいです」って毎回書くんですけど……**ボツ。**このトークネタ、絶対に使ってもらえないの！

宇多丸　それ、使われたら加山さん、絶対に喜ぶやつ！　VRにもいち早く反応されていたほどですからね。

酒井　僕もね、加山さんのようにカッコ良くゲームを楽しんでいる大人になりたいんですよ。……**どこかの番組でこのアンケート使って！　お願い！**

宇多丸　そんな酒井くんは長時間ゲームをやると思うんですが、姿勢やセッティングのこだわりは？

酒井　僕は**〝腹ばいゲーマー〟**だったんですよ。お腹あたりに枕を敷いてベッドで肘をついた状態です。そうすると画面を見るためにちょっとだけ頭が上がるじゃないですか。……でも、この姿勢だけは止めたほうがいい！　長い年月をかけて体をガチガチにします。

宇多丸　蝕んでいく（笑）。それ、2時間くらいで限界がくるでしょ！

酒井　これを長年レギュラースタイルにしていたおかげで脇腹の筋肉、肩、上腕がインナーからガチガチになったんですよ。元に戻るのに1〜2年かかりましたね。今はゲーム用の椅子を納入待ちです。でも究極の夢を言うと、**天井に画面をプロジェクター投影したいんですよ。**そして両手をお腹に置くラッコスタイルですね。コントローラーの重みをゼロにする。これであれば……。

宇多丸　まあ一切、力は入っていない状態になるけど（笑）。飲食はどうですか？

酒井　俺には〝ゲーム没頭型ダイエット〟というのがありまして。それがどういうものかというと、朝、起きてゲームを立ち上げてからお腹が減るまで食べない。そうやってひたすらゲームをやっていると大体16時過ぎたあたりで1回、限界が来るんです。でも、この時間だと町の飲食店は開店していないんです。

宇多丸　ああ、昼から夜営業に移るまでの休憩時間だから。

酒井　よって、簡単に食事が出来ないので、**そのまま夜までガマンするしかないんですよ。**でも、そんな生活を続けていたら体調を崩したことがあります（笑）。

宇多丸　聞きながら絶対に体に悪いだろ、って思ったもん。悪い例ばっかだよ！

人生はリトライ&リプレイ

宇多丸　といったところで、ゲーム機を背負って苗場に向かう時間が近づいてきました。最後にゲームから学んだことは？

酒井　そうですね……例えば『グラディウス』は非常に厳しいゲームバランスで、今の子たちからしたら「クソゲー」と言われかねないんですよ。一度ミスをしたら、そこまで積み重ねたパワーアップは全部はぎ取られ、丸腰状態となって上昇した難易度のステージを再スタートしなければいけないので。でもその厳しさも学びのきっかけである、と今になって思うんです。**つまり慢心している状態ほど手痛いしっぺ返しを食らう！**

宇多丸　「今、無敵状態だぜ〜」みたいに調子に乗っているときね。

酒井　絶対に負けないというときほど呆気ないミスでやられてしまう。これは人生においてもよくあります。そういうときこそキツいんです。

でも、そういうことをゲームで知っていれば、厳しい事態に直面したときでも「詰んだ！」と思わず、『グラディウス』でも4面までいけばそういうこともあるよねー」くらいに思えるんです。

宇多丸　こちらが強くなったぶん敵も強くなっているし。だから「丸腰になることもあるよねー」と。

酒井　「あのとき、調子コイてたかな」と。そういう人生訓が得られるようなゲームが〝いいゲーム〟ではないかと思っています。あと往年のシューティングゲームには残機があるので1機やられたぐらいであきらめちゃいけない。「丸腰になったところからでもやってみな！」というゲームデザインなんです。**僕はあきらめない心をゲームに育ててもらいました。**人生には「もうダメだ」というときはあります。でもゲームをやっていたら「1機やられたぐらい！」という気持ちになれますからね。

宇多丸　何が悪かったかを考えれば出来るはず、と。

酒井　そうです。さらに、得点を重ねていくとエクステンドで1機増えるんです。『チャンスが増える』って、示唆に富んでいると思います。人生でそういうこともあるに違いないんですよね。……**うん、人生で大事なことは『グラディウス』で学びました！**

宇多丸　最初の最初で話題に出たゲームじゃねえか！　でも、たしかに教訓になる話だね。食事も睡眠もせずゲームに没頭していた人の話とは思えないけど（笑）。

酒井　そうだね（笑）。みなさんしっかり食事・睡眠をとり、いい姿勢でゲームをしましょう！

STAGE.2

コロナ禍に『あつまれ』

宇多丸　いまコロナ禍ですが、酒井くん的にはゲームをする時間が出来た、というところもあったりするんですか？

酒井　旅ゲーマーとしては出先でやるはずだったゲームの在庫がダブついている状況ですね。家でゲームに完全集中してしまうと、「それなら猫の相手をしてやろうよ」となるので、あんまりゲームも出来ねえかな、と。

宇多丸　そうか、そういうモードの違いはあるか。移動中でほかにやることが出来ないからゲームに集中でもよかったけど、家にいるとね。そのなかでプレイしているゲームは？

酒井　**ご多分に漏れず、『あつまれ　どうぶつの森』です。**

宇多丸　酒井くんの『ぶつ森』エピソードは、この番組の〝すべらない話〟になってますよ。あまりにも人に言っているので、**もう俺のすべらない話**になっているぐらいですから。

酒井　そのトラウマをちょっとずつ乗り越えようということで『ぶつ森』なわけですよ。でもやっぱり〝毎日決まった時間に何かをする〟ことが、この状況下では出来なくて。「マスクや除菌アルコールを今のうちに買い出しに行っておこう」とか。

宇多丸　現実世界でゲットしなければいけないレアアイテムがある！

酒井　で！　**やっぱりやっちゃったんですわ。**ゲームを始めてから1か月ほどブランクを空けてしまって、再開したところ「来週は私の誕生日だからよろしくね」という張り紙があって。俺また、大事な日をブッチしてしまっていたんです。

宇多丸　**……結論、酒井くんは『ぶつ森』に向いていないいんじゃない？（笑）**

酒井　あと、ずっと巣ごもりしていると掃除とか始めるでしょ？　ウチにはゲームを膨大に取ってあるんですが、それを見て「今は途中で止めたゲームや2周目をやらなかったゲームをやるのにうってつけなんじゃないか？」と思ったんです。

宇多丸　分かる分かる。

酒井　そこで初代ＰＳとＰＳ2を引っ張り出し

てきたんです。そうしたらドライブがダメになっていたのかディスクを読み込まないんですよ。唯一、稼動したのがPS1でした。これでよくやっていたのが『鈴木爆発』[16]。いろんな爆弾を解体していくシュールな映像のゲームで、キャストに芸人の春一番さんが出ていたり。

宇多丸　リリー・フランキーさん、YOUTHE ROCK☆とかね。水木一郎さんも歌われていますよね。

酒井　そう。今となると「え！」と驚く方が出られていて、昔のゲームをやるっていいな、と思いました。これは初代PS最後期の作品なんですが、この時期は大手メーカーが野心作というか、これまでとは毛色の違う作品を出そうという流れがあって、それが花開いた時期なんですよね。

宇多丸　あえて変なゲームを、というね。こういうふざけたゲームって今はインディーゲーム以外、出ないからね。実在する出演者の感じとか、**2000年代初頭文化感もありますね。**

ゲームの思い出は永遠に

宇多丸　あとPSなら、『蚊』とか今やったら面白いのかな？とか思いますね。

酒井　そう！　強烈に印象に残っているソフトにもう一回触れたとき**「古い」「ないな」と感じるか、「いや、これはアリだ」と思うか。**

宇多丸　『蚊』は出オチっつうか、やっていてノれなかった記憶があるんだよね。女の子の体に取りついてみたり……でも、今だったらフレッシュなのかも。

酒井　今だとこういうゲームは発売まで漕ぎつけないでしょうし。

宇多丸　今どきこういう、言ってみればちょっとポルノ的な描写はどうなんだ、という問題もある。

酒井　まさにそういった話をしようと思っていて。今はポリコレ的なものが厳しいじゃないですか。『鈴木爆発』の〝爆発〟というテーマもひょっとしたら止められちゃうかもしれないで

16　エニックスが2000年に発売した、普通の女性「鈴木さん」が身の周りに現れる様々な爆弾を解体していくゲーム。企画は『ストライダー飛龍』などの四井浩一。ヒロインを演じた緒沢凛は、本作に惚れ込んだ加藤浩次と後に結婚している。

すよね。
宇多丸　不謹慎とされて。2001年にアメリカで同時多発テロが発生したから、それ以前の時代でしか出ようがないタイトルですね。
酒井　大震災をテーマにした『絶対絶命都市』、ビルを爆発させる『ビルバク』といったゲームも発売延期になったことがあるんですよ。ある種のゲームを世に出せなかった時期というのはありますよね。
宇多丸　モノによっては、今となっては出しようのないゲームもあるだろうから、安易にソフトを捨ててはダメかもしれないね。俺はこのタイミングで[17]『デトロイト・ビカム・ヒューマン』の何周目かプレイに入っています。やったら全然知らなかった展開が出てきて、2年前のゲームだけどやりがいあるのよ。
酒井　そこなのよ！　なので全部やらないと「面白かった」と言えないのかな、と。さっきの『鈴木爆発』も、全ステージをクリアまでやらず止まってたんです。何でかな？　と思って発売時期を見てみると……**その頃に「永遠に」をリリースしているんですよ。**
宇多丸　ゴスペラーズがブレイクしたタイミング！
酒井　そのへんからいちど、ゲームどころではなくなっているんですね。そんな感じで**古いゲームをもう一回プレイすると思い出の扉が開くことがあるんです。**みなさんも「俺、なんでこんなところでセーブデータを止めているんだろう？」というセーブデータのゲームがあったら、自分の写真フォルダとかと照らし合わせながら是非やってみてください。
宇多丸　『鈴木爆発』をプレイすることによって、『永遠に』以前／以後のゴスペラーズの境目を思い出すわけだもんね。面白いなあ。では最後に、まだまだ不自由な暮らしをされているリスナーにメッセージをお願いします。
酒井　膨大な時間があると不安になってしまう人もいるでしょうが、俺は空いた時間はゲームがあるから全然、平気なんですよ。リスナーの

17　ソニー・インタラクティブエンタテインメントから2018年に発売されたアドベンチャーゲーム。開発はクアンティック・ドリーム。人間と見紛う外見と知性を持つアンドロイドが、社会に不可欠となった近未来を描く。実写の海外ドラマを観ているような映像表現や、プレイヤーの行動・選択で展開が幾通りにも分岐する「オープンシナリオ」が高く評価された。

皆さんとは「ゲームをやっていて良かったよね！」って言いたいな、と思います。

橘 慶太

KEITA TACHIBANA

w-inds.

#6

▷▷▷

ゲームでは戦略を練り、
連携を取って、
心理戦を制し、勝つ。
付いたあだ名は
「諸葛亮」です。

STAGE.1	2018.8.9-16 O.A
STAGE.2	2020.6.4 O.A
巣ごもりスペシャル「今、なんのゲームしてるの?」	

PROFILE

▷▷▷ **橘 慶太（たちばな・けいた）**

1985年12月16日、福岡県出身。2001年、ダンスボーカルユニット・w-inds.の メインヴォーカリストとして「Forever Memories」でデビュー。韓国、香港、台湾などアジア各地でも活躍しており、セールスをはじめとする功績は国内外で高く評価されている。2013年にはソロ名義「KEITA」で「Slide'n'Step」をリリース。ボーカリスト以外の活動も多岐にわたる。

MY BEST GAME

『ダークソウル』
（フロム・ソフトウェア）

STAGE.1

ゲーム内で人形あそび

宇多丸　今夜のゲストはｗ－ｉｎｄｓ．の橘慶太さんです。[01]『アフター6ジャンクション』にご出演いただいた際、ゲームが大好きだとお聞きしたんですが、こちらとしては「え、出てくれるの？」という感じですよ。僕的に、三浦大知くんと慶太くんは、若い頃から活躍されてきた二大天才シンガーなので。

橘　いやいや。僕、（三浦）大知くんが第1回目に出たと聞いて、ずっと待っていたんですよ。

宇多丸　慶太くんも、ゲームの話をする場というのは、これまであまりなかったんですか？

橘　全然ないですね。**ゲームの話をするとポカーンとされることが多くて。**

宇多丸　大知くんも言っていましたが、番組などで趣味を聞かれて「ゲームです」と答えると、「ああ……」となってそれ以上、話が広がらなくなると。

橘　まあ、分からないですよね。でも今はゲームが一番盛り上がっている時期だと思います。

宇多丸　この番組はそこに完全対応していますので！　ではまず、テレビゲームとの出会いはいつ頃だったんでしょうか？

橘　ウチの母親がゲーム好きで、家にすでにファミコンがあったので、自分でも覚えていないときからゲームをやっていました。スーパーファミコンが出てもすぐ買ってくれましたね。

宇多丸　常にアップデートされる環境だったと。ということは、親御さんはゲームへの理解があるほうだったんですか？

橘　はい。ウチは無制限なので、「ゲームは1日1時間」と言われているようなクラスメイトがウチに来てゲームをしていました。なんなら**母親に「やるよ」と呼ばれ、2人で[02]『ファイナルファイト』をクリアする**というのが週末に絶対やることでしたね。ゲームはそこで仕込まれました。

01　TBSラジオにて2018年4月2日～放送中、平日18～21時放送の帯ワイド生番組。宇多丸と曜日ごとのパートナーがMCとなり、ゲーム、映画、音楽、漫画・アニメ、アートなど様々な文化を紹介する〝聴くカルチャー番組〟。通称「アトロク」。

02　1989年にカプコンが発売。高い攻略性と適度なランダム性を持つ、ベルトスクロールアクションの金字塔。市長のハガー、恋人をさらわれたコーディ、忍者のガイが戦う。身長、体重、好物など細かい設定が人物像に深みを与えた。

宇多丸　お母さんも感覚がお若い！

橘　ウチは母親が元ＤＪで父親がダンサーなんですよ。母は今でもゲームをしていますね。

宇多丸　では、ソフトもめちゃくちゃあったほう？

橘　ありましたね。『ドラゴンクエスト』『ファイナルファンタジー』はほぼやって、いちばん好きだったのは『ファイアーエムブレム』[03]シリーズです。このゲームは仲間がいちど死んでしまったら生き返らないんですよ。なので死んでしまったらデータを消し、誰も死なさず完璧な状態でクリアする、というプレイにハマっちゃって。**僕、物語を作ることが好きなんですよ。**

宇多丸　自分のなかで？

橘　はい。ゲームをしながらキャラとキャラの関係性を作るんです。『ファイナルファイト』も自分でセリフを言いながらプレイしていました。「僕、ヤバいんじゃないかな？」って気づいたのが『ドラゴンボールＺ 超武闘伝』[04]です。このゲームが大好きで、ついには自分で物語を作りたくなっちゃったんですよ。誰かと対戦するのではなく、**１コンと２コンを両方とも自分で操作して対戦**するんです。

宇多丸　あ〜、１Ｐで「いくぞ！」と言って攻撃した後、２Ｐで「来い！」というような。人形遊びに近い遊び方！

橘　そうそう。それをずーっとひとりでやっていて。いま思えば「なにやってたんだろう？」と思うんですけど。

宇多丸　格闘ゲームの遊び方でこれは初めて聞きました！　あれ、慶太くんって一人っ子でしたっけ？

橘　いや、４人兄妹です。あと、これは今だから言えるんですけど……アニメ映画『ストリートファイターII THE MOVIE』で、春麗がシャワーを浴びているときにバルログが襲ってくる……という、ちょっとセクシーなシーンがあるんですが、**そのシーンを思い浮かべながらゲームでシーンを再現する**という遊びもして

03　任天堂のシミュレーションＲＰＧシリーズ。１作目はファミコンの『暗黒竜と光の剣』（１９９０年）で、最新作は『エンゲージ』（２０２３年）。当初の売りだった「手強いシミュレーション」という特徴はそのままに、近年は味方ユニットが倒されてもロストしないモードの導入や、キャラクターの魅力を活かすシステム・演出などにより、間口を広げている。

04　バンダイが１９９３年に発売した対戦格闘。互いの距離が離れた際に画面を分割し、舞空術による地上と空中の戦いを表現。原作どおりに進めると最後でサタンが登場して一蹴される裏技が話題に。

いました。

宇多丸　春麗とバルログを対戦させて！　**ゲームで二次創作**、新しい！　想像力豊かな遊び方ですね。

橘　これは母親にも言ったことないです（笑）。

兄との強烈な〝鉄拳〟体験

宇多丸　ご兄妹ともゲームをやられていたんですか？

橘　『スーパーマリオカート』とか、いろんなゲームをやりましたね。『遊戯王』というカードゲームもやっていましたし、ゲームボーイでは『ポケットモンスター』もやりました。母親は『テトリス』や『ぷよぷよ』といったパズルゲームが得意で、僕もそれに勝てるようにしなければ怒られて、母親がゲームをやるときに呼ばれなくなってしまうんですよ。

宇多丸　厳しい！（笑）。では、兄妹のなかでお母さんとゲームをやるのは慶太くん？

橘　僕がダントツに強かったので呼ばれるとしたら僕。なので母親が寝ているあいだ、**夜な夜なパズルゲームの練習**をしていました。

宇多丸　それは兄妹のなかでも、ちょっと誇らしいんじゃないですか？

橘　だから練習していたんだと思います（笑）。

宇多丸　兄妹でコントローラーの取り合いにはならないんですか？

橘　それはないんですけど、お兄ちゃんが中学生になったとき『鉄拳3』[05]という格闘ゲームが流行って、ゲームが上手い僕が対戦相手として呼ばれるんですよ。そこでポールというキャラクターで10連コンボのハメ技で瞬殺したらブチ切れられて。**「俺が実際に10連コンボをやってやる！」**ってボコボコにされた思い出があります（笑）。

宇多丸　ハハハ！　男兄弟あるあるとはいえヒドいよー！　**現実の10連コンボは単なる暴力**ですからね（笑）。

橘　それからお兄ちゃんと『鉄拳』をするとき

05　ナムコが1997年に発売した3D対戦格闘。「10連コンボ」は左パンチ・右パンチ・左キック・右パンチ……と、ラッシュの動きを表現した複雑な入力を要し、出せるだけで一目置かれた。

は、わざと負けるラウンドを作るようになりました。でも負けたら負けたで「お前、弱くなったな〜」と煽られるんですよ。

宇多丸　兄ちゃん、厄介だなあ（笑）。でも、対戦格闘ゲームでハメ技を使うなら、同レベルの人でないとダメですよね。

橘　そうですね。僕、ハメ技みたいに**ゲームでも「何をどうしたら強くなるのか？」という研究が好きなんですよ。**そのためにわざと捨て試合を作ることもあります。負けてもいいからこの動きや技を試す、みたいなことをやるんです。

宇多丸　それはｗ－ｉｎｄｓ．の活動にもいえますね。最初は与えられた曲を歌っていたけど、自分で作曲やミックスをするようになり、最終的にはマスタリングもやる。……しかし慶太くん、どれだけ凝り性なんだよ！

ゲーム軍師「諸葛亮」の秘策

宇多丸　では、とくにハマったゲームは？

橘　人生でいちばんやり込んだのは『ソーコムII：U.S. NAVY SEALs』[06]です。

宇多丸　銃を撃ちあうTPSの洋ゲーですね。以前出演してだいた清水翔太くん（2018年6月14日、21日放送回出演）は『ソーコム4』をやられていて、「おそらく自分は世界トップ4に入る腕前だ」とおっしゃっていました。

橘　マジすか（笑）。僕も『4』はやっているんですけど、やり出したのは『II』からです。でも『II』のときに日本版のオンラインサービス中止になってしまい、「どうしよう？」となったとき、韓国版のPS2とソフトを買えば、まだゲームを続けられるということを知って。

宇多丸　韓国はオンラインが盛んですもんね。

橘　なので韓国の方とずっとオンラインで仲良くゲームをやっていた時期がありますね。

宇多丸　それがオンラインにハマるきっかけですか？

橘　そうですね。ボイスチャットもこのゲームで初めてでした。このゲームはチーム戦になる

06 ソニー・コンピュータエンタテインメントから発売されたPS2用ミリタリーTPS。アメリカ海軍特殊戦コマンドが開発協力している。最大8対8で楽しめるオンラインマルチプレイは前作に続きボイスチャットに対応し、チームワークや連携が活きるゲーム性はさらに深化。当時はオンラインの対人シューターと言えばPCが主戦場だった中、異例の盛り上がりを見せた。

んですよ。個人でどれだけ強くても相手は8人いる。チームでどういう動きをするのかが大事になってくるので、メンバー……しかも強いメンバーが必要になるんです。そこでスカウトをするんだけど、なかなか来ないんですよね。

宇多丸　スカウト、というのはオンライン空間で？

橘　はい。みんな「クラン」というチームに入っていてるんですね。僕は兄ちゃんと妹と「悟空」「悟飯」「悟天」というIDネームでやっていて、友達もやっていたんですけど、「僕と一緒のチームでやろう」と言っても上手い人ほど出てきてくれないんです。そこで「勝つためには、より強い人材が必要だ。どうしたら出てきてくれるだろう」と兄妹で会議を開いて。

宇多丸　この話自体がもう実際の英雄譚みたいだね。

橘　そこで僕が**「しょうがない、奥の手を使おう。僕がw-inds.ということを言おう」**と。

宇多丸　ハハハ！　なんちゅう手だよ!!

橘　そうしたところ、**集まる集まる。**

宇多丸　身元を明かす動機が不純すぎる！

橘　なので僕の作ったチームは『ソーコム』界でめちゃくちゃ強くて有名だったんですよ。でも、それゆえに「チーター」……改造や裏技を使ったりとチート（不正）をしているプレイヤー扱いをされてしまって。入ると「あ、このクランが来たから出よう」と言われ、ゲームから出ていかれてしまうくらいでした。

宇多丸　それもこれも、身元を明かして最強チームを作ったから。巨人軍

が金にあかせて一流選手を獲得する、みたいな（笑）。

橘　誰でも彼でもではないんですよ。「この人は特攻が上手いから、ここに置こう」とか、ちゃんと役割を考えています。僕はスナイパーライフルが上手かったのでスナイパー。そこにもうひとりスナイパーを入れて2人体制で……と、チーム構成をしっかり考えていました。そして僕が全部、指示を出すんです。「今の試合はこういう勝ち方をしたから、相手は次に必ずこういう出方をする。そうしたらこうすれば勝てるから」と作戦をみんなに与えて。

宇多丸　監督としても優秀だったんですね。

橘　なので、**みんな僕のことを「諸葛亮」と呼んでいました。**

宇多丸　名軍師！　かつ名スナイパーでもあると。スナイパーは後ろで構えているから、全体を見ながら指示が出来ますもんね。じゃあ『ソーコム』界で、橘慶太の名は轟いているわけだ。

橘　でも正体はクランに引き抜く人にしか教えていないので。**「私、こういう仕事してますけど……ライヴ来ます？」**って（笑）。

宇多丸　ボイスチャットだから信じるよね。文字だけだと「ウソつけ、このやろう！」ってなるけど。

橘　そういう方とは今でも仲良くゲームしています。「オフ会しようぜ」となって、みんなで富士急ハイランドに行ったりもしましたし、ライヴにも来てくれました。でも僕にめっちゃ怒られている人もいたので、なかには「僕とゲームをするのはイヤだ」という人もいます（笑）。僕、結構マジになるんで厳しく言っちゃったこともあるんですよ。

宇多丸　ｗ－ｉｎｄｓ．のライヴでもダンスフォーメーションの動きがありますし、慶太くんには瞬時の判断をするといったゲームが向いているんでしょうね。

橘　そういうのが好きなんですよ。ボケーッとしながらゲームをやるのも楽しいんですけど、僕は考えることが好きですね。

名スナイパーは鬼軍曹

宇多丸　伺っていると……慶太くん、めちゃめちゃ知能指数、高いね。考えずにはいられないって、頭がいい人特有の思考法ですよ。

橘　いま一緒に『フォートナイト』[07]をやっている人にも「何でそういう攻め方をするんだ？」って怒っちゃいますからね。「いま右側には絶対に敵がいなかった状況じゃん。それなのになぜ右側を警戒しちゃったのか。述べてみよ」って聞いたりとか。

宇多丸　**逃げ場のない詰め方！**

橘　そうしたら「何も考えていませんでした」と返されたので**「何も考えてませんでしたァ？　何も考えずにゲームをやってるの!?」**って。

宇多丸　ハハハ！　いやあ、鬼軍曹ですねー！　そのロジカル思考、きっと慶太くんは理系脳なんですね。

橘　逆に僕が間違っていたときは「僕の采配が悪かった」って素直に謝りますよ。

宇多丸　じゃあ、歯ごたえがある敵が表れたときはアドレナリンが出まくるんじゃない？

橘　そこは冷静に「また分析して頑張らなきゃ。相手のあの攻め方は良かったからマネしよう」と勉強します。

宇多丸　努力家でもあるから恐ろしい。慶太くんは『ソーコム』でスナイパーということですが、狙撃の練習はしたんですか？

橘　それはもう。でも狙撃だけだと近距離戦になったとき厳しいんですよ。なのでスコープを覗かず一発で当てる「近スナ」という技術を身に付けました。それを体得したら接近戦で相手が何発か当てなければいけないところをパーン！と一発当てるだけでいいんですよ。

宇多丸　狙撃銃は弾が強力ですからね。

橘　それもあって、かなり強いプレイヤーを集めたチームだったんですけど……**僕がいちばん強かったです。自分で言うのもなんですが。**

宇多丸　ハハハ！　でも、それ大事ですよ。総合力で強いからみんなも言うことを聞いてくれ

07 エピックゲームズ開発のバトルロイヤルゲームで、正式リリースは2020年から。ポップなグラフィックやクラフト・建築要素で、殺伐とした撃ち合いをメインとしたタイトルとは一線を画し、メガヒットを記録。ゲーム内でライブイベントが開催され、日本のアーティストでは星野源や米津玄師が登場するなど、いまやゲームのみに留まらないポップカルチャーが集う場所にもなっている。

る。スタジオジブリでも宮崎駿監督に絵を描かせるとやはりいちばん上手い、みたいな。

橘　はい。説得力は大切ですよね（笑）。なので自分がいちばん上手くなきゃいけない、と思っています。

宇多丸　自分にも厳しい！　それに加えてゲームも出来る。言っていることも理にかなっている。こちらはグウの音も出ない。……イヤな指導者だよね（笑）。

橘　リラックスしてゲームをやることもありますよ。チーム戦のときだけストイックにやる、みたいな。

宇多丸　でも、そこまで分析力があるとＡＩ相手じゃ物足りなくなってきますよね。ＡＩはある程度パターン化されていますから。

橘　そうなんですよ！　ＡＩ相手だと何も考えずに勝てるようになってしまうので、そういうのは僕はあまり好きじゃないですね。

宇多丸　AIを凌駕する慶太コンピューター。

では、やり込み時間は最長でどのくらいですか？

橘　24時間以上はやったことあるんですけど頭が痛くなりましたね。吐き気をもよおして気絶に近い状態で倒れました。あれ、何でやっちゃうんでしょうね？

宇多丸　やっぱ麻痺しているんでしょうね。『ソーコム』でもそうでしょうけど、実際に自分も元気に野山を駆け巡っている気になっているという（笑）。

橘　それと「もう1試合やろう」が永遠に続きますからね。勝った↓調子がいいからまた勝てるんじゃないか↓もう1試合やろう。負けた↓悔しい↓もう1試合やろう。……結局どのルートでも同じなんですよ（笑）。

宇多丸　これね、慶太くん。お金のかかるギャンブルにハマっていなくてホントに良かった！　分析力があるから、そこそこ強くなるとは思うんだけど……これは危ない！

橘　ルーレットでも僕、分析しますから。数学的に考えると同じ数字に入るのは確率的に1／

500なので、それまで同じ色に何回どういう賭け方をすれば負けないだろう、とか。でもお金を賭けるのは好きではないので、ギャンブルはやりませんね。

宇多丸　では、ゲームのやりすぎで現実生活に支障をきたしてしまったことはありますか？

橘　しょっちゅうあります。僕、椅子に座ってゲームをすることが出来ないんですよ。地べたに座って顔はテレビの位置。右足だけ正座をして左足だけ膝を立てる。これが僕のゲーム時の姿勢です。これは『ソーコム』をやり始めてからですね。

宇多丸　釈迦像的なポーズだ。

橘　それが僕のなかでいちばん調子のいいポーズなんですけど、10時間ほど続けていると、変な足の痛め方をするんですよ。そのため毎回「すみません、またやっちゃいました」って整体に行くんです。その整体師さんもゲームで痛めたところは、どこをほぐせばいいのかを熟知されていて。「ここがまた固まったんだね」って。

宇多丸　優秀な整体師さんでよかったですけど、w-inds.の活動に支障は出ていないんですか？

橘　一応、踊れています。あとステージに出たら痛みは忘れちゃうんで。**アドレナリンでカバーしています。**

宇多丸　それ、ダメなやつですよ（笑）。ちなみに僕の相方であるMummy-Dが以前、首にコルセットを巻いた状態でライヴに来たことがあったんですよ。理由を聞いたら、**「『桃太郎電鉄』[08]を同じ姿勢でやり続けてたら首をやっちゃった」**だって（笑）。

橘　集中力ってそれほどスゴいんですね。

宇多丸　でも、〝ひとり『桃鉄』〟ですよ？　考え得るかぎり一番カッコ悪い理由だよ！

オンライン上のレクター博士

宇多丸　では、そんな慶太くんのマイベストゲームは何でしょう。

08　鉄道会社を運営する対戦型の双六ゲーム。日本の各地の物件を買収し、鉄道を通していくという、高度経済成長期の日本をモチーフにしている。1987年にハドソンから1作目がファミリーコンピュータ専用ソフトとして発売。シリーズ作を重ねるごとに、ゲームルールが洗練され、2作目の『スーパー桃太郎電鉄』で、相手のプレイヤーに「貧乏神」を付けて、毎ターンペナルティを与えることができるようになるなど、基本的なゲームシステムのベースが固まった。シリーズ化され、日本のパーティーゲームの定番作品として今も愛されている。

橘　『ソーコムII』もハマったんですけど『ダークソウル』[09]ですね。

宇多丸　2011年発売のアクションRPG。ファンタジーなんだけど、フロム・ソフトウェア作品ならではのハードな世界観とゲーム性をもつ『デモンズソウル』の続編ですね。

橘　これが、とにかく難しいんですよ。研究するとスムーズにいくんですけど、最初の時点でのザコキャラが、このゲームのボスキャラなんです。この2人に囲まれたらやられちゃう。ひとりを倒すのにすごく慎重になるカンジがすごく好きですね。あと、オンラインで対人もあるところが好きで。敵キャラとしてほかのプレイヤー世界に侵入することも出来るし、そこで協力プレイヤーとして助けることも出来るんです。

宇多丸　ストーリーもガツン、とくるんですか？

橘　実は僕、ストーリーは知らないんです。一時期ストーリーを追っていたんですけど、それより『ダークソウル』には大切なことがあるんです。例えば発売3日後にすごく強いやつが侵入してきても歯が立ちませんよね。それはめちゃくちゃムカつくじゃないですか。だからストーリーを見ているヒマはないんです。**僕には3日以内に誰よりも成長して侵入者をコテンパンにしなきゃいけない、という使命があるんです。**

宇多丸　まあ、自分の中でストーリーを作れちゃう人だから。

橘　2週目からようやくストーリーを見る余裕が出来ましたけどね。『ドラクエ』のストーリーは大好きですよ。『ドラクエX』は感動しながら見ていましたし。でも、やり込むのはストーリーよりゲーム性が面白いほうですね。

宇多丸　分析癖型の勝負師、という感じですもんね。

橘　『ダークソウル』でも武器を研究しています。この武器を持っている相手にはこの武器で勝てる、とか。

宇多丸　では『モンスターハンター』はどうで

09　2011年にフロム・ソフトウェアから発売されたアクションRPG。初見での撃破はほぼ困難な凶悪さを誇るボスや、危険地帯の毒沼などによる高難度が特徴で、それゆえに難所を乗り越えたときの喜びは格別。『デモンズソウル』に続く本作のヒットで「ソウル系」タイトルの世界的ムーブメントを確立した。

すか？
橘　やりますよ。でも、こんなことというとエラそうですけど……**簡単ですよね。**罠とガンナーといったようにハメ技がすぐ出来てしまうので。
宇多丸　ああ、協力するプレイヤーは人間だけど、モンスターたちはプログラムだから動きが読めてしまう。
橘　スタート時点でモンスターがどこにいるか、次はどこに動くか、どこにアイテムが落ちてくるか……とか決められているわけじゃないですか。それを分析すれば、どこに罠を敷いたら抜け出せなくなるか分かりますから。
宇多丸　可愛げがないなあ（笑）。
橘　でも、そればかりやっていると面白くないので、友達とやるときは、**わざと自分の使い慣れていない武器を使って**やったりします。
宇多丸　ハンデ戦！　ちなみに『ダークソウル』は侵入も出来るということですが、慶太くんはそちらをやったりしないんですか？
橘　あんまり言いたくなかったんですけど……**僕、侵入、めっちゃ好きなんですよ。**これを言うと『ダークソウル』界で嫌われてしまうと思うんですけど。
宇多丸　人の平和な村を荒らして回るのも好き（笑）。まあでも、そういうシステムがあるわけだからね！
橘　あまりにも可哀そうだと助けちゃいます。**命乞いのモーションをされるとさすがに倒せない。**
宇多丸　そんなモーションがあるんだ！　そんなのされたらイヤですよね、やっぱ。

橘　でも、3人くらいで侵入を待ち構えているプレイヤーがいたりするんですけど、そういうのには遠慮ないです。

宇多丸　「いつでも来いよ」みたいなタイプね。

橘　そういうときは相手に見えなくなる武器を装備して、ひとりひとりおびき出して倒していくんです。先に協力プレイヤーの2人だけ倒し、**ホストプレイヤーに恐怖を与えるんです。**

宇多丸　なるほど、ホストを最初に倒したら、そこでゲームが終わってしまって全員仕留められないから！

橘　ホストがひとりになって怯えているところにスッと現れて……。

宇多丸　絶望に落とす！　いや、心理的な読みもスゴいですね。

橘　心理ゲームも大好きです。人狼ゲーム、僕、めっちゃ強いんですよ。

宇多丸　w-inds.として『アトロク』にお越しいただいたとき、メンバーの千葉（涼平）さんが「慶太にはウソをつけない。何でもバレちゃう」とおっしゃられていましたけど**……怖いですよ、あなた！**

橘　嘘をついているときの声色ってあるんです。僕はそれが分かっちゃうので人の嘘を見抜くのは得意です。

宇多丸　対戦相手やAIの動きを読むように、なにか一定のクセを見て取るんでしょうね。**すごいな、これは。レクター博士[10]だ。**まあ、それぐらい頭がいいということなんでしょうね。

橘　考えることが好き、ですね。

宇多丸　で、向こうがイキってくるときは、「はは〜ん、そうですかそうですか」と。

橘　「はいはい、それね〜」って（笑）。たまに同じようなタイプがいて負けたりすると悔しいんで、仲間を招集して「こういうヤツがいるから、みんなで懲らしめよう」とリベンジに行きます。

宇多丸　でも、慶太くんにとっては負けも学びになるから。

橘　負けは悔しいですけど、自分が負けるとい

10―アメリカの作家、トマス・ハリスの小説に登場するハンニバル・レクターのこと。元精神科医で高い知性をもち、一見すると紳士だが、その正体は冷酷残忍な連続殺人鬼で、さらに人肉食趣向もあるという猟奇犯。映画『羊たちの沈黙』（1991年）でのアンソニー・ホプキンスの怪演によって世界的キャラブレイクを果たし、レクターを主人公とした映像作品が多く作られている。

うことは相手はそれ以上ということなので「まだまだだな」と思うことはあります。

宇多丸 それはいい考え方ですね。アーティストとしても、自分のやったことが仮に上手くいかなかったとしても、そこから学べるというか。

橘 僕はその考え方です。自分を超えるためには失敗や敗北しておくのがいちばん。ゲームと同じで**勝ってばかりいると勘違いしちゃいますから。**

宇多丸 なにこの、レクター博士でもあり諸葛亮でもある人からの、背筋が伸びるようなイイ話は！ ただね、そんな橘慶太、ただひとつ人間らしく思えるところがあります。それは……**ゲームの話を嬉々としているときは、若干感じが悪い！**

橘 アハハ！ そうなんですよ、僕、ゲームをしているときは感じ悪いし、口も悪いんですよ。やっぱ人間性が出るな、と(笑)。

宇多丸 厳しい人間性ね。まあ、ご自分にも厳しいわけですし。とにかく慶太くん、最高です！

ゲームプレイは瞑想

宇多丸 今、稼働しているゲームハードは？

橘 PS4一択です。モニター、コントローラーも家のやりなれた環境でプレイするのがいいですね。人の家に行った瞬間に全然上手く出来なかったことがあるんですよ。

宇多丸 完全に自分の身体性に一致している、という。僕も、ゲームは上手いほうではないんですけど、たまにキャラクターを自由自在に動かせているとき、そういう感覚があったかもしれない。『攻殻機動隊 GHOST IN THE SHELL』でフチコマを完全に自在に操作できるようになったときは、**フチコマと一体化した自分を感じましたから。**

橘 それ、分かります。

宇多丸 とはいえｗ－ｉｎｄｓ．って、ほかのダンス&ヴォーカルグループと違って、楽曲の全工程を自分たちでやっているし、ライヴでは振り付けや演出もする。そんななかでゲームをやる時間って取れます？

橘　なんなら僕はゲームをやる時間がないとリセット出来ないんですよ。ゲームをしていないと本業にめちゃくちゃ支障をきたします。いちどものすごく忙しいときに「ライヴまで時間ないな」と思ってゲームをやめたんですよ。そうしたら突然、調子が悪くなって。1週間いくら練習しても伸びる気配がないし、上手くいかなくなったんですね。「これはおかしい」と思って、ライヴ前日に「生活スタイルを戻そう」と思い立ち、朝方までゲームをやってみたんですよ。

宇多丸　やってみた（笑）。

橘　そうしたところ、1週間のなかでライヴのときがいちばん調子良かったんです。で、「**ゲームでリセットしていたんだ。**リセットしていたからこそ、いろんなものを吸収出来ていたんだ」と気づいたんですね。それ以降はリセットするためにゲームをしっかりやっていますね。

宇多丸　大知くんも同じことをおっしゃっていました。あと、ＢａｓｅＢａｌｌＢｅａｒの小出祐介くん（２０１７年7月1、8日放送回出演）は、なんとゲームをやめたことで声が出なくなったりした。医者に行ったところ、「息抜きをしなさい。あなたの場合、寝たって何か考えているんだから、まったく別のことを考えるのが脳を休ませるということなんですよ」というようなこと言われたそうで。で、改めてゲームを再開したら、まんまと声が復活したそうです！

橘　分かる！　僕も街を歩いていても音楽のことを考えていますから。音楽が聞こえてくると「こういうミックスだな」「こういう発声だな」とか。だから音楽のことを考えなくていい時間はゲームをプレイしているときだけなんですよね。ゲームでも音楽は鳴っていますけど、それ以上にゲーム世界に入り込んでいますから。

宇多丸　瞑想状態というか。でも実際は「何も考えない」って不可能じゃないですか。だからこそ、何かに集中している状態が瞑想に近いと言われているんですよ。**慶太くんにとってゲー**

ムは瞑想なんでしょうね。

橘　何で自分がゲームをやっているときにリラックスできるのか腑に落ちました。

宇多丸　だから、多忙な人にこそゲームは必要だし、むしろ有用。出来る子はゲームをやる、の法則！

橘　ゲームを我慢している方も周りにいらっしゃいますけど、無理することではないのかもしれないですね。

宇多丸　たしかに仕事に集中するべき時期もあるとは思います。でも、「あ〜、やりたいなあ」なんて言っているくらいなら……**やれ!!**

三浦大知先輩と『フォートナイト』

宇多丸　今でも休みになるとやり込んだりしてしまうんですか？

橘　どうしてもやりたいゲームが出ると曲を作らなくなりますね。それは事前にマネージャーさんにも伝えています。**「この日はこういうゲームが出るので1週間は使いモノになりません。ご了承ください」**って。これだけは集中させてくれ、という時期はありますね。

宇多丸　その「了承」があるから次の伸びしろが出るわけだからね（笑）。そんな慶太くんが今ハマっているゲームが、先ほどの話にも出た『フォートナイト』。１００人のさまざまな特性を持ったキャラが島に送り込まれて戦うバトルロワイヤルゲームで、特徴は、建築物を瞬時に作ることが出来ること。僕もやってみたんですけど、この建築要素が難しくて。やることが多くて上手く出来た試しがないです。

橘　『フォートナイト』はコツがあるんです。それは最初にどこに降りるか。降りる場所で勝敗が決まります。大体みんな、部屋の上から入って宝箱を取るんですけど、そうするとショットガンが出ないんですよ。

宇多丸　宝箱を取るのに必死になりがちだけど……なるほどね。ショットガンは強力？

橘　家の中は近距離戦になるので初期武器とし

ていちばん有利です。みんないいアイテムが出ると思って上から行っちゃうんですが、まず下から入ってショットガンを取る。そして上の宝箱を取った人を倒す。

宇多丸　**さすがレクター博士、非常にロジカル！**ヘタくそなりに「なるほど」となるんですが……それは一体どの域までいってからの話なんだ？　というね。ちなみに大知くんともプレイされているそうですが、大知くんの腕前はどうですか？

橘　上手いですよ。大地くんもどちらかというとロジカルタイプだと思います。見ていて立ち回りとか上手いなあと感じますね。僕もさすがに大知くんにあれしろこれしろとは言えませんね。先輩なので（笑）。

宇多丸　お互い振り付けやステージングを考える立場だから、ゲームでも全体を俯瞰してフォーメーション的に考えているのかもしれないですね。あと負けず嫌いなんでしょうね、本質が。

橘　そうですね。勝ってナンボというところはあります。

宇多丸　自分を高めていこう、という気持ちがあるからこそアーティストとしても上手くいくんでしょうからね。……でも、先ほどの「大知くん、上手いですよ」という言い方に慶太くんの余裕を感じましたね。

橘　ちょっと！　その言い方ワルいワルい……ワルいなあ～（笑）。

宇多丸　あえて！　どちらが上手いかと言えば……？

橘　**僕……でしょうね。って、言わせないで！**ゲームによっては大知くんのほうが上手いものがありますし、それに大知くんのほうがやっているゲームジャンルが広いんですよ。

橘慶太プロゲーマー構想

宇多丸　でも慶太くん、そこまでやり込んでいたら、eスポーツでもいいレベルまでいきそうじゃない？

橘　やりたいんですよ。正直、マウスとキーボード――ゲーミングコンピューターでやるべきか悩んでいて、今そういう仲間を増やしているんです。どうしたら自分が上手くなるかっていうことを教わりながら。

宇多丸　ただし、踏み出したらトップレベルは恐ろしいことになっているから……。

橘　動画を見たらとんでもないですよね。でも負けたくないという気持ちがあるので、**いまビックリするぐらい練習中です。**ここまで真剣なのは『ソーコム』以来ですね。昨日も朝方4時くらいまで『ソーコム』時代のパートナーと分析をしていました。自分のスタイルを作ることが大切なので、自分たちが勝っていたときはどういう攻め方をしていたか？　とかを振り返るんです。

宇多丸　ヤベえなあ〜。その話し合いの様子が見たいわ！

橘　でも僕、今日よりもホント、口悪いですよ（笑）。

宇多丸　でもまあ、それは真剣勝負ですから！　話を伺って慶太くんチームなら結構いいところまでいく気がしてならないですけど。

橘　いやあ、まだまだだとは思うんで頑張りたいですね。

宇多丸　まあ、オンラインで立場を明かすのはメンバーを汚い手で集めるときだけに限られますからね（笑）。

橘　僕、今はツイッターでゲームアカウントを作っていて、そこでオンラインのＩＤも教えて公式でやっています。最初は地道に『ドラクエ』をやっていたんですけど、「ファンの人と楽しく一緒にやりたい」となったんですよ。そうしたところ、めっちゃ集まって。それに、みんな貴重なアイテムくれるんですよ。だから**「なんで最初から正体を明かさなかったんだろう？」**って。

宇多丸　ハハハ！　そりゃそうなるだろうけど……**究極のチート**だろ、それ！

橘　僕も「いやいや結構ですよ」と言いながら内心めっちゃ嬉しくて（笑）。

宇多丸　オンラインでやられているのが『FIFA18』[11]。これはサッカーゲームですね。

橘　プロクラブというモードがあるんですが、これは自分のキャラを育てて、ひとつのポジションに入るんですよ。全部で11対11が可能で、いま22人で戦えるモードにハマっています。仲良くなった岡崎体育と一緒にやっていますね。

宇多丸　音楽界にゲーム仲間もいるんですね。でも慶太くんは厳しいですからね。

橘　いや、そういう人たちには厳しくしないです（笑）。**そこはちゃんとわきまえています。**

時は効率なり

宇多丸　ここまで聞いて、かなりゲームをやり込んでいることが伝わりましたが、苦手なゲームはあります？

橘　格闘ゲームはあまりやらないです。決着が早すぎるところが素っ気ない感じがしちゃうんですね。それにあまりにも1対1過ぎる。結局、格闘ゲームは己との戦いになりますし、僕は戦略を考えて指示をすることが好きなので。

宇多丸　やっぱ諸葛亮なんですね。

橘　諸葛亮に本気で憧れていた時期があるので、やっぱり**戦略で勝つというのが気持ちいいですね。**

宇多丸　レースゲームはどうですか？　反射神経に見えてコース取りとか戦略性はありますよ。

橘　でも、最後は己との戦いになりますよね。やっぱ指示したい。

宇多丸　指示したい（笑）。そうかそうか。

橘　チームプレイで相手の裏をかいたり、連携を取るのが好きなんですよ。

宇多丸　ヤバいね。**そのマインドはもう『ミッションインポッシブル』の秘密組織ＩＭＦですよ！**

橘　それが成功したときの高まりもすごいんで

11　国際サッカー連盟公認のサッカーゲームとして、エレクトロニック・アーツから毎年新作が発売されているシリーズの2018年版。発売したのは2017年だが、翌年になって「2018 FIFAワールドカップ」をプレイできるアップデートが行われた。

すよ。
宇多丸　「リーダー、ありがとう！」という。**「さすがです！」と言われるのも嬉しい（笑）。**
橘　音楽もチームじゃないですか。メンバーがいて、裏方さんがいて、みんなが同時に上手く働いて初めて最高のショーが出来る。その快感ですよね。で、前のライヴでコレをやったからファンもこう来るだろうと思っているところを〜……こういきます！　みたいな。
宇多丸　そうなんです！　僕の人生はその繰り返しです。
橘　だから向いていることを全力でやっているんですよね。オンでもオフでもリスペクトを集めて……最高の人生じゃないですか！
宇多丸　ホントみなさんのおかげですよ。みなさんがいてこその自分です。
橘　ゲーム中に食べものは用意します？
宇多丸　集中しているとまったく飲食はしないです。なので妻（アーティストの松浦亜弥）が、よく部屋に来てくれるんですよ。「水を持ってきました。**生きてて良かったです**」と心配されています。これは曲作りも同じですね。気づいたら8〜10時間経っています。
橘　でも音楽作業って、いくらでも時間を使えると、逆に悪い方向に働くときがありますよね。せっかくいい感じで仕上がっていた曲を、後からこちょこちょとイジり過ぎちゃうから、当初の良さがなくなっていく……といった。慶太くんはそういうことはありませんか？
宇多丸　たまにありますね。でもそのときは「これはいらないことだった」ということが分かって勉強になった、と考えます。それが分かると、それ以降の作業で無駄がはぶけるようになって効率が良くなりますから。
橘　凝り性だけどロジカルに物事を考えられるから無駄だと分かればすぐに切り捨てられるんだね。
宇多丸　自分のテーマは**「無駄をなくしたい」**なんですよ。この世でみんなに公平に与えられているものって時間だけじゃないですか。そこで頭ひとつ飛び抜けるには時間の使い方しかない。そのためにはどう効率よく学んでいくか、無駄をなくすか、なんですよ。

宇多丸　そのため、わざと負けることもする。いや、すごすぎ。普通は失敗しないことが効率だと思っちゃうからね。でも逆なんですね。効率を上げるためには失敗も必要だと。それに慶太くんにとってゲームは効率のためだった、ということにも気づきましたし。

橘　はい、リラックスすることの大切さ。ゲームをやることで作業の進みが良くなるのがなぜなのか解決しました。

宇多丸　いやあ、バッチリですよ！　これはゲストの皆さんに伺っている「ゲームから学んだこと」に繋がってきますね。

橘　あとは〝されどゲーム〟と言いますか。考える力ってゲームをやることですごく身に付くと思うので、これを教育に応用させてもいいんじゃないかと思います。楽しみながら考えて、それが成功体験になれば実生活に繋がってくる。だから**ゲームは人を成長させてくれるもの、と感じています。**

宇多丸　ちゃんと考えて努力して練習したら、クリア出来ないゲームはないですよね。

橘　ない！　それをゲームが教えてくれるんです。

宇多丸　一歩進めばオンラインを通じて「裏切り」など人間のネガティブサイドも学べる、とかね！

橘　ありますよ〜。あと自分がどんな人間なのかも分かります（笑）。

STAGE.2

キラー慶太・覚醒

宇多丸　ご無沙汰しています。慶太くんは、この番組でお名前を出させていただく頻度、明らかに最多ゲストです！　もちろん傑出した人物として、ですよ。

橘　嬉しいですけど、**どんどんキャラクターが音楽性と離れていきそうで不安です（笑）。**でも言われている情報に間違いはないので。

宇多丸　コロナ禍の現状ですけど、そのなかでどんなゲームはされていましたか？

橘　このタイミングで『デッド バイ デイライト』[12]にハマって、ずっと夢中でやっています。操作は単純なんですけど、付ける能力が個々で違っていて、もう心理戦ですね。

宇多丸　慶太くんのことだから、そこもスキルを磨きまくっているんでしょ？

橘　最初は「サバイバー」という逃げるほうをやっていたんですけど、今は殺人鬼側の「キラー」です。残酷な攻撃をするので最初は「イヤだなあ〜」と思っていたんですけど、**今やキラーしかやっていないですね。**

宇多丸　僕、慶太くんのことを「レクター博士」と呼んでいますけど、ホントにそういう活動になってきている（笑）。

橘　いま業界で『ＤＢＤ』をやられている方が増えてきているんですよ。最近はＤａ－ｉＣＥの工藤（大輝）と朝６時までずっとやっていることが多いですね。

宇多丸　じゃあ、慶太くんもキラーとしての腕が上がっているんですかね？

橘　結構、練習したので、だいぶ強くなっています。キャラクターの動きやマップの作りをかなり研究したのでサバイバーの皆さんをハラハラさせることが出来るキラーになってきたかな？　という自信はあります。僕は山岡凛という女性ゾンビを「凛ちゃん」と呼んで使っているんですが、この凛ちゃんには「フェイズウォーク」という透明になって相手に近づくことが出来る能力があって、「相手がどこから来るか分からない！」という駆け引きを楽しめるキャラクターになっているんですよ。

宇多丸　慶太くんは相手の心理を呼んだプレイをしますからね。そこが僕がレクター博士と呼ぶゆえんなんですけど。

橘　**ホント得意です、そういうの。**でもキラー

12　Ｓｔａｒｂｒｅｅｚｅ Ｓｔｕｄｉｏｓが２０１６年に発売。殺人鬼は生存者を襲い、生存者は脱出を目指す。お互いの目的が異なる非対称対戦が特徴。ホラー作品ともコラボ、『リング』の貞子っぽい「怨霊」と『バイオハザード』の「クリス」が対決する夢のカードも実現。

でやるときは野良でやっていますね。

宇多丸　じゃあ「相手の動き、読み過ぎじゃね？」という凛がいたら、それは慶太くんですね。

橘　最後にIDが出るので「KEITA　TACHIBANA」とあったら「やっぱり！」と思ってください。

宇多丸　僕の周りもやっているので、僕もそろそろ始めようかなあ。『フォートナイト』も相変わらずやっているんですか？

橘　最近は『エーペックス』ですね。スピード感があるのでプレイしていて爽快感がありま す。あとマッチングが早くて待ち時間がないのもいいですね。

宇多丸　マンガ家の山本さほさんいわく「そんなに上手くない人でも楽しめる工夫がある」ということですが、こちらも相当上手くなっていますか？

橘　『DBD』にハマっていたので多少、腕は落ちている部分はあると思いますが……まあでも上手いほうだと思います。

宇多丸　慶太くんのレベルって天上人の話だから。

橘　だからプロゲーマーの人と競いたい気持ちはありますね。**一時期、プロゲーマーの方向で頑張ろうかな？ と思ったんですけど**「やっぱもうちょっとだけ音楽やろう」と（笑）。

宇多丸　いやいや、慶太くんの音楽を楽しみにしている人がたくさんいるんですから！　多くのファンが泣きますよ！

いつか仮想空間でフェスを

宇多丸　岡崎体育さんとは、引き続き「京都サンドバッグス」（※詳しくは岡崎体育編を参照）で交流しているんですか？

橘　週1、2回やっていますね。スペシャルゲストとして岡崎慎司選手、森本貴幸選手が、たまに遊びに来てくれて盛り上がっています。

宇多丸　慶太くんは『FIFA』が上手くなるために、実際のサッカー戦術を学んでおけ」

と言った人ですから、本物のサッカー選手が来たらめちゃ良くないですか?

橘　はい。**でもプロは優しいですね。**僕みたいに「ああしろ、こうしろ」と、うるさく言わないです(笑)。

宇多丸　まあ、ゲームだからね(笑)。その後、チームの戦力は上がったんですか? あまりにもレベルが低くて慶太くんは退団を申し出たわけだから。

橘　今まではディビジョン4~5で止まっていたんですけど、みんな実力が上がりまして、かなり上の2まで行きました。

宇多丸　やっぱスパルタコーチが付いていると違いますね。

橘　あと、この期間中に「ゲーム配信をやってみようかな?」と思ったんですよ。そこで『DBD』と『エーペックス』は配信映えするな、と。とくに『DBD』はゲームをやったことがない人でもゲーム性が分かりやすいので。そこで配信を始めてみたら面白くてハマってしまったという感じですね。

宇多丸　慶太くんはゲームが上手いんだから、トラビス・スコットのように、どこかと提携してw-inds.仮想ライヴをゲームショウとかでやってほしいですね。そこに大地くんとか岡崎さんもいて。

橘　うわー、めっちゃやりたい! それはひとつ夢ですね。ゲーム上でフェスとか最高じゃないですか。

宇多丸　仮想空間上で共演しているなか、慶太くんのキラーぶりが発揮されたりするかも(笑)。

橘　アハハ! **いきなりお客さんをメタメタにし始めて。**

宇多丸　「……あれ? ピースなはずの空間が!」って。

橘　めっちゃ荒れますね、それ(笑)。

宇多丸　でも、慶太くんがその企画を提案したら、周りは本気で動くと思いますよ。日本でそれをやるとしたら慶太くんだと思っていますから。あと、ゲームをやる時間は伸びてる？

橘　次の日のことを考えないので、かなり遅くまでやっちゃいますね。でも夜までは曲作りをやって、その後からゲームというようにちゃんと区切ってはいます。

宇多丸　奥さんとはゲームをやったりはしないの？

橘　妻は昔から全然やらないです。昔、一緒に遊びたくてPSを2台買ったり、PSPも2台買って『モンハン』をやってもらったんですけど、全然ハマってもらえませんでした。

宇多丸　今は『あつまれ どうぶつの森』が女性にも大人気ですね。『あつ森』をやりたくてスイッチを買ったという人も結構います。でも仮に！　仮に奥さんが『あつ森』にハマったとしても……**慶太くんは『あつ森』では満足できないだろうなあ。**

橘　アハハ！　そうなんですよ。できれば一緒に『DBD』でサバイバーを遊びたい。

宇多丸　慶太くんがのんびり釣りをしている画は想像がつかないからね（笑）。

橘　僕はオンラインで「誰かと駆け引きをして勝ちたい」という想いがあるので。

宇多丸　でもね、慶太くんが『あつ森』を本気でやり始めたら、とんでもない建築するとか、度を越した何かをやらかすとは思うんですよ。ただ、慶太くんの体はひとつですからね。

橘　今はとにかく音楽を作ることだけは止めてはいけない、と自分に言い聞かせています。

宇多丸　では、最後にまだまだ不自由のある暮らしが続くと思いますが、リスナーに向けて慶太くんからコメントをお願いします。

橘　僕はこの時期だからこそ出来ることを続けていきたいな、と思っています。ゲーム配信もこれからどんどん芸能界の方が増えていくんじゃないかなと思いますので、こちらでもみなさんに楽しんでもらえるようにしたいです。**しっかりとしたゲーム配信、しっかりとした音楽。**この2本立てでいこうと思っています。

岡崎体育

TAIIKU OKAZAKI

#7

▷▷▷

**ゲーム中、
家に落雷がありまして。
人間、
ホンマにツラいとき
笑うんやな、って。**

2018.11.1-8 O.A

PROFILE

▷▷▷

岡崎体育(おかざき・たいいく)

1989年7月3日生まれ、京都府宇治市出身のシンガーソングライター。2012年、ソロ・プロジェクト「岡崎体育」始動。2016年4月公開のミュージックビデオが大きな話題を呼び、同年5月にアルバム『BASIN TECHNO』でメジャーデビュー。以降、楽曲提供、テレビ・CM出演など幅広く活動。アニメ『ポケットモンスター』作品では2016年リリースの「ポーズ」をはじめ多くの主題歌を手掛ける。

MY BEST GAME

『モンスターファーム2』
(テクモ)

ジャンボ尾崎にアドバイスを受ける幼少期

宇多丸　岡崎体育さん、はじめましてですね。お生まれは1989年……ということは、生まれたときにはすでに、ご家庭にゲーム機があった世代ですね。

岡崎　ファミコンはありました。たぶん親父が買っていて、初めて触れたのは2〜3歳頃です。ゲームを概念で捉える前から「テレビに画面が映りコントローラーを触ると動く」ということが無意識に頭に入っていましたね。

宇多丸　記憶の初期にゲームがあるんですね。その画面には何が映っていたか覚えていますか？

岡崎　親父の趣味で『F1レース』や将棋ゲームですね。そのなかでハマったのが『ジャンボ尾崎のホールインワン』[01]。親父が団塊の世代でゴルフ好きなんで買ったんでしょうね。

宇多丸　シブ過ぎます！　この番組、結構回数をやっていますが、初めて出るタイトルです。（ゲーム画面を見て）でも、ドット絵にしてはかなりきっちり描き込んでますね。

岡崎　そうなんですよ。かなりの解像度でジャンボ尾崎さんを表現していて。内容的にも本格的なゴルフゲームだったんですけど、1ホール終えるごとにジャンボ尾崎さんが「ここはこういうふうにしたほうがいいよ」とかアドバイスをしてくるんですよね。

宇多丸　具体的にはどんなことを言ってくれるんですか？

岡崎　きっと実際の尾崎さんに事前にインタビューをしていて「こういうコースのときはこういう風にしたほうがいいよ」というテンプレートな内容を流していますね。なので、**実際のプレイにふさわしくないアドバイスをしてくるという**。

宇多丸　当時のマシンはプレイによってコメントを変えるほどアタマが良くないですからね。このゲームをやられていたのが、おいくつくらいのときですか？

01　1991年にHAL研究所から発売されたスーパーファミコンソフト。当時プロゴルファーとして活躍していたジャンボ尾崎氏が監修したゴルフゲーム。6つのゲームモードを収録。「VSジャンボ」モードで尾崎氏に勝利すると、飛距離を伸ばせるドライバー「メタルウッド」が手に入った。

岡崎　3～4歳ですね。まだ平仮名も読めなかったので、尾崎さんが何を言っているのかは理解できませんでした。でも、遠くに穴があってそこにボールを打って入れるといい、といったゴルフのシステム自体はなんとなく理解できていました。

宇多丸　尾崎さんのアドバイスの一例を読み上げさせていただきます。「直接グリーンを狙わずにどこかに狙いを定めて打とう」。

岡崎　**当たり前のことを言ってますね。**

宇多丸　そんな感じで、もっぱらお父さんのゲームをやり込んでいた。

岡崎　保育園に通っている頃はそうでしたね。

宇多丸　それに、やり始める年齢が早い！　みなさん、3～4歳だと「人のプレイを見ていた」という方が多いです。分からないなりに自分でゲーム機をいじる、というのはすごいですよ。

岡崎　兄貴や姉貴がいると見ることが多くなると思うんですけど、僕は一人っ子だったので最初からコントローラーを触らせてもらっていたんですよね。なので人のプレイを見るということはしていなかったです。

宇多丸　それでも子供なりに面白いと感じてた？

岡崎　そうですね。そこからは自分の欲しいゲームをねだるようになりました。スーパーファミコンも買ってもらってやっていました。

宇多丸　僕も一人っ子なんですが、家庭用ゲーム機はある程度大きくなってから出てきた世代なんです。それでも、家庭用ゲーム機ってある意味で遊び相手が家にいるようなもんだから、「これでもういつでも淋しくないわ、最高じゃん！」と、遅まきながら思いましたね。

ゲームでのワクワクとイライラ

宇多丸　自分の意思で初めて買われたゲームは？

岡崎　『46億年物語』[02]です。地球が創生されてから恐竜が滅ぶまでの長い期間をストーリーに

02　1992年にアルマニックから発売。魚類からほ乳類まで生物の進化を体感、弱肉強食と適者生存をゲームで学べる。パソコン版はコマンド選択型RPGで、作曲家のすぎやまこういち氏を思わせる「スギヤマン」なる進化も存在している。

したアクションＲＰＧです。すごく面白かったですね。いまだにスーファミでやったりするんですよ。

宇多丸　これは横スクロールですかね？

岡崎　そうですね。横スクロールアクションでパソコンゲームからの移植作です。

宇多丸　これも子供のチョイスにしてはシブくないですか？

岡崎　パッケージイラストに恐竜が描かれていたので、それに興味を引かれて買った記憶があります。

宇多丸　アニメ絵チックな女性も描かれていますね。この女性キャラは出てくるんですか？

岡崎　この女性が地球の化身で、途中途中でアドバイスをしてくれるんです。**基本、誰かがアドバイスをくれるゲームが好きなんでしょうね。**

宇多丸　ジャンボ尾崎さんといい（笑）。ゲームの内容は？

岡崎　最初は海の生物から始まりまして、両生類、爬虫類、恐竜と進化していくんですけど、ポイントを貯めていくことでパーツを変えられるんですよ。例えば魚だと凶暴な魚のアゴに変えるとか。アゴはサメ、でも尾びれは早く動けるマグロ系の尾びれというように。

宇多丸　魔改造のような。

岡崎　オリジナルのキメラ（合成獣）が作れる、といったことなんですよね。組み合わせは何万通りとあって、自分オリジナルの恐竜をつくることが出来るんです。

宇多丸　進化を科学的に教えるゲームかと思ったら……でも、子供的にはワクワクでしょうね！

岡崎　めちゃくちゃワクワクですね。ティラノサウルスのアゴとか、トリケラトプスのツノを付けていくのがすごく楽しくて。

宇多丸　今のゲームの感覚を先取りしている感じもありますね。

岡崎　モンスターを自分で作っていくというスタイルの基盤になっているかもしれないですね。

宇多丸　難易度的にはどうなんですか？
岡崎　当時のゲームですから今のゲームに比べたら今の子供たちがやると難しいところがあると思います。当たり判定がシビアですし、逆に「絶対に当たってたのにな」という攻撃がセーフだったりすることもありました。
宇多丸　いや、初めて聞くタイトルでした。ほかにハマっていたゲームは？
岡崎　スーファミで『ウルトラセブン』[03]というゲームがありまして。これは近所のミツダくんというひとつ年上のお金持ちの子が持っていたソフトなんですが、このミツダくんが結構、我の強い子でなかなかコントローラーを渡してくれないんです。**そこで初めて人のゲームプレイを見るという経験をしました。**ホントに代わってくれなかったので、自分で同じソフトを買って家でやったんです。
宇多丸　彼のケチぶりが高じて（笑）。
岡崎　購入意欲に繋がったという。
宇多丸　93年だから……4歳！　やっぱませていますね、ゲームチョイスが。なんで『ウルトラセブン』なんだという。
岡崎　この頃はテレビで『ウルトラマン』とか観ていたので。このゲームは2Dの横対戦アクションなんですけど、怪獣の体力ゲージを削り切った後に必殺技を出さないと敵を倒せないんです。でも当時は幼くて説明書も読めなかったので必殺技の出し方がどうコントローラーをいじっても分からない。
宇多丸　特定のコマンド入力をしないと出ないんですね。
岡崎　なのでHPのない敵をずっと待たせるという生殺し状態がずっと続きました。**敵怪獣のエレキングも「はよ殺してくれ！」って感じなんですよ。**
宇多丸　その状態だと1匹も倒せないことになりますよね（笑）。
岡崎　キングジョーとかほかの怪獣とも戦っていましたから、進んでいた記憶はあるんですよ。必殺技のとこだけ友達にやってもらっていたの

03　1993年にバンダイが発売したアクションゲーム。エレキングやキングジョー、ガッツ星人といった人気怪獣・宇宙人との激闘やカプセル怪獣の使用、アイスラッガーで敵をバラバラにできるなど再現度高し。対戦モードでは怪獣も操作できる。

かもしれないですね。

宇多丸　昔のゲームって今のように画面に入力コマンドが出てきてくれたりしないですもんね。

岡崎　画面では「FINISH！」と煽ってくるんですけど、僕は「どうすんねん！　分からんよ！」ですよ。でも、そんな理不尽な状況に追い込まれても楽しんでいたと思います。

宇多丸　勝敗とか全クリアといった概念でなく、こちらが何かをしたら反応してくれて、それだけで満足……といった感覚だったのかもしれないですね。

岡崎　はい。そこに喜びを感じていたのかもしれないです。

岡崎体育を作った一人っ子ゲームプレイ

岡崎　そして小学校入学時にはプレイステーションを買ってもらい、ソフトもいろいろ買ってもらったんですが、そのなかでいちばんやったのが格闘ゲームの『闘神伝3』[04]です。『1』も『2』もやったことなかったんですけど、ジャケットの絵柄が小学生心をくすぐるようなカッコいいイラストだったんです。プレイしてみるとジャンプして攻撃して……と、すごく目まぐるしく動くゲームで。

宇多丸　さすがプレステ！というか。

岡崎　PSのスピード感に感動して近所の友達とずっとやってましたね。小学校に上がって女性の魅力に気づき始めた頃だったというのも夢中になった理由のひとつです。**このゲームの女性キャラは大体がボン、キュッ、ボン！なんですよ。**しゃがむボタンを押すと結構おパンティが見えるようなキャラクターがいたので、わざとウンコ座りをさせて覗きこんだりしていましたね。そのときは相手の攻撃をガードする気はないです。

宇多丸　（画面を見て）わ、下乳のグラフィックとか、完全に意図的じゃないですか。

岡崎　小学生ながらに興奮していた記憶があり

04　アニメチックなキャラクターが戦う、1996年にタカラが発売した3D対戦格闘。レオタードのエリス、ヘソ出し+ショートパンツのトレーシーなど、女性キャラの中には露出度高めな者も。

ます。

宇多丸　ゲームをやることに、ご両親のご理解はあったほうですかね。

岡崎　結構ゲームは買ってもらっていました。僕が一人っ子ということもあって遊び道具を与えてあげたいという気持ちはあったと思います。

宇多丸　時間制限とかはなかった？

岡崎　僕は自制心のきく子供だったので、とくになかったです。眠たいと思ったら寝るし、お腹がすいたらご飯を食べるし、友達に誘われたら外に遊びに行く。ちゃんと自分でスケジュール管理は出来ていたと思います。

宇多丸　これはこれまでのゲストの方のエピソードから明らかなんですが……なまじ厳しく禁止された方ほど隠れてやったり、ウソをつくことを覚えてしまったり、良くない教育効果が表れるんですよ。岡崎さんの話を聞くと、放任したほうが自己管理できることもある、と。じゃあ、それからはずっと途切れずゲームをやられている感じですか？

岡崎　そうですね。いつの世代も。

宇多丸　でも、そこで挙げられるソフトがビッグタイトルじゃないというのが不思議です。

岡崎　みんながやっていたようなビッグタイトルは苦手でしたね。僕はゲームが上手というわけでなく、好きというだけなので「ココまで進んだ」「あのボスを倒した」といったクラスメイトの話を聞きながら「俺、そこまで行ってへんなあ」って悔しい思いをしていたんですよ。なので**自分だけしか持っていないゲームでひとりで楽しむことが好きでした。**

宇多丸　なるほどね。一人っ子体質としてもよく分かりますし、〝岡崎体育〟っぽいルートを来ているな、という（笑）。

岡崎　ハハハ、卑屈な心が芽生えました。

宇多丸　いやいや、納得！という。

ゲーム中の落雷で忘れられない悲劇が！

宇多丸　そんななかで、さらにハマっていったゲームというと?

岡崎　中学年になった頃、ようやくメジャーゲームに手を出したんですよ。それが『モンスターファーム2』[05]。

宇多丸　『モンスターファーム2』でメジャー……まあ、メジャーですけどね(笑)。

岡崎　アーティストの音楽CDを入れると、そこからモンスターが生成されて、それを育てるというゲームです。親が音楽が好きで家にCDがいっぱいあったので、ピチカート・ファイヴのCDを入れたらすっごい強い「デュラハン」という鎧を着た強いモンスターが出来て。

宇多丸　ピチカート感、全然ない!

岡崎　**全然「東京は夜の7時」感はなかったですね。**これを近所のヨシモトくんと一緒に育てていたんです。たしか台風で学校が休校になった日があって、その日も昼から『モンスターファーム2』をやっていたんです。モンスターもスゴく強くなったんですが、ゲームをやっている途中、**家に落雷しまして。**

宇多丸　えーっ! そんなことあるんだ!!

岡崎　家のヒューズが全部飛んでしまって、コンセントから煙も出ました。僕らも「ヤバいヤバい!」となって、おじいちゃんを呼んでコンセントを引き抜いてもらって。その後にゲームを付けて見たら**データが全部消えていたんですよ。**データ破損というのをここで初めて経験しました。

宇多丸　PSだったらメモリーカードにセーブはしてますよね!?

岡崎　昼から夢中でゲームをやっていたのでセーブをしていなかったんですよ。でも、そこで泣いたり喚いたりはしませんでした。僕たちね、2人で顔を見合わせて笑ってしまったんですよ。**人間ってホンマにツラいとき笑うんやな、と。**

宇多丸　というか、家に直に落雷ですよね!?その経験がスゴいですよ!

岡崎　いまだに同窓会でもヨシモトくんとその話に

05　1999年にテクモが発売した育成ゲーム。ゲーム機に読み込ませたCDの種類に応じて異なるモンスターが誕生するため、プレイヤーはCDを漁り回った。育成も奥深く、ファンからの評価が高い。

なります。（『モンスターファーム2』を手に取って）懐かしいですね。

宇多丸　これは私も1作目からやっておりました。もう音楽活動を始めていた頃なので、自分たちのCDとライバルアーティストのCDでモンスターを作って遊んだりしていましたね。ライムスターとキングギドラとか。

岡崎　なるほど！　ゲームのなかでビーフ（ヒップホップ用語で抗争を意味する）が繰り広げられて。

宇多丸　**当然、キングギドラのほうは雑に育てていました（笑）。**でも、落雷っていうのは普通にゲームをやっているより強烈な思い出ですね。

岡崎　データ破損は皆さん経験あるでしょうけど、その理由が落雷というのはないでしょうね。

宇多丸　落雷、煙、全消え、悲し過ぎての笑い……**これ自体が岡崎さんの曲でありそうな世界ですよね。**ほかにやられていたゲームは？

岡崎　僕が小学生の頃には携帯ゲームが出ていたので『ポケットモンスター』は大好きです。これはもうメジャーマイナー関係なく、ひとつの文化でしたから。何年かおきに新しいシリーズが出ているすごいロングシリーズなので、いまだにやっているタイトルです。

宇多丸　『46億年物語』にせよ『モンスターファーム2』にせよ〝モンスターを育てる〟という一貫した流れはありますね。『ポケモン』と言えば、岡崎さんは主題歌を手掛けられていますよね。これってすごくないですか？

岡崎　もしタイムスリップが出来たら、**当時『ポケモン』のゲームやアニメを観ている僕にいちばんこれを言いたい**ですね。
宇多丸　言ったら「ウソだあ～」となるでしょうね。
岡崎　というか「そんなに太るんスか！」だったりして（笑）。
宇多丸　僕、アニメ主題歌をやられている方を、いつも羨ましいと思っているんですよ。だって、岡崎さんの曲を現体験として育つ子供たちがいっぱいいる、ってことじゃないですか。
岡崎　その子供が大人になって新卒で会社に入り、5月の新入社員歓迎会のカラオケで僕のポケモン主題歌を「懐かしいなあ～」って言いながら歌ったりする……。
宇多丸　そのシチュエーションが細かさが、また岡崎さんだなあ（笑）。そういう嬉しさもありますし、生臭い話で言えば、その子たちが成長して一定の社会的地位を得たら、また一回りして岡崎さんに仕事を振るんですよ！　だから、めちゃめちゃアーティスト需要が伸びる仕事なんです。
岡崎　なるほど。いま若手のディレクターの方とかが、仕事を振ってくれたり。
宇多丸　終身雇用なんですよ！　だから羨ましいという。
岡崎　**最高の福利厚生ですね（笑）。**

自室からメジャーに羽ばたく

宇多丸　自己管理は出来ているとおっしゃっていましたが、ゲームをやり過ぎての〝やらかし〟はありますか？
岡崎　楽しすぎて、音楽仕事の納期を1日遅らせてしまったりとかはあります。
宇多丸　あー、やっぱり出ました！　それ、一番のやらかしです。やっぱ仕事ですからね。
岡崎　最近は仕事に影響を出すようになってしまいました。
宇多丸　でも、1日くらいは優秀なほうですよ。

怒髪天の増子さんはアルバムを遅らせることも普通だそうですから。そしてこの系のやらかしでいちばんはSURFACEの椎名さん。ゲームのやり過ぎでユニットの解散を止められなかったそうですから。1日ぐらいは優秀です！

岡崎　そうですよね（笑）。

宇多丸　お忙しくなったいまも、引き続きゲームはたくさんやられているんですよね。

岡崎　オンラインでよくやっています。家にいて1週間あれば、5〜6日はゲームですね。むしろ今のほうがゲーム熱は高まっています。

宇多丸　ご自宅で音楽作業をやられているわけですよね。そのなかでゲームをやる時間を捻出するのは、大変じゃないですか？

岡崎　そうなんですけど、夜6時から11時までは音楽を作って、11時から深夜2時まではゲームをする、と決めているので。

宇多丸　幼い頃から時間管理には定評のある岡崎さんらしい！

岡崎　オンラインの友達も夜11時にログインする人が多いんですよ。「この時間に集合」とか言ってはないんですけど暗黙の了解が出来ていたので。

宇多丸　現在所有しているゲームハードは？

岡崎　PS4、PS Vita、ニンテンドースイッチ、ゲームキューブ、Wii、NINTENDO64、DS、3DS、スーファミです。よくやっているのはPS4とスイッチとDSですね。

宇多丸　DSでは何を？

岡崎　DSはアドバンスのゲームが出来るようになっているので、昔に出た『ポケットモンスターファイアレッド・リーフグリーン』をやっています。これは初代『ポケモン』赤・緑のリメイク作品なんですよ。

宇多丸　二重に迂回して昔のゲームをやってる感じ。

岡崎　昔のポケモンがやりたいと思って、家の近所で探したんですけど、なかなか売っていなかったり、ソフトにキズが付いていたりしたので、仕方なくDSで稼働させています。

宇多丸　それだけ『ポケモン』初代リメイクをやりたいという気持ちが強かったんですね。

岡崎　ここ2~3か月ずっとやっていますね。でも捕まえにくいポケモンがいまして。サファリゾーンというポケモンがたくさん捕まえらえるエリアがあるんですけど、そこに捕獲率が本当に低い「ラッキー」というポケモンがいるんです。これを4時間半かけて捕まえました。そして、そのときの映像を繋げ合わせてツイッターに投稿したところ**1万「いいね」をもらってバズりました。**

宇多丸　ゲーム実況的なこともやられてるんですよね。

岡崎　自分がゲームをやっているのを見てもらうのは面白いな、と思いまして。初めて投稿したのは大学生の頃でした。当時は岡崎体育をやる前だったので単純にシロウトが趣味で上げている程度で、再生数も200そこらだったんですけど。

宇多丸　プレイしたゲームは何だったんですか？

岡崎　『ワンダと巨像』[06]です。あとプロ野球ゲームの……『白熱プロ野球ガンバリーグ』だったかなあ。これはやったことがなかったんですけど。

宇多丸　なんで思い入れのないゲームを実況しようと思ったんですか？

岡崎　当時のゲーム実況って初めてプレイするゲームを実況するのが主流だったんですよ。

宇多丸　そうか、有野（晋哉）[07]さんじゃないけども、上手くなくてもトライする、というイズム。むしろゲーム実況って最初はそういうテイストだったかもしれないですね。

岡崎　僕もゲーム実況ってそういうものだと思っていて。**見ている人と一緒に同じところでビックリして、同じところで感動して……というのがいいんだと思います。**

宇多丸　実況をされるときはご自宅からやられているんですか？

06　2005年にソニー・コンピュータエンタテインメントから発売された、3Dオープンワールドゲーム。主人公の青年ワンダとして巨像を探し、一体ずつよじ登って倒していく。『ICO』を手掛けた上田文人氏や開発スタッフが続投しており、独特の美術や雰囲気は人気が高い。

07　1972年生まれ、大阪府出身。中学、高校の同級生だった濱口優とお笑いコンビ「よゐこ」を結成。ゲームバラエティ番組『ゲームセンターCX』（フジテレビワンツーネクスト）に「有野課長」として出演、「ゲーム実況の祖」としても知られている。

岡崎　PS4はブロードキャスト機能が付いていて、とくに機材もいらず実況出来るので、よく友達とやっていますね。

宇多丸　岡崎さんの自宅からの発信率がタダゴトではない！という話ですよね。

岡崎　地域密着型というか**自宅の自室密着型（笑）。**

宇多丸　自室から発信されている方は多いですけど、岡崎さんがすごいのは、そのスタイルのまま、メジャーになっているところですよ。

岡崎　そうですね（笑）。

作曲の楽しさをゲームから

宇多丸　先ほどDSの話になりましたが、岡崎さんが作曲に目覚めたのはDSソフトかららしいですね。

岡崎　そうなんですよ。音ゲーも好きだったので中学生のときに『大合奏！バンドブラザーズ』[08]というゲームを買ったんです。それはGLAYさんや浜崎あゆみさんの曲に合わせて演奏するというゲームだったんですけど、サブコンテンツで作曲モードがありまして、そこで自分で作った音を組み合わせ、**ひとつの曲を作るという初めての経験**をしたんです。

宇多丸　もともとゲーム音楽には興味があったんですか？

岡崎　少ない和音で音楽を作り上げるということに興味がありました。ゲーム音楽……とくに日本のゲーム音楽は良作が多いですよね。

宇多丸　これは教育的なモードなんですね。

岡崎　グラフィックもしっかりしていて、DSなのにすごく分かりやすい画面で簡単に作曲が出来るという素晴らしい機能でしたね。**作曲をする楽しさをこれで覚えました。**大学に入ってからDTMソフトを買って実際に作曲を始めるんですが、中学・高校時代にこのゲームで作曲をしていたのでDTMでつまずかず、すんなり入れたので、勉強になりましたね。

宇多丸　『大合奏！バンドブラザーズ』を作っ

08　任天堂が2004年に発売したDS専用音楽ゲーム。J-POPやクラシック、特撮ソングまで様々な楽曲が収録され、自分の好きなパートを選んで演奏できる。作曲機能もあり、任天堂のサーバーに投稿して他のユーザーにも共有できた。

た人が、音楽家としての岡崎体育さんを作ったわけですね！

岡崎　そうですね。作った方にお話を伺ったことがあるんですが「すごく嬉しいです」とおっしゃってくれました。あと**「このゲームで遊んでいた世代のメジャーアーティスト第1号かもしれない」**とも言ってもらったので、僕の故郷のようなゲームですね。

宇多丸　変わったゲーム遍歴とか、DSを通じて培ったDTM感覚とか……岡崎さんには、何か電気グルーヴイズムも通奏低音としてあるのかな、と感じたんですけども。

岡崎　ゲームのなかで音楽を作れたりするのが楽しいんですよね。電気グルーヴ[09]のお2人もゲームを出されたりしていますし、僕も出してみたいという気持ちもありますが、それよりも**架空のゲームのサウンドトラック**を出してみようかなと思っていて。RPGとかで。

宇多丸　岡崎さんの〝作品〟としてアリですね！それをハードのスペック別で作るとかね。

岡崎　スーファミの音源風とか（笑）。

宇多丸　そうそう、時代が進化するにつれ曲のスペックが上がってゴージャスになったり。

岡崎　最終的に生音のオーケストラになったり。

宇多丸　ちょっとJ-POP風にもなったり。もう、それ自体がモダンアート領域じゃないですか。そんなアルバムがあったら聴きたいですね。

岡崎　**すでにストックは何曲かあります。**「魔女の家」とかタイトルだけ考えている曲なんかもありますね。

宇多丸　では、好きなゲームジャンルは？

岡崎　好きなゲームはやっぱりRPG。総じて人生でRPGをやっていた時間は長かったですね。実際、プレイ時間が長ければ長いほど楽しいゲームだと思いますし。

宇多丸　苦手なゲームは？

岡崎　『脳トレ（脳を鍛える大人のDSトレーニング）』ですね。これはもう**「たたき割った**

09 電気グルーヴが手がけたゲームといえば『グルーヴ地獄V』と『バイトヘル2000』。『グルーヴ地獄V』は1998年にプレイステーション用のゲームとしてソニー・ミュージックエンタテインメントより発売。ジャンルは「クソゲー」を自称。次々と流れてくるボールペンにキャップを被せる「ボールペンコウジョウ」などでバイトをして小銭を集め、ガチャガチャをして音源を集めていくという確信犯的な「クソゲー」だった。2005年にPSP用に発売された『バイトヘル2000』はその続編的ゲーム。『グルーヴ地獄V』のバイト部分を強化し、新たなバイトやアイテムが追加された。もちろん前作で人気（？）が高かった「ボールペン工場2」も搭載されている。

ろか!」というくらいです。

宇多丸　苦手なジャンルを聞かれて、即答で『脳トレ』が来る人ってなかなかいませんよ。DS初期の大ヒットソフトですよね。

岡崎　大ヒットしたんですけども……あのポリゴンの川島教授がホントに憎らしくて。**「君の脳はダメだ」といった内容のことをオブラートに包んで言ってくるんですよ。**

宇多丸　登場キャラがアドバイスをくれる、岡崎さん的には好きなタイプのゲームじゃないですか!

岡崎　**川島教授が唯一、苦手なタイプのアドバイザー**ですね。理不尽な点数をつけられたりもしますし。

宇多丸　たしかに、不本意な脳年齢が出てくるとちょっとイラッとしたりしますよね。僕も一時期、それこそ脳の健康のためにと思い毎日やっていましたけど……よく考えると「別に普通に仕事できてるわ!」って。

ゲームの教官は橘慶太

宇多丸　では、今は何をやられているんですか?

岡崎　PS4をやることが多くて、バトロワ系ゲームの『フォートナイト』とかですね。あと街づくりや家づくりが出来る『シティーズ:スカイライン』[10]をやっていました。いちばんやっているのは『FIFA 18』ですかね。

宇多丸　おひとりでやられているんですか?

岡崎　僕がクラブチームのオーナーをしているんです。チームメンバーの総勢は13人くらいかな? プロクラブのチームでディヴィジョンをどんどん上に目指していくというゲームです。

宇多丸　そのチームは強いんですか?

岡崎　弱いです。……あ〜、中の下くらいかな。結構、和気あいあいチームなのであんまりピリピリしていません。

宇多丸　ちなみに橘慶太さんとオンラインゲーム仲間ということですが、一緒にやられている

10 フィンランドのColossal Order社が開発、Paradox Interactiveが2015年に発売した都市開発シミュレーション(国内販売はPS4版のみスパイク・チュンソフト)。プレイヤーは市長となり、交通網やインフラを整備、都市を発展させていくことで、住民が増え、彼らの生活がよりよいものになるよう導く。自由度の高さと、住民ひとりひとりの生活までシミュレートしたリアリティが特徴。

のは『フォートナイト』ですか？

岡崎　そうですね。

宇多丸　橘さんは、音楽と同じく、ゲームに対する姿勢がとにかくストイックですよね。それに非常にロジカルで、「どうやったら勝てるのか？」を突き詰めて考えている。お話を聞いていると、他人に対して厳しい印象があったんですが。

岡崎　そうなんですよね。『フォートナイト』でもデュオといって2人1組で僕と慶太さんがプレイすることがあります。

宇多丸　橘さんの『フォートナイト』エピソードでいうと、例えばワケわかんない動きをしているプレイヤーがいたら、橘さんが「なんであっちへ行ったんですか？　ダメって言いましたよね？」と。それに相手が「いや〜、何も考えてなかった」とか答えると、「……何も考えてない〜？」と詰めてゆく、というようなお話をされていて。

岡崎　その話、されていましたね。**その相手ね、僕です。**

宇多丸　えーっ！　あれは岡崎さんだったんですか!!　僕ね、そのエピソードを聞いて、絶対に慶太くんとは一緒にゲームをしたくない、って思ったんですけど……。岡崎さん的にそれはどうなんですか？　心が折られるじゃないですか。

岡崎　折られるんですけど、同時に感化されるんですよ。彼のゲーム論に寄り添っていくというか……なんていうんですかね、**ラグビー部の怖い顧問にビンタされて付いていくみたいな気持ち**はありますね。

宇多丸　鬼教官を慕って付いていく、みたいな。

岡崎　例えば建物に籠っている状態で足音がしました、と。で、慶太さんが「ちょっと待って。ここはいったん落ち着こう」と指示される。でも僕はガマンが出来ず扉をバーン！　と開けてしまい、敵のショットガンで殺される……ということがあるんですよ。

宇多丸　それ、むちゃくちゃ怒られるシチュエーションじゃないですか！

岡崎　ところが慶太さんは怒らないんですよ。「行っちゃったかあ……」って言うくらいで。でも、それが逆に怖い。カッコ書きで**「(俺の指示を無視して)行っちゃったかあ」**なんですよ。それが心にグサッとくるんですよね。

宇多丸　「あなたレベルのプレイヤーだとこういう行動をとりがちなのは分かるけどね」といった見切りが。

岡崎　かなり見限られた気持ちになりますね。それで「勝手な行動はしないようにします」って言うんですけど……。

宇多丸　僕は『フォートナイト』未プレイなんですけど、指示を無視してしまうくらい、音がすると怖くて出ていってしまうものなんですか？

岡崎　正直、籠っているときの立ち回りが理解できていなくて。「こうなったら出ていったほうが相手のダメージも削れるんじゃないか？」と思ってしまうんです。なので慶太さんにはいつも迷惑をかけています。

宇多丸　その岡崎さんの心理もよく分かんないな(笑)。でも、慶太くんも懲りずにデュオを組んでくれるわけですよね。

岡崎　**まあ、好きなんでしょうね、僕のことが。**

宇多丸　そうかも(笑)。あと、ビシビシ指導することに快感を感じているのかもしれない。

京都サンドバッグス奮戦記

宇多丸　ゲーム界における橘慶太さんを、岡崎さんは**「キング」**と呼んでいるそうですね。

岡崎　これはですね、我々が所属している『FIFA18』の**「京都サンドバッグス」**というサッカーチーム……これはボコボコにされるという意味で付けたチーム名なんですけど、このチームメイトが慶太さんのことを「キング」と呼んでいるんです。

宇多丸　先ほど強さ的には中の下のチームとおっしゃっていましたが、常に勝ちを狙う慶太くんが、それほど強くないチームの中によくいられますね。

岡崎　それでちょっとひと悶着あったんですよねえ。我々はあまり上を目指すチームではないんです。最初は僕と「夜の本気ダンス」というバンドの鈴鹿(秋斗)くん(２０１９年5月30日、6月2日放送回出演)の2人でゲームをやっていたんですけど「プロクラブを作ろう」という話になったところ、慶太さんが「俺もやっているから一緒にやろうよ！」と言ってくれて。で、なんとなくチームに入ってくれたんですよ。

宇多丸　京都サンドバッグスに。**その名前を付けている時点で、イヤな予感はしていてほしかったですけどね（笑）。**

岡崎　そうですね（笑）。入ってはくれたんですけど……これが全く勝てないチームで。最終的にストライカーの慶太さんが2点決め、僕たちディフェンスがやらかして5点入れられるといった試合が何度も続きまして。**まあ、慶太さんが「辞めたい」と。**

宇多丸　ハハハ！　さすがに耐えきれなかった。

岡崎　「俺は上を目指せるチームでやりたいから、悪いけど『ＦＩＦＡ ２０１９』が発売されるタイミングで退団させてほしい」と。

宇多丸　いやあ、辞め方もシビアな男ですねえ。

岡崎　その申し入れに僕たちも「そう……ですね」としか言えなくて。でも、この和気あいあいとしたチームでやる楽しさを何とか伝えたいと思っていたので、出来るだけマッチング待機時間でも「昨日なに食べました？」って慶太さんに話を振ったり。

宇多丸　**機嫌を取って（笑）。**

岡崎　それでもなかなか上手くいかず。そこで、実際のｗ-ｉｎｄｓ.大阪ライヴに、サンドバッグスの左サイドバックをやっている京都のラジオ局のディレクターさんが**菓子折りを持って出向いて行ったんですよ。**ライヴ終わりの楽屋で「今日のライヴ、すごくよかったです！　どうしてもウチのチームに残ってください」と直談判して。

宇多丸　スゴいですね！　実際のサッカーチームの慰留交渉みたい！

岡崎　それに慶太さんの心が動かされ、サンドバッグス残留が決定したんです。

宇多丸　サンドバックスがそこまで慶太くんにこだわる理由は何なんですか？

岡崎　**上手いからです。**

宇多丸　勝ちたいんかい！

岡崎　ちょっとは勝ちたい（笑）。彼しか勝つ術がないので。

宇多丸　じゃあ慶太くんを監督にすればいいんじゃないですか？　指示も上手いじゃないですか。

岡崎　それは……**やっぱ僕のチームなんで。**

宇多丸　何それ!?　勝ちたいけどプライドが許さないという（笑）。めんどくさいなあ。

岡崎　僕が指揮を執りたいところはあります。で、「どこがダメなのか言ってください」と慶太さんに尋ねたところ、かなり辛辣な言葉をもらいまして。「このままじゃ絶対に勝ちあがれないし、俺もホントにいなくなるかもしれない。だから勝てるようなゲームをしなければダメだ」ということで、危険なプレーを絶対に冒さない、セーフティにいくということを教えてもらいました。で、ひたすらパスを回してポゼッションをするサッカーのチームになったんですよ。そのおかげで最近は勝ち越していますね。

宇多丸　守備的なチームになったことによって。

岡崎　なので**キングのアドバイスは的確**だったんだなという。「点は俺が取るから、お前たちは0点におさえてくれ」ということですね。

宇多丸　彼はホントにロジカルにものが見えちゃう人だから、「相手がこう来てるのに、なんでそう動くのよ?」みたいな感じになるんでしょうね。

岡崎　**ホント、レクター博士ですよね。**

宇多丸　でも、和気あいあいがモットーだった京都サンドバッグス的には、守備的サッカーって面白みに欠けるんじゃないですか？

岡崎　これはですねえ……**和気あいあいだったチームがピリついてきてはいます。**

宇多丸　ハハハ！　完全に二律背反じゃないですか！

岡崎　何かを得ると何かを失う、というのはしょうがないことなので。サンドバックスもどんどん空気の悪いチームになっていこうとしています（笑）。

宇多丸　今後のサンドバッグスの動向から目が離せませんね。ちなみに岡崎さんは慶太くんのことを、「人間として最高傑作」とも評されています。

岡崎　そうですね。『ＦＩＦＡ』で「足の速いキャラクターに育てていくとスルーパスとか通りやすいよ」といった話で「じゃあ慶太さんのキャラクターも足を速くしているんですね」と聞いたら「そうだね。実際でも俺、足速いから」って言われたんです。「お、なんか自慢タイム始まるでえ」と思いながら聞いていたら、そのタイムが１００ｍを10秒5と言われまして。もう陸上選手レベル。これはスゴいなと思って。聞けば慶太さん、速く走るための**運動力学を勉強しているんですよ。**どこに筋肉を付ければ速くなるのかを6年研究して、タイムを伸ばしているんです。

宇多丸　はい、レクター博士、出ました！

岡崎　**これは人間として最高傑作であり、いちばんの欠陥人間なのかもしれないな、と。**

宇多丸　……するどい!!　すごい高みを目指している人物のはずなのに、全体としてはなんか「低い」感じもしてしまうという（笑）。これは慶太くんならではの味わいですよね。

岡崎　最高傑作にして最低の男（笑）。

一人っ子の最高傑作

宇多丸　ゲームプレイ時のこだわりなどはありますか？

岡崎　僕はコンパクトなテレビでやりたいんで

すよ。大きい画面でやると眼球の移動がしんどいので、一目で全体が見渡せる小さいモニターの画面でやるというのがこだわりですね。黒目の定位置を決めて、一切眼球を動かさない。

宇多丸　顔としてはヤバい状態ですね（笑）。

岡崎　口とかも半開きになっていますからね。

慶太さんと『フォートナイト』をプレイするとき以外はリラックスする姿勢でやっていますね。飲食だと僕は京都出身なので宇治茶と、それに合う海鮮風味のおかきを用意しています。

宇多丸　ゲームをやる部屋と音楽作業をする部屋は一緒なんですか？

岡崎　今までは別だったんですけど、『FIFA』でチームを作ってからは一緒にしています。なのでノートパソコンで音楽を作って、ノートパソコンを閉じるとモニターがある状況です。

宇多丸　仕事から遊びへゼロタイムで移行できる！　その部屋で実況もされているわけですもんね。

岡崎　僕はおじいちゃん、おばあちゃんと暮らしているので、実況していると、ときどきおばあちゃんがメロンや柿を「食べや」って言いながら入ってくることがありますね。

宇多丸　**実家感〜！**　しかし「一人っ子」「実家」をここまでフルで活かしている人生ってないですよね。

岡崎　**完全に甘やかされたビニールハウスボーイなので。**

宇多丸　いやいや、その状況をここまでポジティブに展開させて、そのままメジャーアーティストとして大成功されていて……こんな人、います!?　すごいですよ！

岡崎　親の脛かじりまくって、親の脛、カサブタだらけになってます。

宇多丸　いや、岡崎さん。これは僕の持論なんですけど……**一人っ子で親の脛をかじるっていうのは、親孝行のうち、ですよ。**

岡崎　あ、僕もそう思ってます！

宇多丸　家に居続けて、しかも好きな仕事に就いている……すごい親孝行じゃね？　あいつらも嬉しいんじゃね？　と。

岡崎　極論言えば、そうですよね。実家にいて好きな仕事が出来ているんですから最高の環境ですよね。

宇多丸　では最後に、ゲームから学んだことは？

岡崎　これは明確にあります。**漢字と熟語と慣用句を覚えました。**幼いときからゲームをやっているんですが、ゲームには学校でまだ学んでいない言葉や漢字がフリガナなしでガンガン出てくるんですよ。「召喚」なんてゲームをやっていなかったら人生で絶対に発していない言葉じゃないですか。**ゲーム以外で召喚をするシチュエーションなんて絶対ないし。**

宇多丸　たしかに「召喚」はないね（笑）。

岡崎　あとはＲＰＧのキャラクターの感動するセリフを実生活で使ったりとかもします。

宇多丸　僕らの世代だとそういう言葉を覚えるメディアはマンガでしたが、岡崎さん世代になるとゲームになるんですね。といったところでお時間です。岡崎さんはお話も上手いし、どのエピソードも面白かったです。うん、**一人っ子の最高傑作、岡崎体育！**

×RHYMESTER UTAMARU MY GAME,MY LIFE

OFFICIAL COMMENTS

番組テーマ曲担当

RAM RIDER

PART 01

放送作家の古川さんから「半年限定でテレビゲームに特化したラジオ番組をやる。MCは宇多丸さん」とDMを戴いたのが今から6年前。テーマ曲制作の依頼を受け、番組に参加した。その後の資料でプレイステーション一社提供と知り、自分の中にある「そこはかとないソニー感」を音で表現することにした。PCMからハードに参入した企業なので8Bitのピコピコ感やFM音源では合わないと思い、当時最新版にアップデートしたばかりだったシンセの音を惜しみなく使って仕上げた。

　その縁もあり、実は初回の三浦大知さんの収録時に僕も立ち会っていた。いきなりニンテンドースイッチの『ゼルダの伝説』の話で盛り上がる2人。だがスポンサー的には全く問題がないという。「テレビゲームの話題で一緒に盛り上がれるならメーカーは問わない」という話を聞いて「ああ、この番組すごく好きだな」とブースの外で思ったのを今でもよく覚えている。結果的にテーマ曲で狙った「ソニー感」は番組の趣旨とは少しピントがズレていたわけだけど、それでもCMとの接続を考えると結構いい感じにまとまったのではと思う。

　当然ながら全てのゲームを遊んでいる人間などこの地球上に存在しないわけで、宇多丸さんは自身の守備範囲外の作品について語るゲストのエピソードも受け止めなければいけない。例えば『ドラクエ』や『FF』などのJ-RPGや初代プレステ以前のタイトル、あるいはもっと

PROFILE **RAM RIDER（らむらいだー）**

1978年7月17日生まれの音楽プロデューサー、ＤＪ。1996年に自主レーベルを立ち上げて音楽活動を開始。以降、多くのアーティストへの楽曲提供、プロデュースを行っている。毎週火曜22時よりインターネットラジオ『オーディオギャラクシー』を配信しており、その「出張版」コラムを雑誌『CONTINUE』で連載中。

若いゲストの方が遊んでいる「あまり殺伐としていないタイプ」のゲーム。だが宇多丸さんが上手に聞き手目線でトークを引き出してくれるおかげで自然とそのゲームを遊んでみたくなるし、話を聞いているうちに彼、彼女の「人生」が少しずつ浮かび上がってくる。

この番組のいいところはゲームの話を通じてそれぞれの生活や人間関係がみえてくるところだ。親や兄妹のこと、今一緒に暮らしているパートナーや家族のこと、あるいは一人暮らしの様子。そしてその人自身がまだ子供だった時のこと。

母子家庭の一人っ子だった僕は夜まで家にひとりでいることが多く、ゲームをする時間に制限がなかった。さっきの話じゃないが、そんな自分にとってファミコンは友人であり、兄弟でもあり、また英単語の意味やスペル、地名、スポーツのルールを教えてくれる父親のような存在だったと今になって思う。無制限で遊べるのでゲームに対する渇望感のようなものがなく、常に満たされていた。そのせいか不思議と勉強も自ら進んでやる子供だった。大人になった今も自己管理しつつゲームと縁の切れない生活をギリギリ続けられているのはそれが理由かもしれない。

番組を愛聴していたある日、番組Pの金井さんからテーマ曲リニューアルの話がきた。その際の制作では「ゲーム番組の音楽」であることは意識しつつ、それ以上にこの番組が、引いてはテレビゲームそのものが「コミュニケーション」である、という僕なりの答えを楽曲に込めた。ボイスサンプルでフレーズを奏でたり、ピアノの伴奏をメインにしてるのはその辺を表現したかったからだ。

制作した曲は2つともお気に入りで、特に初代の方は海外のＤＪでもよく使った。アメリカでもドイツでも番組のことなんて誰も知らないが、とても盛り上がった。「まあ土台がちゃんとつくってありますからね」なんて自負もあり、「あ〜ここになんかゲームに対する熱い想いをラップしてくれる人がいたら、そこにかぶせて自分も歌っちゃったりなんかして、いい曲になりそうだな〜」なんて。

それぐらいの夢をみてもいいですよね？　半年の予定だった番組が5年続き、終了して1年経ってからの書籍化、なんて奇跡も起きるわけですし。

#08

片桐 仁

JIN KATAGIRI

▷▷▷

最長プレイ時間は
バイト時代の96時間。
やっていて面白いのかも
分からないけど、
止められないんです。

2019.4.4-11 O.A

PROFILE

▷▷▷

片桐 仁(かたぎり・じん)

1973年11月27日、埼玉県出身。多摩美術大学時代に小林賢太郎とコントユニット「ラーメンズ」を結成。1999年『爆笑オンエアバトル』(NHK)出演をきっかけに知名度を上げ、その演劇的で独特な世界観をもつコントは多くの芸人に影響を与えた。現在はエレキコミック(今立進、やついいちろう)とのユニット、エレ片としてコントライブを行っているほか、俳優、彫刻家(2001年より個展を開催)など多彩に活躍する。

MY BEST GAME

『クロノ・トリガー』
(スクウェア)

片桐少年とカセットビジョン

宇多丸　この番組には以前、エレキコミックの今立（進）さん（2018年2月14、21日ほか出演）にお越しいただきました。今立さんは相当マニアックな洋ゲーをやり込んでいて、ゲスト史上もっとも僕と趣味があうゲストでした。

片桐　僕は何の話をしているか全然わからなかったです（笑）。でも僕、あんまゲーム知らないですけど大丈夫ですか？

宇多丸　僕もゲーム歴は偏りまくっているので大丈夫です！　まず、ゲームとの出会いは覚えていますか？

片桐　**カセットビジョンです。**クリスマスと誕生日のプレゼントとして買ってもらったんですよ。前にゲーム&ウォッチを買ってもらった越谷のディスカウントショップに行ったところ、そこにカセットビジョンが置いてあって。小学2年生の頃なので相当、早かったと思いますよ。

宇多丸　年齢的にはゲーセン世代ですよね。

片桐　ゲーセンは怖くて行けませんでしたね。それにお小遣いをもらえない家庭だったので1回のゲームに100円、50円をつぎ込むセンスが考えられない！

宇多丸　昔のゲームはすぐ死ぬわりに「高ぇーよ！」でしたよね。

片桐　高すぎ！　ヘタだったからなおさらイヤなんですよ。上手くなるのにも金がいるし。ゲーセンではとにかく人のゲームを見ていましたね。

宇多丸　カセットビジョンは、1981年にエポック社から発売されたファミコンの先駆けといったハード。ゲーセンで「100円も払えねえよ！」と思っている僕ら世代からすれば、**ファミコン以前に「家にゲームセンターが来た！」という感動はカセットビジョンですよね。**

片桐　でもカセットは別に買うということがよく分かっていなかったので本体だけ買って帰っちゃったんですよね。

宇多丸　それまでの家庭用ハードはゲーム内蔵

型でしたからね。分かりますよ、その感覚。

片桐　でもパッケージにいろんなゲームの写真が載っているから、**おかしいなと。**で、本体をよく見たらカセットを入れる穴があったので年明けにお年玉でソフトを買いに行ったんですよ。

宇多丸　良かった！　本体だけで、また1年待つことにならずに済んだんですね。

片桐　本体だけだと何も映らないですから（笑）。それで買ったのが『パクパクモンスター』です。

宇多丸　『パックマン』〝風〟のドットイートゲームですね。

片桐　僕は、その『パックマン』も知らなかったんですよ。『パックマン』はジョイスティックでやるゲームなんですよね。でもカセットビジョンはコントローラーが本体一体型なので操作が難しい！　コントローラー位置を覚えるのに時間がかかりました。

宇多丸　『パックマン』風と言いながら、4ビット機ですからマップも簡略化し過ぎだろう、といった画面で。

片桐　でもこれが面白かったんです。指が真っ赤になるまでやりまくりましたからね。

宇多丸　〝風〟とはいえ、当時『パックマン』を家で出来るのは革命ですよね。

片桐　はい。これと『きこりの与作』だけで友達がみんな家に遊びに来てくれましたから。

宇多丸　『きこりの与作』[01]は木を伐りながら、イノシシやヘビ、そして落下してくる木の実や鳥のフンを避けていくゲームですね。今のコからしたら「何が楽しいんだ！」って思うかもしれないけど。

片桐　でも、ゲーム機を持っている子が学年に何人かしかいないので。

宇多丸　「片桐の家に行けばタダでゲームが出来るぞ！」って。

片桐　そうです。それまでは超合金ブーム時代があって、そのブームが過ぎたら友達が家に来てくれなくなったことがあったんですよ。

01 新日本企画（後のSNK）のアーケードゲーム『与作』（1979年）を、1981年にエポックが移植したもの。木こりの与作が蛇やイノシシ等を避けながら木を切り倒す。原作と違い敵をジャンプで避けられるようになり、かなり遊びやすい。

宇多丸　**友達をオモチャで釣るスタイル（笑）。**じゃあ、カセットビジョンで片桐少年の人気が再燃？

片桐　でも、みんなのほうがゲームが上手いんです。ボタン操作が難しいのに。

宇多丸　今見るとアニメーションも全体的につたないし、ショボイを超えたシュールすぎるシンプルさですけど……なんか可愛い。夢中でやるのは分かりますよ。

パソコンゲームに苦戦苦闘

宇多丸　このカセットビジョンを長くプレイされていたということですね。

片桐　そうです。でもファミコン時代になると瞬く間にクラスにファミコンが広まって、また誰も家に来てくれなくなるんです。

宇多丸　親もいまさらファミコンを買ってくれないでしょ？

片桐　「もうウチにあるだろ！」の一点張りでしたね。そこで6年生の時に買ってもらったのがNECのPC-6601SR[02]というパソコンです。カセットテープのソフトを買ってきてロードする機械に入れ、30分待った挙句エラーが出て出来ないといったことが何度かありましたね。

宇多丸　「マイコン」と呼んでいた時代ですよね。（本体画像を見て）あ、カッコイイ！　小学生の部屋に当時コレあったら超カッコよくないですか？　でもなぜファミコンに行かず、こちらにいっちゃったんでしょう。

片桐　父親が僕に勉強をさせたかったんでしょうね。

宇多丸　当時、定番の理由ですよね。「勉強にも使える」。

片桐　でも僕はゲームがしたいから、やっていたのは『ポートピア連続殺人事件』とか『ピラミッド』。やっとプレイ出来た『マッピー』もローディングしないと出来ませんから。とにかくそこからずっとファミコンのない家庭だったんで

02　1981年に日本電気ホームエレクトロニクスが発売したパソコンで、大ヒットしたPC-6001の後継機。3.5インチFDDや強力なFM音源を備えており、テレビによってはキーボードから操作も可能。愛称は「六本木パソコン」。

すよ。学校へ行くと『ドラゴンクエスト』の話題で持ち切りなんですが全っ部スルー。『ドラクエ』情報を仕入れるのは『週刊少年ジャンプ』のゲーム記事だけでした。

宇多丸　知識だけは溜まっていくと。

片桐　いとこの家に行ってプレイしているのを見せてもらうんですけど、やらせてはくれないんです。退屈なレベル上げだけやらせてもらうことはありましけどね。でも橋を渡ったら強い敵に遭遇しちゃって死んでしまったりして。死ぬと所持金が半分になっちゃうので怒られましたね。**でもこっちはそんなシステム、知らないんですよ。**

宇多丸　友達の家でファミコンをやったりはしなかったんですか?

片桐　やるんだけど、プレイするにはRPGは長いですからね。かといってアクションゲームはヘタなので「貸して!」ってすぐコントローラーを取られちゃう。**そうすると……見る。**

宇多丸　ゲーセン時代に戻りましたね(笑)。でも、パソコンのようなハードを持っていると、それはそれで「やらせてよ」となるんじゃないですか?

片桐　6601はPC-8800シリーズと比べると、だいぶ下位機なんです。しかも6600シリーズはゲームが少なくて。持っている奴もクラスでひとりしかいませんでしたね。

宇多丸　カセットはいくらほどで売られていたんですか?

片桐　4000円くらいしたと思うんですよね。でもローディングの機械も買わなければいけない

し、いちいちお金がかかっていました。

宇多丸　ロード時間はどれくらいかかるんですか？

片桐　30〜40分はかかりました。それでやった『ピラミッド』が、もうどうしていいのか分からないゲームで。「にし　いく」みたいな指示だけで、もうプレイ1日目で手詰まりなんですよ。でも、どうしても分からない人は切手を同封したらメーカーから虎の巻を送られるということだったので……。

宇多丸　攻略本的なものが送られてくる？

片桐　攻略本ではないですね、**〝答え〟です。**A4のコピー用紙4枚ぶんくらいに「分岐はこう」といったやり方が書かれているんです。

宇多丸　**ゲームの醍醐味、台無しですね（笑）。**

片桐　それにカーソルがないから、いちいち文字を打ち込まなければいけなかったので「ゲームってこんなに難しいのか……」と。

宇多丸　ああ、正解の文字を入力しなければいけないんだ。「そんなん子供に分かるか！」って感じですよね。

片桐　『ハイドライド』[03]は3.5インチディスクになったのでロードもなく、すぐプレイできたんですけど、これもどうやったらいいのか分からない。この後、ファミコンへ移植されるんですけど、こちらは簡単になっていて面白いんですよ。「『ハイドライド』がこんなに面白いなんて！」と驚きましたね。それで**「俺が欲しいのはファミコンなんじゃないか？」と。**

宇多丸　結局（笑）。遠回りをしたけど、ファミコンじゃないか、と。すごいですよね、ほかのハードをやり込んだ結論が「ファミコンがいい」！

ファミコンへの飽くなき渇望

片桐　そして中2の頃、友達から「ファミコンを売ってやる」と言われたんですよ。で、毎月千円ずつ払うことになって。でもそいつはなかなか悪いヤツだったんですよ。道で会うたびに

03　アクションRPGの元祖のひとつにあげられる1984年にT&ESOFTが発売したパソコン用ゲームソフト。プレイヤーは若者ジムを操作して、広大なフェアリーランドをめぐり、悪魔バラモスの打倒を目指すというストーリー。PC8801版を皮切りに、いくつものパソコンに向けて移植された。本作を手がけた内藤時浩は、当時天才プログラマーと称されており、「ハイドライド」シリーズはパソコンゲームの人気ブランドだった。

100円取られちゃうような。まあ、それは積み立て金なので別にいいんですけど。

宇多丸　ファミコン代金として、ちゃんとカウントされているんだ。

片桐　ちょっと多めには取られていますけどね（笑）。いくら待てどもファミコンを持って来ない時期が続いたんですが、やっとそいつがファミコンを持って来たんです。でもそれが四角ボタンの古いヴァージョンだったんですよ。本体と一緒に付いてきたゲームも『ゴルフ』『テニス』とか。……当時、1987年とかですよ。もう誰もそんな古いゲームやらない。

宇多丸　もうちょっと待てばスーファミですからね、時代は。

片桐　でも「やっとやれた！」と喜んで『マリオブラザーズ』とかをやっていました。そいつはその後、転校することになるんですが、俺がいないときに家に来てウチの親に「仁ちゃんにファミコンを貸しているので返してもらっていいですか」って言って、そのファミコンを持って行っちゃったんです。

宇多丸　えーっ！　**……それ、極悪じゃね!?**　知能犯というか、僕が知ってる中学生のなかでいちばん悪いヤツですよ、そいつ！

片桐　**6～7千円払わされて手元に何も残らなかった。**で、親同士が知り合いだったので「お前は友達からファミコンを買ったりするヤツなのか！　しかも受験前なのに！」って親から烈火のごとく怒られて。俺は積み立て代金を払って、やっと手に入れたファミコンを持っていかれちゃったのに。

宇多丸　被害者なのに！　こんな可哀そうな話、聞いたことないですよ！

片桐　で、やっと高2になったときにスーファミが出るからということでコバヤシくんという友達がファミコンをくれたんですよ。

宇多丸　全体的に片桐さんの話、可哀そうなんだけど（笑）。あと、常にスタンスが物乞いめいていていて。

片桐　なんだろう、この飽くなきファミコンへの渇望！　コバヤシくんは美術部の親友で「僕は受験に専念したいからファミコンを卒業したい」という立派な理由でした。つきましては「僕の部屋のテレビもあげる」と。

宇多丸　すごいね、その断ち切り方が。

片桐　で、美術部の部室にテレビとファミコンが来て、夢の時代が来るわけですよ。『ドラクエ』の『Ⅲ』をやって『Ⅳ』をやって……と、**大事な時期なのに授業にも出なくなるんです。**

宇多丸　罠じゃん、それ（笑）。家に持って帰るという選択はなかったんですか？

片桐　そうすると父親に怒られるから。「ファミコンは悪だ！　大学へ行くのにファミコンなんて論外！」という考えになっていたので「友だちの家に勉強合宿しに行く」って言って学校に泊まったんです。

宇多丸　ゲームをやるために。

片桐　警備員に見つからないように美術部の真っ暗な部室でテレビに布をかぶせて、ずーっと『ドラクエⅢ』をプレイ。定時制の人たちが帰った22時30分くらいから心細くなるんですけど、そーっと窓を開けてコンビニに行ったりして。これが高2の頃です。

宇多丸　何やってんの（笑）。**そっちのほうがスリリングなゲームですよ。**

片桐　で、朝まで部室にいてやっとレベルが上がって。コバヤシも驚いていましたね、「……お前、泊まったの？」って。

宇多丸　コバヤシくんも、自分が受験に専念するために渡したものが、ここまで人を堕落させるとは！　って衝撃を受けたでしょうし、責任を感じたかもしれない。

片桐　**コバヤシは引いてました。**まあ僕は美大に行くことが決まっていたので。でも予備校には行かないといけないので、そんなとき唯一の楽しみがファミコンでした。

バイト時代に90時間以上プレイ！

宇多丸　でも授業に出ていないと、廃人人生一直線じゃないですか？

片桐　そのまま大学へ行っても落研の部室で『ファイナルファンタジー』を『Ⅳ』、『Ⅴ』、『Ⅵ』とクリアしていましたね。

宇多丸　大学に入っても家ではなく部室で？

片桐　家でやっていたんですけど「部室でやろうよ」とみんなに言われたんです。

宇多丸　僕も早稲田でたまり場がありましたよ。そうなると、学校には行くんだけど授業には出なくなる、という現象が起きますよね。

片桐　その頃、今立がゲーム屋でバイトをしていたんですけど、**自分がクリアしたゲームを録画したVHSテープ**を持ってウチに見せに来ていました。

宇多丸　プレイ動画ビデオ！　そんな面白い話、言ってなかったぞ、今立さん！

片桐　「これ、俺がクリアしたゲームなんですよ」って。

宇多丸　また、見る（笑）。目の前でやってくれるんならまだしも。

片桐　「ここ！　ここを見てほしいんですよ、仁さん！」って巻き戻しをしながら。そして夢のフリーター時代になるわけですよ。週3日、病院の警備員バイトをしていました。

宇多丸　単位を取らなくてもいいし、もうリミッターはありませんね。

片桐　今度は警備室にスーファミを持ち込んで夜勤の間はずっとゲーム。翌朝になっても家に帰らず3日間ず〜っと。高校時代の部室と一緒です。

宇多丸　その、**外に〝巣〟を作るクセ**は何ですか(笑)。思うに、高校時代に隠れてやった快感、やっちゃいけないことをやった快感、さらにはゲームの面白さから出たアドレナリンが、体に刻み付けられちゃっているんでしょうね。

片桐　それが最っ高なんですよね。『FFV』[03]はバックアップ電池が切れていてセーブが出来なかったので「俺はセーブしないで最後まで行く」と、**90数時間連続でやりました。**

宇多丸　え？　えーっ！　……いやいやいや！

04　1992年にスクウェアが発売したRPG。スーパーファミコン版としては2作目となりグラフィック、システムともに大きな進化を遂げた。ジョブに対して固有のアビリティ（得意技）を追加することでキャラクターをカスタマイズ、こだわりのプレイが可能となった。

片桐　だから途中で気絶です。夜6時から朝8時までが警備員タイムで、本来は朝8時になったら帰らなくちゃいけないんです。けど、ずっと警備室にいましたね。

宇多丸　さすがに同僚から何か言われません？

片桐　タイムカードを押して、上手く帰ったように見せかけていたんです。ユルい警備員だったんですよ。それにその部屋は個室で、いるのは僕だけでしたからね。でも、たまに看護師さんがコピー用紙を取りに来ることがあって、そのときは僕もどうしていいのか分からなくて。

宇多丸　いるはずのない片桐さんがいて。しかもゲームをやっているわけですからね（笑）。

片桐　警備員がヒゲぼうぼうでゲームをしている。しかも風呂にも入っていないから臭いんですよ。でも平然と「あ、どうぞー」って「ここの人なんだ」って思われるぐらい普通に対応して。

宇多丸　「気にせず入ってよ」みたいな。許可する側かのように（笑）。

片桐　とにかくやれなかった10年間を取り戻すかのようにゲームをやっていましたね。

宇多丸　育っていく過程でゲームをやれずに飢餓感があった人ほど、そういうおかしなハマりかたをするんですよね。でもこれは、今まで聞いたゲーム話のなかでいちばんヤバいですね。これまでゲストに聞いた長時間プレイのなかでも、90何時間というのは最長じゃないかなあ。

片桐　だってバックアップが取れないからしょうがないですよ。

宇多丸　それが何年頃の話ですか？

片桐　１９９７年。もう芸人デビューはしていますね。

宇多丸　その時期にそんな執念でファミコンを！

片桐　なんならクリアするの3回目でしたからね。

宇多丸　え？　それ、やってて面白いんですか？

片桐　面白くはないよね。だって知っているん

だもん、全部。ストーリーとか、神竜とオメガが強いとかしっかり覚えているし。
宇多丸 じゃあ、やっている最中は楽しいんですか？
片桐 **分からないです。止められない。**
宇多丸 ……依存症！ 治療が必要!!
片桐 でも結婚して子供が生まれてからは子供の手前、そんなプレイは出来ないですね。子供が0歳の頃は奥さんが「ちょっと、出かけてくる」ってなったときは子供をゆりかごに寝かせながら10時間プレイしてましたけど。『ドラクエⅧ』まではそんな感じでしたかね。

長時間プレイは止まらない

宇多丸 その〝止まらない癖〟はいまだにあるんですね？
片桐 あります、あります。台本を覚えなきゃいけなくても、粘土作品の締め切りが迫っていようと、いちどスイッチが入っちゃうとずーっとやっちゃう。
宇多丸 これは完全に身に沁みついた中毒症というか。なんか**片桐さんの目がだんだん怖くなってきましたよ（笑）。**
片桐 ＰＳＰとか携帯ゲーム機でもダメです。電池が切れたらやっとプレイをあきらめる感じですね。ケーブル持ち込みで居酒屋に行って「閉店」と言われるまで『モンスターハンター』をずーっとやっているんです。ヤバいです。
宇多丸 今はお子さんという抑止力があるから止まっているけど。
片桐 「いつまでゲームやっているんだ！ 勉強しろ！」「ゲームは何時間もやるもんじゃないんだ！」って叱ることもあるけど、どのツラ下げて言っているんだっていう。
宇多丸 お子さんが出来るまで、ずっと脱せなかったんですか？
片桐 そうです。それまではレベル99にしたり、武器を全部買わなければ気が済まない。僕、とにかくＲＰＧが好きで。

宇多丸　カンスト癖だ！

片桐　別にクリア後に何かあるわけでもないんですけど、やっちゃうんですね。あと僕、RPGでもホントに操作がヘタなんですよ。塔を歩いていたらすぐ落ちたり、歩くとダメージを受ける床とかも全部踏んじゃう。だからクリアまで余計に時間がかかるんです（笑）。しかも方向オンチなので『ウィザードリィ』系の3D視点のゲームは全く出来ないです。『トルネコの大冒険 不思議のダンジョン』[05]もギリアウトくらいでしたね。

宇多丸　オープンワールド的なゲームだと難しくなってくる。やっぱ昔の2Dのマップが肌に合っているんですね。

片桐　『ドラクエⅧ』もひとつめの町でもうパニックになったので攻略本を買いました。やっぱり町を上から見た図がないとダメです。

宇多丸　じゃあ、今立さんや僕がやっているようなゲームもダメですね。

片桐　どこへ行っていいのか分からなくなるので怖いです。でも、やっているのを見るのは好きですけどね。

宇多丸　また見る（笑）。その後、今立さんのプレイを見せられたことはないんですか？

片桐　ないですね。でも『超魔界村』[06]を「ダチ（今立）くん、ちょっとやってくれないか」と、5時間くらいプレイしてもらったことはあります。僕は途中で寝ちゃったんですけど、「仁さん、クリアしました！」という今立の言葉で「ああ～、クリアしたの～」って起きて。

宇多丸　……その行動、一体なに？

片桐　分からないですよ。**今立を好き過ぎる、というのはありますね。**

宇多丸　ゲームをやるのは自分じゃなくてもいいんだ、と。強迫観念ですよ、もはや。ということで、片桐さんにゲームソフトを渡すのは危険、ということが分かりました！

05　1993年にチュンソフトから発売。『ドラクエⅣ』に登場した商人トルネコとなって、入るたびに地形や敵・アイテムの配置が変化し、何度でも新鮮に楽しめるダンジョンに挑む。『ローグ』（1980年）のゲーム性をベースに日本のゲームファン向けにアレンジした、現在も数多くリリースされる「ローグライク」と呼ばれる作品群の中でも先駆けと言えるタイトル。

06　1991年にカプコンが発売したアクションゲームで、『大魔界村』の続編。前作から上下撃ちがなくなったが2段ジャンプが追加、鎧の種類も増えた。「主人公アーサーがダメージを受けるとパンツ一丁」や「2周目以降でクリア可能」の仕様は健在だ。

アーティスト片桐、VRに衝撃

宇多丸　そんな片桐さんに、番組恒例、お土産があります。ソフト、どーん！　プレイステーションクラシック、どーん！

片桐　え！　これ、もらっていいんですか？

宇多丸　喜んでますけど、コバヤシ君にファミコンを貰ったときと同じ状態になってしまうかもしれないですよ（笑）。

片桐　僕の家には〝巣〟がないので。でも今は、どこに籠っていてもバレちゃいますね（笑）。

宇多丸　廃人というか廃生物まで行きかけましたからね。片桐さんのそのゲームに対する渇望、転じて依存症。**ラジオの前の親御さんに言っておきます。禁止すると余計にやります！**

片桐　そうですよ。門限の厳しい家の娘は遊び人になる、といったね。

宇多丸　では、いまどんな感じでゲームに接しているのか、所有されているゲームハードから伺いたいと思います。

片桐　PS4、ニンテンドースイッチ、子供がPS VitaとPS3DSを持っています。PS4では『モンハンワールド』を子供がやっていますけど『ワールド』は優しいですね。弱い時はハブられて泣いたりしていたんですけど『ワールド』は優しいですね。

宇多丸　でも、オープンワールドだから片桐さんは苦手なんじゃないですか？

片桐　だから、僕は観ているだけで充分です。

宇多丸　**また見ているモードに（笑）。**でも、見ているだけでも楽しいですもんね。

片桐　『人食いの大鷲トリコ』も観ているのが楽しかったですね。あと、VRソフトの『PlayStation VR WORLDS』の『オーシャン ディセント』を子供がやっていたんですが、サメが襲ってくるとこ、超怖かったですよ。

宇多丸　VRソフト多しといえども、恐怖という点であのサメはね！

片桐　VRの未来感はスゴいじゃないですか。僕は『テトリス・エフェクト』[07]でそれを感じま

---

07 Enhance Gamesが2018年に発売。没入感を重視し、神秘的なイメージやプレイヤーの操作に対応した音響によってゲームに集中できる。パズルゲームとしては珍しくVRに対応。タイトルの由来となった、極度にテトリスへ集中した体験を味わえる。

したね。

宇多丸　周りの景色が３Ｄ映像になっている『テトリス』ですね。

片桐　開発の方に聞いたら「集中力を高めたいときにやるといい」そうです。リラックス効果も活性効果もあるんですよ。ただ、トリップしちゃうのでゲームからなかなか抜けられないんですけどね。

宇多丸　片桐さんのような**〝入り込み癖〟**のある人にはヤバいクチじゃないですか？

片桐　だから、おでこを汗でビチョビチョにしながらやっています。ハイスコアを取ろうという気持ちはあまりなくて、それよりもブロックがハマった瞬間の爽快感がスゴいんです。『テトリス』がたまごっちサイズになったのが10年ほど前ですよね。そこからまだ楽しめるようにするんだ、って感心しました。

宇多丸　片桐さんなら、アーティストとしてＶＲを使って何かやってみたくなったりするんじゃないですか？

片桐　**３Ｄデータというものに興味があります。**方向オンチなので街中の３Ｄはかなりタイヘンなんですけど、それでも作品のデータを３Ｄで取れるじゃないですか。それを見ると「大きくしたい」「動かしたい」とか思いますね。

宇多丸　片桐さんの粘土作品をベースに、いろんなことが出来そうですよね。

片桐　はい。自分の作品集であり美術館でありパビリオンのようなゲーム性のあるものって出来ないかなあ、って思うんですよね。ディズニーランドのようなお金をかけなくても、そのデータ内だったら出来るんじゃないかと。

宇多丸　片桐仁ワールドというか。

片桐　昔から**「ギリニーランド」**を作りたいという思いはあるので。以前、知人にショートアニメを作ってもらう機会があったんですが、「これをすごい３ＤのＶＲで見たら最高にいいじゃない！」と思いましたね。

宇多丸　これはそのうち片桐仁初のＶＲ作品として実現してほしいですね。

お笑い芸人でガンダムゲームプレイ

宇多丸　RPGがお好きということでしたが、苦手なジャンルは？

片桐　RPG以外です。シューティングできない、格闘ゲームはもちろん出来ない、さらにシミュレーションも苦手。好きな人は好きなんでしょうけどね。

宇多丸　片桐さんが好きな『機動戦士ガンダム』もシミュレーションゲームになっていますよね。

片桐　唯一ハマったガンダムゲームは『機動戦士ガンダム 連邦vs.ジオンDX』[08]ですね。芸人のあいだで流行って、芸人仲間と夜中にやったこともあります。「僕はガンダム使いますけど、みんなはそれ以外で」って。だいぶガンダムが有利なんですけど（笑）。で、**「これで優勝した人が東京のお笑いのリーダーね」と（笑）。**

宇多丸　なんで『ガンダム』でお笑いのことを決めるんだよっていう（笑）。

片桐　しかもみんな全然売れていない時だったので「なんでお前が言うんだよ！」ですよ。でも、**そこで優勝したのがバナナマンの設楽（統）さん。**……ちょっと今、そんな存在になってますよね（笑）。

宇多丸　間違いない！　インカム的に言っても設楽さんは今やトップクラスですもんね。これは片桐さんの宣言のおかげかもしれない。その後、設楽さんにそのお話はされました？

片桐　してないかも。でも、設楽さんはもともとリーダーシップのある方ですし、バナナマンって2人ともアニキ感があるんです。懐も広いし、みんなが慕うコンビだったんですよ。

宇多丸　ほかに芸人さんとやられたゲームは？　例えば『モンハン』とか。

片桐　『モンハン』は苦手なんですよ。でも「仁さんでも大丈夫な狩猟笛という武器があるよ」と教えられまして。吹くとみんなの体力が回復するので僕は隣の部屋にいて、**みんながやられ**

08　2001年にバンダイが発売。人型兵器モビルスーツの戦力差をコストで表現。量産機ザクは低性能だが低コストで、撃墜されても何度も再出撃可能。ガンダムはその逆で、ミスが大きく響く。

そうになったら笛を吹くんです。 みんながモンスターを倒し、収穫のときになったら行くといった。『モンハン』は2回死んでしまうとダメなので僕は「ちょっと、どいていて」ってなりますね。

宇多丸　オンラインゲームは責任が生じるという点がね！　そうしたら『アンセム』というゲームは責任感は薄いのでオススメですよ。僕もアクションは上手くなくて責任を負うのがイヤだから「オンラインはイヤだ」って言っていたんですけど、これは4人チームでいくんですよ。

片桐　でも4人のうちの1人となると責任重大ですよ、大体。

宇多丸　いや！　これがね、責任を負わなくていいシステムになっているんです。どれだけ下手でもやればやるだけ経験値が溜まっていくので周りの強い人たちとミッションに参加していれば確実に経験値がもらえるんですよ。

片桐　その上手い人たちから舌打ちされる感覚はないですか？

宇多丸　こっちがダメでも、必ずバックアップが生じるようになっているのですごくいいんですよ。それにロボットだからガンダム好きの片桐さんにもオススメです！

『クロノ・トリガー』は元祖・転生モノ!?

宇多丸　そんな片桐さんのマイベストゲームは？

片桐　考えたんですけど……『クロノ・トリガー』[09]。スクウェアとエニックスがまだ合併する前に『ドラクエ』スタッフが手掛けたゲームです。

宇多丸　ドリームチームですよね。

片桐　ストーリーも面白いです。いろんな時代をタイムマシンで行ったり来たりしながら仲間を増やしていき、ダンジョンをクリアしていくという。このゲームといえば**「強くてニューゲーム」**という言葉ですよね。一回クリアをしたら

09　1995年にスクウェアより発売されたRPG。『FF』の坂口博信氏や野村哲也氏、『ドラクエ』の堀井雄二氏や鳥山明氏などが参加するドリームチームで制作された、タイムトラベルによる時を超えた冒険を描く不朽の名作。いわゆる「強くてニューゲーム」をシステムとしていち早く取り入れたタイトルでもある。

そのレベルのままアタマからプレイ出来るんですよ。だから始めてすぐクリア出来たりもする。そうすると違うエンディングが見られるんですよ。あとは1回しか拾えない大事なアイテムを2回目でも回収して2個持てたりとか。今のアニメに「オタクがファンタジーワールドに転生したら最強になってモテる」というジャンルがあるんですけど、**あれの元だと思うんですよね。**

宇多丸　そういう発想の源かもしれない、と。

片桐　オタクなので現実世界はウソでありたい。**ゲーム世界がホントでありたいんですよ。**週3日警備員のアルバイトをして風呂無しアパートに住んでもう5年。「俺はどうなるんだ？」というときに「強くてニューゲーム」なんですよ。

宇多丸　「本来の俺はこうじゃないはずだ！」というときに、人生のタイムラインをもう一度、経験値だけ持ち越して生き直すことが出来る、という感覚ですね。

片桐　宝箱を現代ステージで開けずに未来で空ければもっといいものになる、といった仕掛けもあって。ほかにも3人での合体技があったりと楽しいんです。もういつまでやるんだというくらいやっていましたね。

宇多丸　くり返し何週も出来る面白みが仕掛けられている、と。ただし、理想の人生を夢想することも出来るけど、やり込むほどに実人生の時間は食いつぶされていく、という現実もあって……ってもう、**『マトリックス』ですよね。**『クロノ・トリガー』も当時やり込んだんですか？

片桐　スーファミで2回やって、PS版もやりました。これはオタクの夢なんですよね。

地獄絵図のプレイスタイル！

宇多丸　96時間という「普通の人間は死にます」という破格のタイムを出した片桐さんですが、ゲームプレイ時の姿勢やセッティングでこだわりはありますか？

片桐　VRじゃないですけど、仰向けで出来るようグラストロンでやっています。でも寝ちゃうんですよね。

宇多丸　**人間、横臥すると眠りに入りやすいという問題が（笑）。**ちなみに警備員時代はどういう姿勢でやられていたんですか？

片桐　ストレッチャー……車輪の付いたベッドですよね。あれに寝ながらプレイしていました。

で、テレビは下のほうに置いてあったので。枕部分から首を垂らすんです。だから**ベッドから体が半分ガタンと落ちちゃったような体勢**ですね。

宇多丸　その体勢で96時間？　それ、首がおかしくなくなりません？

片桐　どうやったらラクにやっていられるかだけを考えていたので。首が痛くなったら逆を向くんです。

宇多丸　**とにかく異常なエピソードしかないです！**　じゃあ先ほど伺ったヒゲぼうぼうの片桐さんの姿というのは、ストレッチャーで寝ながら首を垂らした状態だったんですね？

片桐　**だからもう患者です！**　「点滴してくんねえかな」なんて思ってました

から。

宇多丸　飲食はどうしていたんですか？

片桐　ポットがあったのでカップラーメンを。でもトイレに行くと内緒でいることがバレてしまうので、ほぼ食べていないです！　それにストレッチャーで寝ているとあんまりお腹が減らないんですよ。

宇多丸　たしかにフィジカルはそんなに使っていないから、エネルギーも消費していない(笑)。

片桐　お腹の下に枕を置いて8〜9時間は食事をしない。飲み物もほぼ飲まなかったですね。

宇多丸　聞いているとね、看護婦さん視点の画ヅラがどんどんヒドくなっていくんですよ。風呂に入っていない、ヒゲぼうぼう……歯は磨くんですか？

片桐　磨かないです。

宇多丸　**もう、地獄絵図！**　ホラーだよね、ホント。そこから戻ってこられてホント良かった。

片桐　ホント良かったです！　そのときは「俺は一生このままなんだろうな……」と思っていましたからね。だから『マトリックス』を観たときに羨ましかったですよ。寝ていながら管のようなものを付けて……。

宇多丸　栄養補給や排便もやってくれて。それでいて夢の世界に生きているわけだから。

片桐　ほぼアレです！　**栄養をもらえていないだけ！**

宇多丸　それが地獄じゃねえか！　いや〜、人間ってそこまでいけるんだ。すごいわ。極北まで行った人の話を聞けました。さっき『アンセム』をオススメしちゃったんだけど、あのゲーム、サクッと何回もプレイ出来ちゃうから……。

片桐　あああああ〜危険だなあ〜。オンラインゲームだと、あとは『フォートナイト』を番組でやらせてもらいましたね。でも全っ然出来なかったんですよ。あのゲームが上手いと、めちゃくちゃカッコイイんですけど、ボタンの扱いがもう分からない。子供がやっているのを見ていると、いとも簡単にやるから。

宇多丸　今は片桐さんの時代にはなかったゲームのプレイ実況を見るという楽しみ方がデフォルトでありますから。もう、見ているだけもいいんじゃないですかね。今立さんのプレイ映像を見せられたのも、**ある意味、先取りですよ（笑）。**

片桐　本人が真横で解説してくれますから。まあ、僕がやったこともないゲームなんですけど。

片桐仁は電脳世界で夢を見る

宇多丸　片桐さんは俳優としても活躍されていますが、今はゲームに出演も出来るじゃないですか。出演したいゲームはありますか？

片桐　でっかい自分で出たいですね。僕がガンダム好きなのは「ガンダムに乗りたい」ではなく**「ガンダムになりたい」**なんですよ。ゲームの操作がヘタだから、そもそもガンダムの操縦が出来る気がしないですし。

宇多丸　たしかに二足歩行の人間型ロボットって、ホントにあったとしたら操作系どうなってんだ、というのはありますけど。

片桐　『機動武闘伝Gガンダム』のようにパイロットが動いたとおりに動くガンダムもあるんですけど、あれは格闘家にならないといけないので、それも出来ない。

宇多丸　リアルな体の動きを反映させる系のゲームも今はたくさんありますけど、個人的には「体を動かしたくないからゲームをやってんだろ！」と思わなくもない。

片桐　そう、本末転倒なんですよ。動かしたらスポーツになりますからね。**本当の意味で〝eのスポーツ〟。**俺は『マトリックス』の羊水に浸りたいんですよ。

宇多丸　『マトリックス』はディストピア的な世界として描かれていますが……ああいう生き方を望む人だって出てくるよね、きっと。映画『インセプション』で、アヘン窟で夢装置に浸ったままの人たちが出てきますが、あの状態ですよね。ただそうなると廃人……というか廃生物ですけど。

片桐　でも実際の姿は違うわけじゃないですか、ゲームの世界では。

宇多丸　**いま言った「実際」って何？　どっち？（笑）。**

片桐　僕、台本を覚えるのがイヤなので、脳にセリフを直接インストールしたいんですよ。早くそんな電脳時代が来てくれ、と思ってます。

宇多丸　でも、それが誰にでもやれてしまうような時代には、もう俳優という職業はいらなくなってたりして……それに、頸椎にジャックインするのはなかなか怖いと思いますけど、それでもガンガンいく？

片桐　台本を覚えられなくなっていますからね。背に腹は変えられないというか。

宇多丸　そういう意味では、僕、ＶＲのエロ的進化が、人間に死の恐怖を超えさせると思っているんですよ。

片桐　どういうことですか？

宇多丸　ウイルスに感染する危険性があっても、みんなパソコンでエロサイトを見ちゃったりするわけじゃないですか。それと同じで、どんなリスクがあっても、最新スペックのエロがそこにあればやっちゃう人はやっちゃうだろ、と。なので、頸椎にガチャーン！　の世界はあり得ますよ。で、最終的には羊水の中。でもその状態って、警備員時代の片桐さんに近いかもしれませんね。

片桐　**今もそうかもしれないですし。**

宇多丸　ヘタするといま話している片桐さんは実はヴァーチャルで、本当の片桐さんは、いまも警備員室のストレッチャーの上かもしれない（笑）。『ドラえもん』の物語は、全てのび太が病室のベッド上で見ていた夢だった……という都市伝説版『ドラえもん』最終回のようでスゴいですね。じゃあ、この番組も本当は片桐仁が警備室で見ている……。

片桐　**夢。**子供のプレイを見て「最高だなぁ～」って思ってたら「……え！　まだ98年なの!?」って。

宇多丸　仮にこれがヴァーチャルだったとしても、楽しかったです！　そんな片桐さんに最後の質問です。ゲームから学んだことは？

片桐　何を学んだんだろう……。自分の可能性やポテンシャルを……違うなあ。こんなにヤバい自分になれるんだという……これも違うか。う〜ん……。

宇多丸　でもさ！　警備室に隠れて96時間起きてプレイして、**「人間、いくところまでいける！」**というのはありますよね。

片桐　あります！　何日なのか何曜日なのか分からなくなりますし。そんなヤベー奴が警備員として「このへんってオバケ地帯だよなあ〜」って病院を巡回しているんですよ。何でクビにならなかったんだろう、と思います。

宇多丸　患者さんから見たら片桐さんがオバケですよ！　この時代の話だけで小説が書けますね。では、ゲームの未来はこうなってほしい、といった思いはありますか？

片桐　そうですね……**未来になればなるほどアナログの存在が出てくる**、というか。今のコたちでもボードゲームとかをやるんですよね。

宇多丸　いまやブームですよね。オンラインもその変種だと思うんですけど、結局〝**対人が面白い**〟というところに戻ってくる部分はあると思うんです。確かに決まりきった動きしかしないAIは物足りないところもありますから。

片桐　僕は人が嫌いで人に会いたくなかった部分もあるんですよ。それでもアナログに戻ってくるんですよね。友達とやっていたのが面白かったという原体験があるから。

宇多丸　ゲーム実況を見るのが流行っているのも、人のフィルターを通して見るのが面白い、という感覚があると思います。あと僕としては、片桐さん作品のVR、ぜひ実現してほしいですね。

片桐　3Dデータを取ることは出来るので。ソニーさん、ギリニーランドをお願いします！

宮部みゆき

MIYUKI MIYABE

#9

▷▷▷

35歳でゲーム一年生。周りからいろんな助言をいただきました。やらないゲームの攻略本を読むのも楽しいです。

2019.9.12-19 O.A

PROFILE

▷▷▷

宮部みゆき(みやべ・みゆき)

1960年12月30日、東京都出身の小説家。1987年、『我らが隣人の犯罪』でのオール讀物推理小説新人賞をはじめ文学界で数々の賞を受賞。『クロスファイア』(2001年/東宝)、『茂七の事件簿 ふしぎ草紙』(2001年ほか/NHK)、『ソロモンの偽証』(2015年/松竹)など映像化作品も多数。2003年発表のファンタジー小説『ブレイブ・ストーリー』はニンテンドーDS、PS2などでゲーム化されている。

MY BEST GAME

『ソウル・サクリファイス』
(ソニー・コンピュータエンタテインメント)

『トルネコの大冒険』でゲーム開眼

宇多丸　今夜のゲストは小説家の宮部みゆきさんです。いらっしゃいませ！　はじめましてですね。

宮部　おじゃまします。**私は『タマフル』からのリスナー**なので宇多丸さんとは「はじめまして」という感じではないんですけど（笑）。

宇多丸　うわ～、宮部さんから『タマフル』という単語が出るとは……ありがとうございます！　宮部さんのゲーム好きは有名ですよね。ではまず、どのくらいからテレビゲームをやられていたんでしょう？

宮部　これが遅くて32歳からなんです。作家デビューをして会社員を辞め、完全に専業作家になっていたんですけど、ちょっと体調を崩して弱ってしまい「少し休んだほうがいい」と言われたんです。もともと本が好きですから休んでいるときに本を読みたいんですけど、本を読んでいると休んでいる自分がすごく後ろめたくなるんです。新聞で同期作家の新刊広告を見ただけでも動揺していましたから。

宇多丸　分かる気がします。

宮部　映画も好きなのでレンタルビデオでミステリものを観るんですが、そこでも仕事のことを考えちゃうんですね。そこで綾辻行人[01]さんに「いい気分転換ないかしら」と相談したところ**「テレビゲームをやりなよ」と教えてくれて。**でも私はインベーダーブームのときでさえゲームに関心のなかった人だから「出来ない」と言ったところ「まずはスーパーファミコンと『トルネコの大冒険 不思議のダンジョン』を買っておいで。慣れていなくてもコツコツやれるから」と言われたんです。

宇多丸　なるほど。RPGだったら自分のペースでコツコツ出来ますもんね。

宮部　それでスーファミと『トルネコ』を買ってきたら、これがすごく楽しかったんです。それまでは家族が『スーパーマリオブラザーズ』をやっているのを見ていたくらいだったんで

01　1960年、京都府生まれの推理作家。1987年『十角館の殺人』で作家デビュー。以降、〝新本格ミステリの旗手〟として活躍。代表作はシロウト探偵・島田潔が活躍する「館シリーズ」。1998年、アスクより発売されたPS用ソフト『ナイトメア・プロジェクト YAKATA』は、綾辻氏が原作・原案・脚本・監修を担当したサウンドノベル……ではなく、なんとモンスターと戦いつつ館を進んでいくRPG（！）だ。

す。でも自分でやるとすぐゲームオーバー。ファミコン時代は操作が難しかったですね。

宇多丸　今のゲームと比べて判定もシビアですからね。瞬殺ですから。

宮部　『トルネコ』も最初のうちは「ばくだん岩」に殺されてはいたんですけどね（笑）。『トルネコ』は最初のクリア条件が「しあわせの箱」を持ち帰ることで、その箱の中身は〇〇〇〇〇（ネタバレ／以下同）なんです。これを開けると〇〇が出てきてエンディングの素敵なメロディが流れるんです。これは泣けました。

宇多丸　たしかにクリアのご褒美として粋（いき）ですよね。でも『トルネコ』って、いちど死んだら最初からとか、それなりにシビアなところもありますよね。

宮部　でもほかのＲＰＧをやっていなかったので、イチからやり直すことに抵抗がなかったんですね。

宇多丸　なるほど！　あと、とにかく時間があるから没入できるし。

宮部　体調が良くなってくると「散歩をしなさい」と言われるんですけど、散歩から帰ってきてまた『トルネコ』をコツコツとプレイ。**最低限の仕事と生活に必要なこと以外は『トルネコ』でした。**

宇多丸　生活に組み込まれたんですね。では、そこからゲームにハマっていかれた感じですか？

宮部　ええ。有名なスーファミソフトはかたっぱしからやろう、と。次は『ゼルダの伝説 神々のトライフォース』[02]でした。難しかったんですけど、今でも私にとって神ゲーですね。ちょっとずつやっていって出来るようになっていくことが楽しくて！「ダンジョンがクリア出来た」「ボスが倒せた」と、そのたびに感動なんですよね。これもエンディングで泣きました。

宇多丸　それだけ没入されると周りの人から「ちょっとハマりすぎじゃないか？」って心配されませんでしたか？

宮部　大丈夫でした。だんだん元気になって

02　スーパーファミコン向けに開発された『ゼルダの伝説』シリーズ。リンクが広大なハイラル王国をめぐり、大魔王ガノンと戦う。ダンジョンに仕掛けられた謎を解いて、次のフィールドに進むという手ごたえのあるシステムが、多くのゲームファンを魅了した。本作から、主人公のリンクは回転斬りができるようになり、以降のシリーズにおいて欠かせない技となる。村の中にいるコッコ（ニワトリ）を攻撃すると、大量のコッコに反撃されたり、フィールドの草を刈ってルピー（お金）を集めたりと、さまざまな楽しい要素が散りばめられていた。１９９１年に任天堂がスーパーファミリコンピュータ用に発売した傑作。

いって新しい楽しみも出来たのでより元気になって。私、もともと本を読んでいても没入するタイプなので、**ゲームも本を読むようにプレイをするんです。**私が一切オンラインゲームをやらないのはオンラインではそういうプレイが出来ないためです。オンラインはコミュニケーション活動ですから、また違うもの。なのでホントにひとりで解けるゲームしかやらないですね。

宇多丸　とくにこの時代のＲＰＧはストーリー性が大きいですもんね。

宮部　謎解き要素もね。私、『ファイナルファンタジーⅦ』が感動的だったので、そこからシリーズを後戻りしていったんです。『Ⅴ』や『Ⅵ』も、たまらないんですよね。

宇多丸　それはすごいな。スペックが進化したタイトルから、作品を遡っても楽しまれている。それって**作家的想像力**かもしれないですね。

宮部　『ＦＦ』は音楽も素晴らしいし……ともかくゲームを通していろいろなことに目を開かれました。この時期にスーファミに出逢ってなかったら、『トルネコ』という入りやすいゲームをプレイしていなかったら、今の作家としてのキャリアはないんじゃないかと思います。

宇多丸　いや、最初にやったのがクソゲーじゃなくて本当に良かったです！

ゲーム一年生とゲームの先生

宮部　『タクティクスオウガ』[03]もやりました。ポスターが素晴らしかったので「これをやりたい」と綾辻さんに相談してみたところ「あれはシミュレーションＲＰＧで相当ハードルが高いから、もうちょっとほかのゲームで慣れたほうがいいよ」と言われたんですが、どうしてもやりたかったので「でも、がんばる！」とプレイを始めたんです。で、**最初のクリアまで1年半かかったんですよ。**

宇多丸　1年半！

宮部　やっとクリアしたんですけど、大事な

03　クエストが1995年に発売したシミュレーションＲＰＧ。泥沼の民族紛争の最中、主人公と姉が動乱の渦に巻き込まれる。姉にはとある秘密があり、主人公に執着。扱いを間違えると敵対するばかりか死亡してバッドエンドに。

キャラがひとり死んでいまして、バッドエンディングだったんです。その瞬間「絶対に絶対に、いいエンディングを見てやる！」と思いましたね。そこで綾辻さんから**「攻略本を買いなさい」**とアドバイスをもらったんです。

宇多丸　すごいですね、このイチから学んでいく感じ。

宮部　気分は小学1年生でしたね（笑）。そこから1年かけて可能なかぎり仲間に出来るキャラを全部仲間にしてグッドエンディングにいきました。

宇多丸　1年かけてリベンジ、というのは大河小説級ですね。「このキャラが欠けているからこうなったんだな」というのが宮部さんらしいというか。小説家として「正しく物語を語らねば」という欲求にだけは逆らえない、的な。

宮部　誰かを仲間にし損ねたからエンディングが変わる、というのはテレビゲームならではですよね。小説も映画もマンガもそんなことはない。だから私はあそこでゲームの原体験に近いことを体験したんですね。しかも『タクティクスオウガ』はマルチエンディングで、その選択肢の全部がもっともらしいんですよ！

宇多丸　どっちにいっても良さそうな感じがする。

宮部　ミステリの場合は回答は1つですけども、そこで「1つでなくてもいいんじゃないか？違う道があっても納得してもらえるよう書かなければいけないのかな」と思うようになりました。そこから私の書く作品が長くなり始めるんです。はしっこのキャラまでスゴく書き込むようになったんですよ。**これはゲームの影響です。**

宇多丸　それほど『タクティクスオウガ』のハマり体験は大きかったということですね。でもゲーム開眼2年目でそこまでたどりつけたのはすごい進歩ですよね。

宮部　でも周りはハラハラしていましたよ。綾辻さんに**「『スーパーメトロイド』[04]をやりたい」**と言い出したときには「……ちょっと無理なんじゃないかなあ」って（笑）。

04　1994年に任天堂がスーパーファミリコンピュータ用に発売。異星に潜むメトロイドを倒すため、バウンティハンターのサムス・アランが単身で攻め込んでいく、サイドビュー（横視点）型のアクション。マップに隠されたアイテムを入手していくことで、サムスが身に着けるパワードスーツが強化され、新しいフィールドへ薦めるようになる。ファミリーコンピュータディスクシステム用として生まれた『メトロイド』シリーズの3作目であり、シリーズ最高レベルの完成度を誇っている。

宇多丸　ハハハ！　良かったです、いいマスターがいて。

宮部　「どうしてもやりたいなら迷わないよう、まず攻略本を買ってきてね。かなり難しいゲームだけど任天堂さんのゲームはバランスが良いから『もう諦めてやめよう』と思っても『あと1回チャレンジしてみよう』ってときにクリアが出来るんだよ」とアドバイスいただいて。そのおかげでクリア出来ました！

宇多丸　『スーパーマリオ』が苦手な方が！　それは世界観が良かったからですか？　僕はゲームにハマるのに大事なポイントは、その世界観が好きかどうか、と思っていて。

宮部　おっしゃるとおりだと思います。例えばストーリー的に「どうしてこのキャラを殺しちゃうの？」と思うことがあっても**世界観に共感できたら最後までいけますよね。**

愛読書は攻略本

宇多丸　ゲームをやられてきて、印象的だったことはありますか？

宮部　ゲームファンになってから迎えた**1995年の次世代ゲーム機戦争。**プレイステーション、セガサターン、どちらを買おうか？という、あのお祭り騒ぎは忘れられないですね。その後もITや世界のエンタテインメントが大きくジャンプアップする節目があったと思うんですけど、このときは特別だった気がするんです。

宇多丸　あの時代のクオリティのジャンプはただごとではなかったですよね。

宮部　グラフィックも「これ映画じゃなくて？」といったね。あのときゲームを好きになっていて良かったと思いました。

宇多丸　『トルネコ』の後ですから、そう思われるまでわずか2年という。

宮部　PSを買う前には『Dの食卓』というアドベンチャーゲームをやりたくて3DOを買っているんです。あと、この頃はゲームクリエイターの方がずいぶん本を出されていらしたので、かたっぱしから読みました。

宇多丸　飯野賢治さんとかですね。当時すごくメディアに出られていましたね。

宮部　それからゲーム雑誌を買い始めたんです。今でも私の書庫には当時の『ザ・プレイステーション』（ソフトバンク）、『電撃ＰｌａｙＳｔａｔｉｏｎ』（角川書店）のバックナンバーが全部とってあります。７、８年前までは攻略本も買っていて、**やらないゲームの攻略本まで買っていました。**

宇多丸　やらないゲームの攻略本を？

宮部　攻略本を読む楽しみ、というのがありまして。

宇多丸　さすが！　……と言うべきか分かりませんけど、攻略本というジャンルそのものが好きになられた？

宮部　なので周りのゲーム好きの方に「結局、本が好きなんだね」と呆れられたことがあります（笑）。

宇多丸　そちらもまだ蔵書されているんですか？

宮部　はい。**400コンテンツくらいあります。**

宇多丸　それ、専門店よりあるんじゃないですか？　野暮な質問かもしれませんが、やっていないゲームの攻略本を読む面白みというのはどこにあるんですか？

宮部　あのね、ストーリーが際きわのところまで分かるように書いてあるんですよ。ここでライターさんの腕前が出るんです。興味をそそるように書いてくれているか、もしくは「このゲームは縁がないな」と思ってしまうか……そこに醍醐味があるんです。**「この人が書いていたら問答無用で買う！」という方は3人ほどいました。**

宇多丸　当時、攻略本を書かれていたライターさんは冷や汗ものですね、宮部さんにそういう読まれ方をされていたと知ったら。……リスナーから「私は設定資料集を読むのが好き」というメールが届いているようです。

宮部　私と同じ守備範囲の方がいらした！　私

05　1997年にスクウェアより発売した『サガ』シリーズ初のプレイステーション用タイトル。「閃き」などが存在する、シリーズ独自のやりごたえに満ちた戦闘・育成システムは継承しつつ、7人の主人公それぞれに異なるストーリーが用意されていたりと、物語面が強化されている。主人公が8人に増えたリマスター版も発売中。

は設定資料とともに独自のミニ小説が書かれているものが大好きでした。『サガ フロンティア』[05]の設定資料集の中で、すごく上手い小説が書かれているんですよ。このゲームは主人公が7人いてマルチエンディングなんです。その小説では主人公たちや各話ごとの登場人物を全員登場させて、ちょっとパロディっぽさもありながら、ちゃんとした小説になっているんです。「この方は才能がある人だなあ」と思いました。「私もゲームの小説版を書きたい！」と触発されたくらい素晴らしかったです。

宇多丸　それはもしかして『ＩＣＯ』[06]の小説版を書かれるきっかけに？

宮部　**はい。確実に動機となっています。**

宇多丸　へえええええ。その小説を書かれた人の耳にこの話が入ったら嬉しいでしょうね。ひょっとしたら後に名を成した方が、当時、下請けで受けた仕事という可能性もありますよね。

宮部　作家になられていても不思議ではないくらい上手でした。

宇多丸　（スタッフから報告を受け）……え～、作者の方はベニー松山さん。ゲーム書籍で有名な方ということです。

宮部　あらまあ、やっぱし！　素晴らしかったです。とっても楽しませていただきました。

長い長いプレイになる理由

宇多丸　そんな宮部さん、『メタルギアソリッド』のエッセイを書かれています。

宮部　私、遅いファンだったんですけど「それでもいいので」ということで思いの丈を書かせていただきました。でも小島（秀夫）監督には申し訳ないんですけど『3』で止まってしまって。リビングレジェンドのスネークが、私が操作するとドジでマヌケになってしまうので申し訳なくて申し訳なくて……。

宇多丸　『3』は、ちょっとステルスが難しくなっているから心が折れる感じは分かります。

06　2001年にソニー・コンピュータエンタテインメントより発売、ゲームデザイナー上田文人氏の名を世界に知らしめたPS2初期の名作。角が生えた少年イコを操作して、言葉が通じない少女ヨルダとともに古城からの脱出を目指す。「手を繋ぐ」アクションにより安心感や愛おしさ、翻って孤独さえプレイヤーに感じさせ、その衝撃は後年のゲームクリエイターにも大いに影響を与えた。

アンケートではさらにたくさんのゲームタイトルを書いていただいているので、どんどんいきましょう!

宮部　『幻想水滸伝』[07]との出会いも大きかったですね。108人のキャラを集めるという楽しみ。これはかなりトリッキーな条件を満たさないと集められないんですよ。

宇多丸　そうなると攻略本必須。

宮部　その攻略本に載っている登場人物のバックグラウンドが面白かったりするんです。

宇多丸　クリアするだけでなくゲーム設定資料まで押さえるわけだから、**通常のゲーマーよりカンストしていますよね。**[08]

宮部　あ、私は必ずレベルを99まで上げます。隠しアイテムも全部取りますし、隠しボスも全部倒します。「これはあまり私好みじゃないかもしれない」といったゲームでも**RPGなら最低3周はします。**

宇多丸　好きでなくても3周ですか!

宮部　ストーリーが好きでなくてもゲームとして良く出来ているものがありますから。あとバトルが楽しかったり、好きなシーンがあるとやってしまいますね。1周目は早くエンディングが見たくてレベル50〜60くらいでクリアしてしまうんです。でもそうすると隠しボスを倒せないので2周目はもっとレベルを上げてクリア。そして3周目で取りこぼした要素を全部回収するんです。

宇多丸　あの〜、お話を伺っていると、**いつ仕事をされているんだろう?**　という気になってくるんですが。

宮部　昔、ホームページでプレイ日記を書いていたんです。『幻想水滸伝』のことなんてものすごくたくさん書いたので、それを読まれた方から「仕事してください」とよく言われました(笑)。

宇多丸　ファンの方もですが、なにより編集者さんは気が気じゃないでしょう!

宮部　作家の仕事は基本ひとりでコツコツやるものなので。健康を崩さないよう日常生活を

07　1995年にコナミが発売したRPG。水滸伝がベースで、最大108人のキャラを集められる……が、中には特定キャラを仲間にして話す、正しい選択肢を選ぶ、特定アイテムを装備する、町人たちに正しい順番で話すなど、かなり難しい条件も。

08　カウンターストップの略。得点や能力値が高くなりすぎ、ゲームで扱える限界を越えたということ。ゲームをカンストさせるのはゲーマーの誉。ここでは宮部氏のマニアックさが高まり過ぎて計測しきれない状態になったという意味。

送って、ちゃんと睡眠時間も取れば、あとはもうすべてゲーム！

宇多丸　たしかに仕事で移動がないぶん無駄はないですね。

宮部　『ＦＦⅦ』のときは5周目クリアしたけどまだやりたかったので、その日のノルマぶんを書いたその瞬間、電源を入れていました。

宇多丸　ゲームをやりたいから仕事の能率が上がるタイプなんですね。

宮部　これは私がいい歳になってからゲームにハマったから出来るんですよね。もっと子供の頃に『バイオハザード』に出会ってしまっていたら……学校に行かなくなっていたかもしれない。だからゲームと遅くに出会って良かったと思います。

宇多丸　実は僕も遅めなので分かります。**若いときに出会っていたら一切ほかのことをしていなかった自信がありますね。**

宮部　いまは子供さんがゲームでコミュニケーションをすることも大事。ゲームだけの楽しみがあるから「やるな」とは言わないけど時間を制限することは必要かな、とは思います。

宇多丸　ただ、宮部さん。これまでのゲストのお話を聞くと、制限があった人ほど大人になったときに歯止めがきかなくなる、という厄介な現象がありまして……。

宮部　はあ〜、**時間の大人買い**ですね。

宇多丸　さすが！　上手い表現です！

宮部　でもね、自然にほかの楽しみを見つけるときがあると思うんですよ。今の子供さんたちの周りにはいろんな娯楽が揃っていますから。「小学生の頃はゲームばっかりやっていたけど、中学生になったら映画ばかり観ている」なんてお子さんも出てくるかもしれないですよ。

ホラーもパズルもコツコツと

宇多丸　先ほど『バイオハザード』の名前が出てきましたが、アクション性の高いゲームもやられるんですね。

宮部　ヘタなんですけど『バイオ』は確実に〝覚えゲー〟なので「やられたらまた立ち上がる！」という千本ノックです。攻略本や雑誌は何種類も買います。ライターさんによって攻略のコツが違いますから。いちばんどヘタ向きに書かれている人の記事に出会うのを待ちながら少しずつ少しずつ進むんです。

宇多丸　実況動画を観る感覚ですね。

宮部　そう、いま私、実況動画を観るのが趣味なんですよ。そうやってちょっとずつ上手くなってクリアするんですね。**どヘタがああいうゲームをクリアするときの喜びって上手な方にはきっとお分かりにならないです。**

宇多丸　『バイオ』はずっとやられているんですか？

宮部　『バイオ5』までやったんですが、これはクリアに相当苦労しました。オートセーブになったので〈前にセーブしたポイントに戻って少し強くなってからやり直す〉という私の進め方が出来なくなってしまったんですよ。それで『バイオ』は上手い人のプレイを見せてもらおうかな」となったんですね。

宇多丸　**ある程度の難易度より先のゲームは「実況を観たほうが楽しい」**という感覚、僕も最近、実感しています。じゃあホラーゲームもお好きなんですね。

宮部　ホラーは映画もゲームも好きなんですけど怖がりです。『クロックタワー』[09]は今でもトラウマですね。

宇多丸　あ〜、ひたすら追いかけまわされますからね。

宮部　逃げるしかないんで。最初にプレイしたとき早々に車のキーが見つかったので「これで逃げられる！」と思ったら逃げられなかったので、ものすごくハートが傷つきました（笑）。

宇多丸　あれはホラー映画で〝間違った選択をしてしまった登場人物〟の追体験ですよね。

宮部　ビジュアルが良くなった続編が出ていますけど、私は最初のスーファミ版がいちばん怖い気がするんですよね。

09　館の中で取り残された少女が、巨大なハサミを持った殺人鬼に追われる、逃走型のアクションゲーム。ダリオ・アルジェント監督のホラー映画『フェノミナ』のオマージュが強く、ホラー映画のヒロインを操作しているような楽しさが味わえる。1995年にヒューマンがスーパーファミリコンピュータ用に発売。本作でディレクターを務めた河野一二三は、その後もオリジナリティあふれる傑作を何本も手掛けている。

宇多丸　分かります。あのゲームは2D的表現がなんとなく合っているんですよね。あと、3DOでやられていたのが『アローン・イン・ザ・ダーク』。

宮部　これは『バイオ』のヒントになったと言われているフランス製のゲームで、洋ゲーでよくある、すごく不親切な一撃死があったりするんですけど、クトゥルー神話を下敷きにしているストーリーだったので、なかなか楽しめました。

宇多丸　まさに、世界観が好きなら多少キツくても楽しくプレイできる、という一例。ほかに、パズルゲームもやられていたということですが。

宮部　はい。きっかけは[10]『ことばのパズル　もじぴったん』でした。

宇多丸　『もじぴったん』はホントに面白いですよね！

宮部　よく出来てますよね。私、**すべての面で高得点を出せる魔法の言葉を発見したんですよ。**

宇多丸　万能ワードを？　それは何ですか？

宮部　「満場一致（まんじょういっち）」と入れると、ほぼどんなステージでも金の冠が取れます。

宇多丸　へえええ～！　なんスか、その小説家にしか見つけられない裏技！　ひさしぶりにやりたくなってきたぁ～。

宮部　私、いまでも半身浴をしながらプレイしてますよ。

宇多丸　パズルゲームって無心で出来る良さもありますが、言葉のパズルだから同時に頭も使いますよね。

宮部　でも仕事とは違う頭の使い方なんだろうな、と思います。

宇多丸　しかし本当にいろんなゲームにトライされていますね。

宮部　ゲームショップの店長さんが「面白いよ」と教えてくれたもの、ゲーム誌で「特報！」と書かれているタイトルは軒並み。もういい歳に

10 ナムコが2001年に発売。いわば「正解が一つじゃないクロスワードパズル」で、文字を空欄に入れて成立した言葉は全て評価される。8文字の「まんじょういっち」はかなりの高得点。

なっていたので大人買いです（笑）。

ゲームの世界観を読む

宇多丸　あと、シューティングとかもやられるんですよね。

宮部　PS初期の名作に『フィロソマ』[11]というゲームがあるんです。あまり知られていないタイトルなんですが素晴らしいです。

宇多丸　どんなゲームですか？

宮部　SFホラーでエイリアンもの。SOSが来て宇宙海兵隊のような人が救助に行くんですけど、そこで遭遇するエイリアンと戦い、どんどん謎の惑星の核心部に潜っていくんです。でもどんどんクルーが撃ち落されて数が減っていって……。

宇多丸　というようにストーリーもしっかりしている。

宮部　そして世界観設定もしっかりしている。

宇多丸　（ゲーム動画を観ながら）画面が横スクロールになったり、奥行き系になったりするんですね。これもなかなか難しそうですけど……。

宮部　でも、シューティング好きの方に「根気よく覚えれば宮部さんでもクリア出来るよ」と言われたので、1年のうち3カ月ぶんを捧げてクリアしました。このゲームで**「惑星遭難を申請する」**というセリフがあるんですが、「惑星遭難」というワードがカッコ良くて今でも覚えています。

宇多丸　星ごと遭難している、と。世界観もハードでカッコイイですね。わ、『スター・ウォーズ ジェダイの帰還』のクライマックスのようなシーンが……1995年の作品にしてこの映像、すごいわ！

宮部　初期のPSのスペックを目いっぱい使っていると思うんですよ。

宇多丸　そして、この年のタイトルでは『パンツァードラグーン』[12]も挙げられています。

宮部　これはもう……セガサターンのゲームは

11 1995年にソニー・コンピュータエンタテインメントが発売した初代PS用シューティングゲーム。自機の当たり判定が大きく動きが遅くて遊びやすくないが、「シネマティック・シューティング」と称する通りムービーやストーリーは凝りに凝っている。

12 1995年にセガから発売されたセガサターン向けの3Dシューティングゲーム。ドラゴンライダーのカイルとなって、ドラゴンの背に乗り、迫り来るサンドワームといった生物、古代兵器や、帝国軍の戦艦などを撃ち落としていく。空間を活かした表現により、ゲーム業界への3D時代の到来を予感させたタイトル。

みんな難しいですよねえ〜。これもSFモノでストーリーが知りたかったんですよ。

宇多丸　そんななか、マイベストゲームをひとつ挙げるとしたら何になりますか？

宮部　いやあ……決められないですねえ〜。

宇多丸　決められないかあ、この感じは（笑）。だって**全部のゲームをすごい熱量でやられていますもんね。**

宮部　全部に思い出がありますから。ちょっと前だったらウチのスタッフと一緒にPS Vitaの『ソウル・サクリファイス』[13]にハマっていましたね。このゲームは中世ヨーロッパを舞台にしたアクションゲームで、魔法使いが魔物を狩るんですけど、世界設定や個別のストーリー設定が素晴らしいんですよ。しかも「なぜこの魔物が誕生してしまったか？」といった由来の書かれた短編小説が入っているんですね。

宇多丸　ゲームの中にですか？

宮部　はい。これがホント素晴らしいんです！　大変、力のある方が書かれているんでしょう。

宇多丸　**やはり書き手に注目。**読み物的すごさもある、と。

宮部　ゲーム性も高いですし、PS Vitaだから操作性も良い、そして音楽も素晴らしい。特徴としては主人公のステータスを上げていくとき勝ち得たエネルギーを「聖」と「魔」に振ることが出来るんですよ。

宇多丸　悪キャラにもなれる、と。

宮部　私は小心な人なので50・50で振ったんですけど、聖1・魔99で振ると、ザコ敵のつぶてが当たっただけで死んじゃうんですが、そのかわりめちゃくちゃ強くなるんですよ。

宇多丸　え？　死にやすいけど……？

宮部　聖は防御力、魔は攻撃力なんですね。

宇多丸　ああ、なるほど。じゃあ聖だけ上げてもどうしょうもないですね。

宮部　このゲームは通信も出来ますので、強い人に来てもらって自分をバックアップ役にする、というやり方もあります。このゲームは超オススメです！

13　2013年にソニー・コンピュータエンタテインメントより発売されたPS Vita向けハンティングアクションゲーム。ダークファンタジーの世界観が特徴で、多彩な魔法を駆使したアクションや、敵モンスター及び仲間を「救済／生贄」いずれの対象とするか選択できるといった独自要素が取り入れられている。

宇多丸　そしてゲーム内で小説を書かれた方、**宮部みゆきさんが絶賛されてますよ！　あなた、文才アリです‼**

ゲームを書くということ

宇多丸　そんな宮部さんも、『ＩＣＯ』で小説を書かれていますよね。

宮部　私の場合は完全にゲームの評価が固まっているところにファンとして「ノベライズをやらせてください」とお願いしたので。こちらのわがままを聞いてくださったＳＣＥの方に今でも感謝しています。

宇多丸　そう言われたらソニーさんのチームも恐縮しますよ。宮部さんに書いていただけるんなら、それはね！　でも、『ＩＣＯ』って明快な言語がないゲームですよね。

宮部　はい、寡黙なゲームです。

宇多丸　だからこそ、その余白を埋める余地があったということですよね。

宮部　私、『ＩＣＯ』のお話をノベライズすることが出来て幸せだったんですが、逆に何年か経ったあとファンの皆さんには申し訳なかったな、と思うようになって。

宇多丸　それはどういうことでしょう。

宮部　**それぞれのプレイヤーに『ＩＣＯ』の世界観とストーリーがあるわけで、**それをジャマしてしまったかもしれないな、って。

宇多丸　ああ、宮部さんという〝ひとつの選択肢〟になるから。でも宮部さんのゲーム愛からしたらファンも納得でしょう。

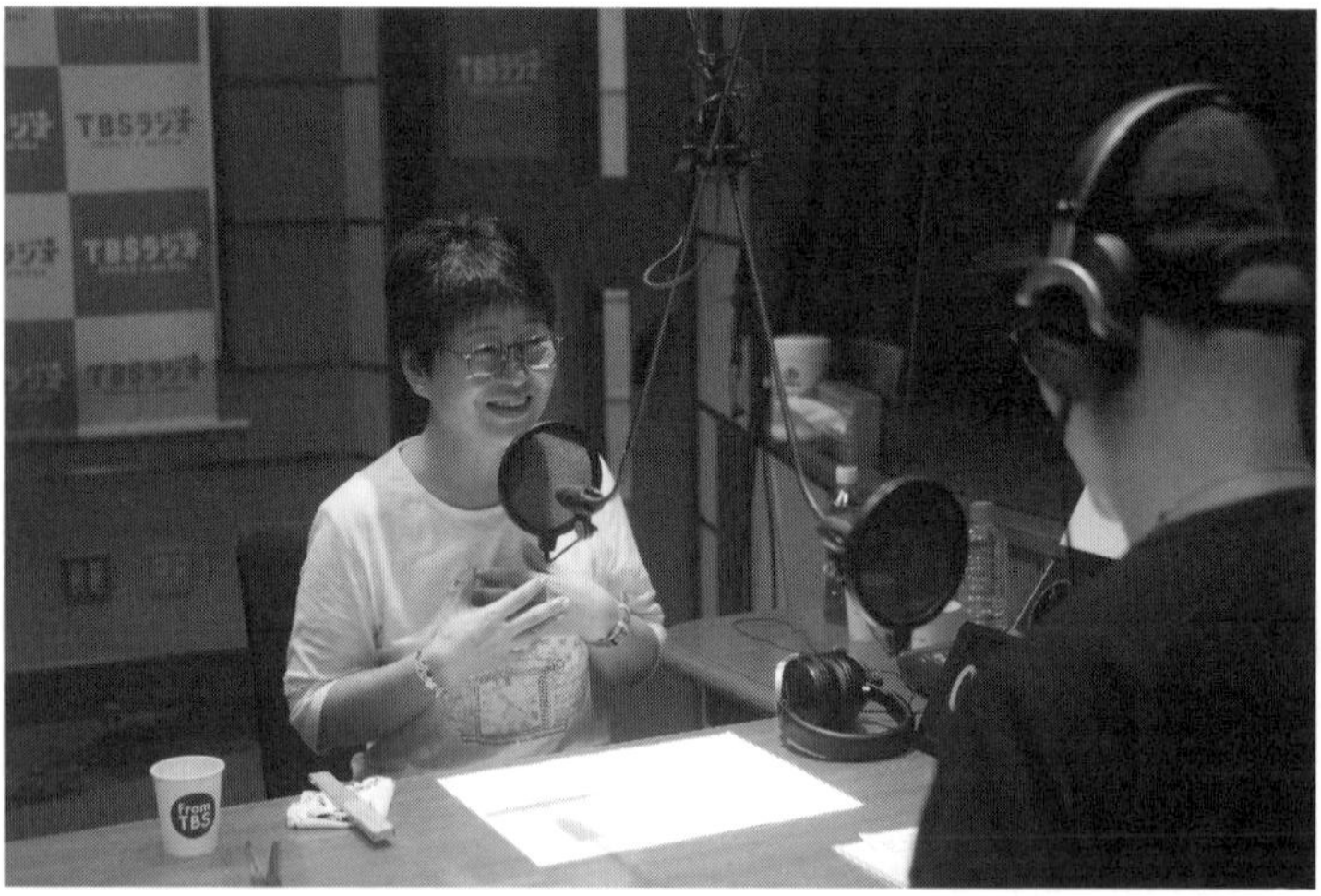

宮部　許してもらえたかなあ。

宇多丸　では、今はどんなゲームハードを持たれているんですか？

宮部　すぐ出せる状態にあるのはゲームキューブ、３ＤＳ、好きなソフトがあるＧＢアドバンス、それと家族でワイワイやるときのスイッチです。

宇多丸　ゲームキューブがまだ稼動しているんですね。

宮部　リメイク版『バイオ』、『バイオ４』をクリアしたのはゲームキューブ版なんです。ゲームキューブはメモリーカードなんですね。コツコツ苦労してクリアして射撃場にいりびたって強くした武器があるメモリーカードを使いたいんですよね。

宇多丸　ということは、ＰＳ４には手を出していない？

宮部　『ＦＦⅦ　ＲＥＭＡＫＥ』が出るので悩んだんですけど、家族が持っているので見せてもらおうかなあ、って。

宇多丸　ゲーム実況などゲームプレイを観ることが多くなってきたんですね。

宮部　それが楽しみで、毎日いろんなものを観ています。三上真司さんが作られた『サイコブレイク』とかサバイバルホラー系を観ることが多いですね。ＲＰＧは名場面のムービーが詰まっているものを観ます。例えば『ＦＦＸ』の召喚獣召喚シーンとか。

宇多丸　新しいゲームをやることは少なくなった？

宮部　『ファイアーエムブレム　エコーズ　もうひとりの英雄王』[14]は３ＤＳで出来ますのでプレイしていますけども、昔ほど「まずエンディングを見よう！」とはならなくなりました。やっているのはパズルゲーム。

宇多丸　パズルでは何をやられているんでしょう。

宮部　私、３ＤＳの『立体ピクロス』に**血ヘドを吐くほどハマった**ことがありまして。比喩ではありますが、それほどがんばりました。

14 任天堂から2017年に発売された3DS専用タイトルで、シリーズ2作目『ファイアーエムブレム外伝』（1992年）のリメイク作。一度クリアしたマップでの新たな戦闘イベントの発生、あらゆる兵種にクラスチェンジできる「村人」ユニットの存在、3Dダンジョンの探索など、ユニークな要素が多数取り入れられた、シリーズきっての異色作。

宇多丸　体調を崩されるほど！　これは縦・横で数字を合わせてマス目を埋めていくパズルゲームですね。

宮部　正しいところを埋めていくとオブジェが出てくるんです。目は疲れるんですけど、仕事で使っている脳の部位とは違うところを動かすと思うので、ボケ防止にもいいだろうと思って。

宇多丸　数字を見るだけでキツいときもありますよね。

宮部　なので仕事で使っているものより一段階強い老眼鏡をかけ、ときには腰に腰痛防止用ベルトを巻いてやりますね。

宇多丸　**アスリート的な準備までして（笑）。**たしかに、この番組でもよく出てくる言葉です。脳を休めるためには、そのまま寝るだけではダメで……。

宮部　違うことをする。

宇多丸　そうなんですよ。まさにそういうことかもしれないですね。

宮部　家族にも「昔はパズルゲーム、やんなかったよね」って不思議がられるんです。紙媒体のクロスワードもやっていませんでしたから。でもなんだろう、ずっと小説を書いてきて脳が成熟もしたけど疲れてもきた。それを違う方法でストレッチするためにパズルをやっているのかなあ、と思いますね。

ゲームを観る楽しみ

宇多丸　お気に入りのゲーム配信者とか、いらっしゃいますか？

宮部　ホラーゲームをやられているガッチマンさん。もちろんお上手で見せるところも親切。それに実況にユーモアがあって面白いんです。ものすごく怖いゲームでもすっとぼけたコメントをしながら進んでくれるのでホラーが苦手な方でも観られるんですね。

宇多丸　ホラーはゲームも映画も好きだけど、怖すぎるのはイヤなんですね。

宮部　ダメです。そういうものを観てしまったら、その晩は電気を点けて寝ます。

宇多丸　でも、ホラーをいちばん楽しんでいるのは怖がっている人ですから、いいと思います！　ちなみに、やらないゲームの攻略本も読まれていた宮部さんですが、やらないゲームの実況も観られるんですか？

宮部　はい。自分ではとても出来ないゲーム、あとゲームの隠し要素をまとめてアップしてくださる方がいると観ます。宇多丸さんが『ラスト・オブ・アス』が素晴らしい」とおっしゃっていたので、このプレイ動画も観ました。あれは映画ですね。

宇多丸　ストーリーも素晴らしいですよね！

宮部　世界と彼女、どちらが重いか？って、ものすごくシビアな問いじゃないですか。強く触発されるものがありました。

宇多丸　創作の意味においても。それは良かったです。では、ゲームジャンルで好きなものと苦手なものは……という質問なんですが、好きなのはやっぱりRPGになるんですかね。

宮部　と、パズル。**なんらかのかたちで物語性があるもの、まったく物語から離れたもの。その両方が好きですね。**

宇多丸　アンケートで挙げていないものでいえば格闘ゲーム。こちらが苦手なものになりますか？

宮部　でもPSで『ソウルエッジ』はやったんです。あのゲームもバックストーリーがしっかりしているので。これでも私、成美那（ソン・ミナ）使いなんですよ。『ストリートファイターII』はやってはいないんですけど、**4コママンガが充実しているので単行本を集めていました。**だからキャラのことは全員知っています。

宇多丸　マンガですか！　また違う角度からきましたね（笑）。では、スポーツゲームはどうですか？

宮部　以前ゲームライターの方と対談したときに「本を読むようにゲームをしたいのでオンラインはしない」と話したところ「じゃあスポーツゲームはしないでしょう。オンラインはスポーツゲームと似ているんですよ」と言われて。オンラインはスポーツ同様、大勢の人間とコミュニケーションを取りながらプレイしますよね。なので「スポーツが苦手ならオンラインはやらないほうがいいです」と教えていただきました。

宇多丸　宮部さん、つねに周りにいい指導者が現れますね。

宮部　そう。**いい先輩、良きメンター（助言者）に恵まれました。**

宇多丸　「ここはまだステージ早いよ〜」とか。

宮部　それを振り切ってやったりしていたんですけど（笑）。でもゲームでイヤな思いをしたことはないですね。

プレイスタイルの境目は『バイオ４』

宇多丸　綾辻さんなど、小説家の方とゲームの話はされますか？

宮部　みんな今はオンラインしているのかなあ。

宇多丸　じゃあ、例えば『モンスターハンター』シリーズとかは？

宮部　『モンハン』はウチのスタッフが何千時間も費やして友達とやっていました。スゴく幸せそうで私もやろうか迷ったんですけど、この世界に踏み込むと本当に仕事しなくなるかもしれない、と断念しました。でも『ＦＦⅩⅢ』のボス戦一歩手前に『モンハン』っぽいモンスター狩り要素があって、それは全モンスター倒しましたよ。でも、この『ＦＦⅩⅢ』で自分でプレイするのは止めよう、となりまして。やはり体力も落ちてきているので。

宇多丸　今のゲームは全体マップが広いですし、カンストは難しくなっていますよね。

宮部　隠しボスもすごく強くなっているので協力プレイでないと無理ですし。

宇多丸　ちなみに小説家の方では、大沢在昌[15]さんにゲストでお越しいただいています。**宮部**　大沢さんもすごくゲームがお好きでしたね。大

15　１９５６年生まれ、愛知県出身の小説家。娯楽性・社会性を両立させたハードボイルド小説、冒険小説など多数執筆。代表作の『新宿鮫』シリーズなどで直木賞など多くの賞を受賞している。番組ゲストとしては２０１９年５月２日、９日放送回に出演。宇多丸と「ドラクエ・ＦＦ論」を展開した。

沢さんご自身がタッチした『アンダーカバー』[16]というゲームもありますから。いっときゲーム好き作家の方はずいぶんゲームシナリオに関わられていましたね。私はゲームシナリオにタッチすることはなかったんですけども。

宇多丸　でも当然、宮部さんにもお話がきたでしょう?

宮部　映画は好きだけど映画のシナリオは書けない、というのと一緒ですね。もしゲームを仕事にしてしまうと**人生最大の楽しみがなくなってしまうので。**

宇多丸　宮部さんの作品をゲーム化したい、という依頼がきたらどうですか?

宮部　それは全然大丈夫です。『ブレイブ・ストーリー』のときも映画と連動して可愛らしいゲームを作っていただきましたから。でも私はレトロな人間なので私の作っているストーリーラインだと今のゲームにはならないんじゃないかなあ、という気がしますね。

宇多丸　これまでの最長プレイ時間は?

宮部　忘れもしない、『バイオ4』で気が付いたら17時間経っていたことがあります。でもね、それでもまだ孤島に渡っていなかったんです。**とにかく射的場でお金を稼いで……。**

宇多丸　あ、本編が始まる手前の!　孤島に渡ってからストーリーが始まりますからね。手前で17時間!

宮部　それでもまだやりたかったんだけど「ダメだ、寝なきゃ!」って。それで寝て、起きて、ご飯を食べて、1日くらい休んで。簡単にクリア出来るゲームではないわけですから慌てようとせず。

宇多丸　一度にやらなくていいんだ、と。

宮部　最初は「クリアするまでがんばるんだー!」って感じだったんですけどね。なので『バイオ』に関してスタンスが変わった境目が『バイオ4』なんです。

宇多丸　1本のゲームをやり込む派ですから、「やり込みだすと危険!」と自分でセーブしているんですね。

16　2000年にパルス・インタラクティブから発売されたドリームキャスト用アドベンチャーゲーム。小説家の大沢在昌氏が制作に参加している。女性刑事・鮫島ケイを操作して3D空間を探索、テロリストとの戦闘なども行い、引き起こされた事件の解決を目指す。

宮部　最近では年齢的に肩がこってきたサインが出てきたら「ここで休もう」となりますね。

ゲームと出会ってオールＯＫ

宇多丸　実際に編集者の方に迷惑をかけてしまったなど、お仕事に支障をきたしてしまったことはありますか？

宮部　原稿を書く仕事を落としたことはないんですけども、人と会う約束に30分遅刻したということはあります。

宇多丸　あ〜、これは人としてマズい！　そのときは何をプレイされていたんですか？

宮部　なんだったけなあ……ＮＩＮＴＥＮＤＯ６４の『ゼルダの伝説 時のオカリナ』だったかなあ。あれで私、腱鞘炎になったので。

宇多丸　そうやって痛い目にあってはいるんですね（笑）。

宮部　『ゼルダ』のやり過ぎで、その頃かかっていた整体の先生に「最近、忙しいの？　今まで腱鞘炎になったことないのに」と言われました。その先生もゲームをやられる方だったので「いいえ、**『ゼルダ』でZトリガーを引き過ぎてしまいました……**」と伝えたところ「3日間はやっちゃダメ！」と言われて（笑）。

宇多丸　ドクターストップが！　では、お仕事に役立ったことは？

宮部　私はゲームをやっていなかったら『ブレイブ・ストーリー』を書いていなかったと思います。刊行当時、ゲームクリエイターの方から「ハンパなノベライズよりもゲーム的な小説だ」と評していただいて、すごく嬉しかったんですよ。ミステリ小説って伏線を張って、手がかりを置いていって、それを回収していくという作りなんですが、それってゲームのフラグ立てに似ているんですよね。**もともと非常に近いところで仕事をしていたんですよ。**だから参考になることこそあれ、障害になるということはありませんでした。

宇多丸　先ほどのお話と通じるかもしれません

が、ゲームから学んだことは？
宮部　学んだというよりも再確認しましたね。それは**物語の楽しさ**、です。そして創作することの喜びも。素晴らしいゲームをプレイして感動すると、自分は畑違いだけども、いつも「いま書いている作品をがんばろう！」という気持ちになれるんです。私がゲームからもらった「幸せだな」という気持ちを自分の本を読んでくださる読者さんにも届けられるように、という気持ちになれるんですね。純粋に楽しみながらゲームをやっていて自分も気合いが入るというか。それは今も変わらないです。
宇多丸　32歳で体調を崩されたときは大変だったでしょうけど、それをきっかけにゲームを知って……意味あった！ってカンジですね。
宮部　結果的にオールOKでした。あと私、ずっと前から考えていて、まだ果たせていないことがあるんです。それは**マルチエンディングの小説を書くこと**です。「あのときはAのエンディングが正しいと思ったけどBもありだな。人生ってそういうものだな」って、すべてのエンディングに納得していただける……そういう小説を書きたいなと思っていて。
宇多丸　面白いですね。あるところから分岐して……。
宮部　ファンタジーでもいいし、サバイバルホラーでもいいですね。
宇多丸　人間ドラマでもいいかもしれませんよ。我々の実人生も、まさしく分岐点がたくさんあるわけですから。でも、伺っているとゲームに関してはホントに、いいことしかなかったですね。
宮部　ホントにそうですね。視力が落ちてギックリ腰になったくらいかな？　でもこれは加齢によるものですね。ゲームのせいではありません（笑）。

清塚信也

SHINYA KIYOZUKA

#10

▷▷▷

**母が公式にゲームを
させてくれる日は
1年に1日。
過酷なゲーム環境
でしたが、ゲームから
得たことはすべて
ピアノに活きています。**

2019.9.26-10.3 O.A

PROFILE

▷▷▷

清塚信也(きよづか・しんや)

1982年11月13日、東京都生まれのピアニスト。5歳よりピアノの英才教育を受け、桐朋女子高等学校音楽科(共学)を首席で卒業。以降、国内外のコンクールで数々の賞を受賞し、2019年には邦人男性クラシック・ピアニストとしては史上初となる日本武道館での単独公演を開催。作曲家としてドラマ・映画・舞台の劇伴やテーマ曲を手掛けるほか、ピアニストとして次々と新しいフィールドへの挑戦を続け、常に話題と注目を集めている。

MY BEST GAME

『メタルギアソリッド(1、2)』
(コナミ)

最も過酷なゲーム環境

宇多丸　今夜のゲストはピアニストの清塚信也さんです。いらっしゃいませ！

清塚　はじめまして。この番組を最初聴いたとき「**公共の電波でゲームの話が出来るなんて最高だ**」思いました。夢のような番組ですね。

宇多丸　なんでも清塚さん、たっての希望でのご出演とか。光栄です！　ではまず、ビデオゲームとの出会いは覚えられていますか？

清塚　初めて買ったソフトは小学4、5年生の頃の『スーパーマリオブラザーズ3』[01]です。『1』を友達の家でプレイさせてもらったときは衝撃を受けましたね。

宇多丸　ということは、それまで家にゲーム機はなかったんですね。

清塚　母親から「ピアノのコンクールで優勝したらファミコンを買ってあげる」と言われていたので、そのために頑張りました。結果は3位だったんですけど買ってくれたんですよ。

宇多丸　それまでは友達の家でやられていたりとか？

清塚　友達の家にもなかなか遊びに行けなかったんですよね。

宇多丸　絵に描いたようなスパルタ教育ですね！

清塚　なので、「**ゲームをエサにしてくれれば私は絶対に頑張れる！**」と宣言していました。

宇多丸　志が高いんだか低いんだか(笑)。では、その『スーマリ3』をファミコンとセットで買ってもらえたわけですね。

清塚　私、『スーマリ3』のマリオが変身するタヌキマリオが大好きなんですよ。学校で「将来の夢」をテーマに習字を書いたんですが、クラスメイトが「パイロット」「野球選手」と大人びたことを書いているなか、ひとりだけ「**タヌキ**」と書いていましたからね。

宇多丸　好き過ぎて（笑）。それもすごいけど、お母さんから「なんでピアニストが夢じゃないの！」とツッコミが入るところですね。でも、

01　任天堂が1988年に発売したアクションゲーム。主人公マリオがゴールを目指す。しっぽマリオ、タヌキマリオ、カエルマリオ、ハンマーマリオ、クツマリオといった多彩な変身が新登場し、プレイの幅はさらに広がった。

その環境だとそこまでソフトを買い与えてもらえたわけではなさそうですね。

清塚　コンクールで入賞するたびに買ってもらうんですけど、やっちゃダメなんですよ。

宇多丸　……え？　**ファミコンがある、ソフトもある。でも、やっちゃダメ？**　「練習を終えたら○分間だけやっていいよ」でもなく？　それヤバいですよ！

清塚　基本的に普段はダメです。コンクールですっごく頑張ったらいいんですけど。

宇多丸　そのコンクールはどのくらいの周期で行われるんですか？

清塚　1年に1回ですね。

宇多丸　……え、え？　えーっ!!

清塚　なので**公式にゲームをやれる日は1日です。**でも私にはバイオリンをやっていた姉がいまして、母は姉にもかなり力を入れていたんですよ。姉は母と一緒に遠くまでレッスンに通っていたので、がっつり6、7時間ほど家にいない時間があるんです。

宇多丸　「がっつり」で6、7時間かあ。それはかわいそうだ……。

清塚　そこでやりまくった後、母に分からないようファミコンを元に戻すんですけど、子供のすることなんでバレるんですよ。「動いてる。絶対にやった！」って。で、練習をサボって『スーマリ3』をやっていたことがバレて叱られて。そのときいちどきりですね。これまでどんな仕打ちにも耐えていたけど……**家出しました。**

宇多丸　「こんなことも許されないのか！」と。

清塚　家を出た後、近所のビデオレンタルショップに行ったんです。そこには『スーマリ3』のデモプレイが出来る場所があったので。

宇多丸　うわあ〜、泣けてくるなあ！

清塚　でしょ？　で、夜の12時を回ったとき警察の方に連れていかれました。真冬だったので「死ぬかもしれない」と思った母が捜索願いを出していたんですよ。家に帰ったときは母に泣きながらビンタされました。

宇多丸　心配かけたことは間違いないからね。

ただ、信也少年の気持ちを思ったら……。**分かってあげて、お母さん！** 今までゲームのことで反抗したことのなかった子が家出をして、ゲームが出来る場所に直行しているんだよ⁉

清塚 そうなんですよ。母からしたら「この子はゲームによってダメになるかもしれない」という想いがあったかもしれないですね。そのビンタも8割くらいは**「なんで練習しないの！」という意味合い**だったらしいです（笑）。

宇多丸 スパルタ～！ もちろんピアニストですから幼少期からの練習は大事なんでしょうけど……この体験は〝**何か**〟としてかなり刻み込まれますよね。

バッハと『ドラクエ』

宇多丸 ファミコンを隠されたり捨てられたりするわけでなく、家にあるにはあるんですよね。それ、逆にヒドくない？ 手を伸ばせば届く日常空間にあるのに……。

清塚 **与えておいて奪う。まず買ってくれるな、って話ですよね（笑）。** なので、ゲームをやるとしたら姉のレッスン中になるので、それからはバレないよう、ちゃんと片づけることに気を付けました。あとはコンクールを頑張る、コンサートを成功させる、です。

宇多丸 そこでいい結果を出した後はどのくらいゲームをやるんですか？

清塚 朝までやりますね。

宇多丸 あ、それはいいんだ。ムチも強過ぎなら飴も甘過ぎというか（笑）。

清塚 だから寝ずにやっていましたね。朝からレッスンがあるので「寝るのかゲームをするのか」は私にゆだねられていたんですよ。**選択肢を与えられているようで与えられていないというか。**

宇多丸 お母さまの教育があったからこそピアニスト・清塚信也さんが誕生したことは分かるんですけども……今まで聞いたゲーム禁止エピソードのなかでもいちばんツラいですよ。

清塚　その貴重な時間のなかでやっていたのが『ドラゴンクエストV』です。『ドラクエ』は音楽が良いんですよね。この**BGMを耳コピしてピアノの練習時に弾くというのが唯一の母への反抗**でした。母は音感がなかったのでバッハの楽譜を出しておけば、バッハを弾いていると思っちゃうんですよ。

宇多丸　あの有名なテーマ曲を弾いているのに？　これ、**最大にパンク**ですよね！

清塚　すぎやまこういち先生の『ドラクエ』曲はクラシック調なので。わりと最近になって母にそのことを話したら「そうだったんだ」と言っていましたね。それが当時の私の最高の娯楽だったんですけど、そこで**作曲やアレンジ能力が身に付いた**と思うんですね。『ドラクエ』の音楽はオーケストレーションなので、それをピアノ1台で弾けるようになったというか。

宇多丸　しかも限られた音数で、それを効果的に鳴らすという。

清塚　そうです。だから音楽を耳から入れたということに関しては、いまだに良かったと思いますね。

宇多丸　しかしすごい融合ですよね。**バッハと見せかけて、すぎやまこういち。**

清塚　そこで改めて〝バッハらしさ〟も分かったので、バッハ曲の演奏技術的にも向上しましたね（笑）。

宇多丸　ああ、こうやって弾くとどんな曲もバッハっぽくなるぞ、という。しかしゲームへの渇望と衝動をどう活かすか？　が後の活動にちゃんと繋がっているんですね。すごいな……でも、ここまでゲームへの抑圧を受けた人が、この後どうなっていってしまうのか？　今から伺うことが、**ちょっと怖いです。**

ゲームプレイはピアノに活きる

宇多丸　では、当時ほかにやっていたソフトは？

清塚　私は野球も大好きなので『実況パワフル

プロ野球』が出たときは衝撃的でしたね、ボールの高低が大事になったので。それまでの野球ゲームはそれほど高低の表現ってなかったんですよ。あと選手が実名で登場したり、ペナントレースが出来るようになったことにも衝撃を受けました。『ウイニングイレブン』シリーズもそうですが、コナミさんのスポーツゲームは一時期やりこみましたね。

宇多丸　でも、ご自身が野球をする時間はないわけですよね。

清塚　いや、野球だけはなんとか。**「ボールを投げるときのスナップがピアノのフォルテを弾くときと一緒なんだ」**と苦しいウソをついて騙しだましやっていましたね。

宇多丸　逆・星飛雄馬ですね！　ピアノの訓練のために野球をする（笑）。

清塚　音楽的にアプローチしたゲームはほかにもいろいろあるんですけど、何と言っても高校時代にプレイした[02]『悪魔城ドラキュラX 月下の夜想曲』ですね。音楽が好きだったなあ〜。

宇多丸　これも耳コピをして演奏したり？

清塚　しましたね。あとやっていたのは街づくりシミュレーションの『シムシティ2000』、ノベルゲームが出てきた頃でもあったので[03]『かまいたちの夜』。はじめは「動きのないゲームって何をするの？」って思っていたんですけど、やってみたら最高に面白くて。『シムシティ』のようなシミュレーションも同じですが、**動きのないゲームって音楽の比重が強い**じゃないですか。

宇多丸　たしかに、そういう演出が増えてくる。

清塚　プレイステーションが音とかをどんどん凝れるようになってきた頃でもあったんですよ。いま私は劇伴——ドラマや映画の音楽を作曲させていただいているんですけど、**ゲームをやることで劇伴作曲の勉強になりました。**

宇多丸　プレイヤーに想像力を掻き立たせるための音楽ですものね。

清塚　いま[04]『アンダーテール』のように、あえて映像も音も8ビット世界にいくゲームがあり

02　1997年にコナミから発売されたアクションRPG。探索要素とRPG的成長をフィーチャー、シリーズに新たな可能性をもたらした。海外でも人気を博し、このタイプの横視点2Dアクションアドベンチャーゲームが「メトロイドヴァニア」としていちジャンルを築いた。

03　1994年にチュンソフトが発売したサウンドノベル。秀逸な影絵と背景、サウンドと画面効果によりプレイヤーたちを震え上がらせた。特定の条件を満たすたび分岐が増えるため、周回プレイのやり甲斐あり。ミステリー作家の我孫子武丸がシナリオを担当。

ますよね。ああいうのも原点回帰で面白いな、と思います。

宇多丸　しかし、すき間すき間ながら結構やられていますね。

清塚　高校1年生の頃から少しユルくなってゲームをやらせてもらえるようになったんですよ。それで『ストリートファイターII』とか反動でやりまくりましたね。音楽学校に行っていたので、普通の教科もあまりやらなくて良かったんですよ。なので急に自由な時代が訪れたんです。学校にテレビのある教室があったので、そこでみんなと『パワプロ』や『ウイイレ』をやっていました。

宇多丸　学校でPS。初の青春ですね。

清塚　自慢じゃないですけど、そのなかでもゲームは上手かったので**「ピアノだけじゃねえな」**って尊敬されていました。

宇多丸　格闘ゲームは反応が大事ですけど、ピアニストとしての反射神経ってゲームでも活きるんですか？

清塚　活きると思います。指の筋力も必要なんですけど、その指を使うだけの脳が大事なんですよ。ピアニストはこの脳と指のシンクロ率が大事で、楽譜を見て弾くときは音符がそのまま指にいくぐらい早く弾かなければいけないんです。そういう意味ではピアノとゲームは一緒ですね。だから**プロゲーマーの方を見ていると「何でピアノをやらないのかな?」って思いますね。**

宇多丸　清塚さんの逆ルート（笑）。でも、鍵盤楽器は難しいでしょう？　ゲームをやり込み過ぎることで指に支障は出ないんですか。

清塚　普通に親指は痛いですけど、ピアノには支障はないですね。

胸に刻まれたスネークの言葉

宇多丸　ティーンになって解放されてきて、その頃ほかにどんなゲームをやられていましたか？

清塚　忘れられないのが『[05]メタルギアソリッド

04　インディーゲーム史上屈指の人気作。トビー・フォックス氏がほぼ個人で制作。アクション色の強いミニゲームを組み合わせたターン制の戦闘システムや、敵を倒すことなく戦闘を終わらせる方法が用意されている点などが特徴。『MOTHER』シリーズや『東方Project』ほか、いくつもの日本のゲームからの影響がトビー氏自身から公言されている。

05　コナミが2001年に発売したステルスゲームで、小島秀夫監督作品。当時の新鋭機PS2に移行したことで、主観視点やローリング、エルード（ぶら下がり）などアクションの幅が広がった。主人公は2人いて、メタ的なストーリーがかなり複雑だ。

2サンズ・オブ・リバティ』です。これは私の人生を救ってくれたゲームですね。もちろん前作もやっています。私としては『1』には「DNAに負けるな」というテーマがあったと思うんです。このゲームは遺伝子操作で生まれた最強戦士の話なんですよ。

宇多丸　主人公・スネークの出自ですね。

清塚　『1』ではスネークが優性遺伝か劣勢遺伝子か？[06]　という謎があって、もしかしたら劣勢遺伝子かもしれない、というストーリーがあるんです。でも、そのスネークが任務を遂行するんですよ。そして『2』のエンディングでライデンという後輩に言うんです。「我々は遺伝子で生まれながらに決まっていない。生き方が大事なんだ。だから遺伝子では伝えられないことを伝えていくんだ。例えば歌もそのひとつだ」と。その台詞にグサーッと心に刺さりましたね。18歳の頃の私は、よく「環境さえ良かったら俺だって！」と思っていたので。

宇多丸　ピアニストとしての壁にぶち当たって。

清塚　あと経済的なこととか、すべてですね。人間、苦しいときって人のことが良く見えちゃうことがあるじゃないですか。18歳の私もそんな時期だったんですが、スネークのセリフによって**「配られたカードに文句を言うのではなく、今あるカードで勝負するしかない！」**と思うことが出来たんです。そして『メタルギア』のような素晴らしいゲームの音楽をやれるように頑張ろう！　と。

宇多丸　濃い体験ですね。清塚さんは後に『メタルギア』のコンサートに出演されますが、小島（秀夫）監督にそのお話はされましたか？

清塚　PSP版のエンディング曲を演奏を担当させていただいた際、ちょっとだけお会いさせていただいたんですが、まだ話せてはいないです。いつか**「私は『メタルギア』で救われ、挫折しなかった」**と話したいですね。

宇多丸　小島監督、その言葉を聞いたらめちゃくちゃ喜びますよ。

06　本作での「優性遺伝子」「劣性遺伝子」の用語の使い方は科学的には誤りとされる。旧来の遺伝学では遺伝子のふたつの型のうち、特徴が現れやすい遺伝子を「優性」、現れにくい遺伝子を「劣性」と呼んでいたが、誤解が生じやすいため、2017年9月以降、優性を「顕性」、劣性を「潜性」と言い替えるよう日本遺伝学会が決定している。

清塚　18歳で私はロシアに留学するんですが、そのため日本でのコネクションがなくなってしまうんです。20歳で帰国したときには音楽家としてまったく仕事がなかったので、デモテープと履歴書を持っていろんな制作会社を営業していたんです。でも行った先でバカにされたりすることも多くて。そんな私を助けてくれたゲームが『メタルギア』なんです。

宇多丸　ちなみにロシアに留学されていたときゲームはされていたんですか？

清塚　出来なかったです。コンサートなどで一時帰国した際、『メタルギアソリッド』の『1』『2』を寝ないでプレイしていましたね。だからこそストーリーがギュッと詰まって頭に入ってきたんだと思います。

宇多丸　そのお話を聞くと、マイベストゲームというのも……。

清塚　『メタルギアソリッド』の『1』『2』セットで、となりますね。

宇多丸　スパルタ教育のなかでのゲームプレイ

を含め、今の清塚さんを作っている何かが1本、繋がっていますね。

清塚　**遊びを含めて真剣に何かをやると絶対に学びがある。**私がゲームから学んだことはこれですね。今は萎縮させない教育方針が主流になっていて私もそれには大賛成ですけど、過酷な環境だからこそ良い思い出が出来るということも絶対にあるんですよ。

ゲーム上達へのドレミ理論

宇多丸　では、やりまくっていた頃のソフトを聞かせてもらえますか？

清塚　ハードはPS2、3あたりですね。リアル系グラフィックの戦うゲームが好きで、『レインボーシックス』のようなミリタリー系、それに『アンチャーデッド』もやっていましたね。

宇多丸　では、洋ゲーもやられる？

清塚　やりますね。『ゴーストリコン ブレイクポイント』のコープモードを友達とやるのが今から楽しみです。

宇多丸　ということはオンラインゲームもやられると。それはいつ頃から？

清塚　4、5年前かな。『メタルギア』でも対戦や協力プレイが出来るタイトルがありましたから。でも最初は人とゲームをやることに抵抗がありましたね。とくにRPG。ひとりになるためにゲームをやっているところがあったので。でも最近は抵抗なくなりました。今日も朝まで『リスク・オブ・レイン2』[07]をプレイしていましたから。そうそう、『ゴーストリコン ブレイクポイント』には仲間をかついで救護所まで連れていくというシステムがあるんです。これには「何で今までなかったのか？」と思わせられましたね。

宇多丸　たしかに、それは燃えますね。これまでのゲームはアイテム薬とかでフワッと回復したりしていましたから。

清塚　助けることも戦いの中に組み込まれているんですよね。

07 Gearbox Publishingが2020年に発売。個性的なサバイバーが戦うアクションRPG。マップはランダムで生成されるため、運が良いとどんどん進めるが、そうでないとあっさり負けることも。アイテムを取ると過剰にパワーアップする攻撃も爽快。

宇多丸　オンラインでは知らない人に罵られたりすることがありますが、そこは抵抗なかったんですか？

清塚　そこを乗り越えないと面白くなかったですね。

宇多丸　では、ゲームは歯ごたえを求める派ですか？

清塚　そうですね〝マゾゲー〟もやります。フロムゲー（フロム・ソフトウェアのゲームの略）の『デモンズソウル』はめちゃくちゃやり込みましたね。あれは初見殺しもあって、もとより難しく仕込まれているんですよ。これもピアノと同じです。最初は「無理じゃん！」って思って出来ませんよね。でも練習すれば「あれ？出来てない？」と希望が見えてくる。例えばピアノではドレミファソラシドを弾くためにまずド・レから始めるんです。

宇多丸　まずは2音の移行から。

清塚　そして次はレ・ミ。その次はミ・ファ……と、思うでしょうが今度はド・レ・ミなんです。

宇多丸　なるほど、今度はその3音をどうスムーズに繋げるかになってくる！

清塚　だから**フロム・ソフトウェアはゲームを通してピアニストを作ろうとしているんじゃないかと。**

宇多丸　発想としては（笑）。ピアノもゲームも積み重ねが大事、ということですね。それがピアニストとして壁を乗り越えることにも通じてくる。

清塚　まったく一緒ですね。ウチの子供にもいろんなゲームでそういう努力を楽しく覚えてほしいです。

宇多丸　ゲームの教育的効果って絶対にありますよね。「やれば出来るんだ！」という。

清塚　あります。あと勉強にもなりますよ。『アサシンクリード』シリーズなんて歴史考証が完璧ですよね。イタリアが舞台の『アサシンクリード2』[08]をプレイして以降、私、イタリアの曲を弾く感覚が良くなりましたもん。「昔のイタリ

08　2009年にユービーアイソフトから発売された、人気ステルスアクションゲームのナンバリング2作目。舞台は15世紀のイタリア。行動の自由度やアクションの多彩さなど、あらゆる面が前作からパワーアップ。新主人公エツィオは、本作から3作にわたり主人公を続投することになる。

ア見てるから」って（笑）。

ピアニストが見るゲームのリアル

宇多丸　ほかに、『グランツーリスモ』といったレースゲームもやられていたとか。

清塚　車が買えない高校時代にやりましたね。レースをしないで、40㎞ぐらいで観覧車が見える、みなとみらいのような道路を普通に走っているのが楽しかったです。

宇多丸　僕、免許を持っていないけどめっちゃわかります。これもリアル系レースゲームの楽しみ方ですよね。では、音楽的にうなった作品はありますか？

清塚　『シティーズ：スカイライン』のオーケストレーションは素晴らしかったですね。C－418が音楽を手掛けた『マインクラフト』も良かったし、オースティン・ウィントリーの音楽による『風ノ旅ビト』はゲームの曲でグラミー賞を受賞しました。あと『アンダーテイル』の曲も最高です。これも自分で弾いちゃいました。

宇多丸　いま稼働しているハードは？

清塚　ほぼPS4です。PCゲームも推奨されるんですけど苦手ですね。ゲームはコントローラーでやりたいというか。

宇多丸　ゲームによって、どういう身体感覚があって、そこで感情移入させるかは違ってきますよね。僕は横スクロールがまったく感覚として掴めないんですよ。

清塚　横スク系、やっていなかったんですか？

宇多丸　僕はファミコンを持っていなかったんですよ。『メトロイド』[09]も世界観は好きなんだけど……距離が分からなくて、どうしても**「跳べない！」**となっちゃう。

清塚　今はFPSが主流ですから、今のゲーム世代の子もそうなるかもしれないですね。

宇多丸　なので、『カップヘッド』も画を楽しみたいのに、まったく楽しむ余裕がない！　ホントは『リンボ』とか出来るようになりたいんですけど……。

09　1986年に任天堂が発売したアクションゲーム。迷路のような広大なダンジョンを進みながら自機を強化し、探索範囲を広げていく。様々なギミックを駆使して隠し通路を見つける面白さは中毒性あり。主人公サムスがスペース・スーツを脱いだ姿は必見だ。

清塚　『リンボ』、怖かったけど最高だったなあ。家でやっていたら母親が「怖いねえ、これ」って食いついてきたことがありましたよ。

宇多丸　**『リンボ』で親子の和解が（笑）。**グラフィックもアート的な美しさがありましたよね。

清塚　『リンボ』ってリアルな描写を見せるわけじゃないのに、すごく残酷に感じたり怖く感じますよね。そういう意味で、**人間ってすべてを見せることがファンタジーではないんだ**、という思いはあります。

宇多丸　それもピアノに通じますよね。言葉を持っているわけではない抽象的な美の世界じゃないですか。でも、ピアノ曲を聴いてドラマを感じたり感情を喚起させられる。

清塚　通じますね。

宇多丸　映像作品でも作品世界をリアルに作りこめばリアルに見えるかというとそうでもない。**〝作品内リアル〟が統一されていないとリアルに感じない問題**がありますよね。

清塚　そうなんですよ。描写がリアルだったらいいってもんじゃない。ピアノもミスなくクリアすれば上手いと感じるわけではないと思います。

宇多丸　その曲に合った世界観だったり、手数だったりがあるんですね。

清塚　作品のコンセプトをちゃんと持つ、ということですね。歌でも上手い歌ほどムカつくことがあるんですよ。〝どや感〟しか残らないというか。例えば戦争で死んだ人を悲しむ――といった奥行きある歌を、ただ上手く唄われても上辺だけで小手先の感じがしてしまうんですよね。だからゲームをやっていると**「技術だけ磨いてもダメ。世界観が大事だ」**ということを感じます。

宇多丸　キャリアが長くなっても、そこに陥ることのないように。自分への戒めですね。

ゲームは何度も人生を変える

宇多丸　今後楽しみにしているタイトルは？

清塚　全部楽しみですよね。いま家だけでもソフトが100本以上あるんですけど……。

宇多丸　**出だしは苦しかったのに……良かったですね！**

清塚　だから何でも楽しみなんですよ。なかでも『トロピコ6』かな。これは南の島のシミュレーションで、自分が独裁者になれるゲームなんです。町を全部自由に出来て、経済的に破綻したりするとゲームオーバー。正当に街を作ることも出来れば、市民から税金を絞り上るといった悪い選択もあって。

宇多丸　（ゲーム画面を見て）クーデターで政権を奪ったかのようなプレイヤーキャラクターですね。軍服を着てヒゲをたくわえて。

清塚　経済の仕組みにも精通しないと出来ないので難しいんですけど、シュールでブラックなところもあって面白いです。グラフィックもすごくキレイで、音楽もラテン調で暗くなくていいんですよ。そしてあとはなんと言っても『デス・ストランディング』。ゲーム実況をやられている2BRO．さんともその話ばかりしています。

宇多丸　小島さんは『ウィークエンド・シャッフル』に出ていただいた（2017年7月22日）際に、後に『デスストランディング』となる次作のコンセプトについて、すごく哲学的なお話をされているんですよ。「今までのゲームは基本的に、棒で人を叩く、という構造だった。それに対して僕は、**紐と紐で人を繋ぐようなゲームを作りたい。**ただし、一見棒と思わせて実は紐だった、というような作りでいきたい」と。

清塚　最高ですね。その話、聞きたいですねえ。

宇多丸　小島さんは志高くゲームを作られていますからね。一時の気晴らしのためだけとか、売れそうだからといった方向で作られていない。

清塚　人類へのメッセージが入っているという感じですもんね。だから『デスストランディング』には**ゲームを楽しむプラスまた人生を変えられるんじゃ**

ないかと。人生の大きなイベントとして楽しみに発売を待っています。

宇多丸　ほかにも楽しみにされているゲームはありますか?

清塚　あと『FFⅦ REMAKE』は外せないですね。これも私のなかで『メタルギア』並みに大きいタイトルです。**人間の生き方を学べる**というか。RPGなので正義・悪はあるんですけど、悪にも主張があるんですよ。でもマイノリティだから悪にならざるをえなかった。そういう、どうしようもなかったことって今の人間界にもいっぱいあるじゃないですか。私は『FFⅦ』でそういうことを学びましたね。

宇多丸　なるほど。私、〝『FF』弱者〟で来ていますが……いよいよこれで始めるのか?

清塚　『Ⅶ』から入ってもいいと思いますよ。これで人生を変えられた、という人はたくさんいますから。そんなゲームのリメイクをあえて作る、というスクエニさんの気概、そして勝負を見届けたいですね。

宇多丸　先ほど2BRO.さんの話がありましたが、実況動画もご覧になっているんですね。

清塚　2BRO.さんの動画は最高ですね。まず対戦していても相手が傷つくことを言わない。それにプレイ内容も勝ちだけに繋がらずエンタテインメントしているんですよ。例えば、隠れていればいいところを視聴者のために動きを入れてくれる。そういう意味で彼らはタレントですよね。

宇多丸　ご自身のコンサートでも2BRO.さんをフィーチャーされていましたね。

清塚　天の声としてメンバー紹介を彼らにやってもらいました。

宇多丸　ピアニストとゲーム実況者のコラボって思いつかないですよね。2BRO.さんを組み込んだ反応はどうだったんでしょうか?

清塚　2BRO.さんに関わらず、いろんなコーナーを入れたので2時間半のコンサートが3時間40分になりまして。それで皆さんにはご迷惑をかけてしまいましたね。

宇多丸　いいと思いますよ、ひとり会なんだから。

清塚　宇多丸さんも同じだと思いますけど……**音楽家に話は通じないので（笑）。**それを周りもそろそろ覚えてほしいですね。

宇多丸　僕は**「舞台上で判断したことが正しいんだ」**という理屈でやっています。いろんなお客さんの顔や空気を感じながらやっているんだから、あらかじめ決めたことよりもこっちのほうが正しいんだ！　と。

ストレスを楽しむこともゲーム

宇多丸　ゲームで苦手なジャンルは？

清塚　あんまりないかなあ。パズルゲームも大好きですし、なんでもやりますね。

宇多丸　じゃあ、恋愛シミュレーションも？

清塚　それはあまり手を出していないかなあ。ムービーはアニメ絵よりリアル系のほうがいいですね。

宇多丸　僕は、ゲームにハマる・ハマらないのいちばんのポイントは、「世界観が好きかどうか」「その世界にずっといたいかどうか」だと思うんです。

清塚　そうですね。**世界観が好きだったら、その時間帯、その世界で生きられますもんね。**

宇多丸　あと、音ゲーはどうですか？

清塚　ゲームセンターでちょっと友達とやった程度ですかね。家では音楽から離れるためにゲームをしているところもあるので。それに音ゲーってＭＩＤＩとかの作業と似ているところがあるじゃないですか。休んでいるときに、また音楽をゲームとしてやっていたらおかしくなっちゃいそうです。あと出来なかったときのショックも大きいですし。

宇多丸　僕は『パラッパラッパー』を最初にやったとき、「なんだよコレ、後ノリ出来ねえじゃん。ダメだな」って、自分が上手く出来ないことをゲーム性のせいにしてました（笑）。

清塚　分かる（笑）。**「リアルはこうじゃないの**

に」って部分を必死に探しますよね。ただ自分が上手く出来ていないだけなのに。そういう意味では最近ストレス系のゲームが流行っていると思うんですよ。

宇多丸　ストレス系？

清塚　一歩、歩くだけでも難しい操作性のゲームというか。例えばインディーゲームの『壺男』は山を登っていくゲームなんですけど、操作性が悪くて1コ間違ったら下までグンと下がっちゃう。だから最初はまったく進まないんですよ。

宇多丸　イライラしそうだなあ〜。

清塚　1コの岩を超えるだけでも至難の業。なんとか上まで進んでいっても崖から落ちたりすれば、また最初のところに落ちていくんです。

宇多丸　これはもう、あまりの不条理に笑うしかないですね（笑）。

清塚　もう仕事に支障があるんじゃないか？っていうくらいムカつくんですけど、『ヒューマンフォールフラット』[09]とか、こういうゲームが流行ってきていますね。

宇多丸　いかにもインディーゲームならではといったアイデアで。たしかに最近、こういうナンセンスな挙動を楽しむゲームはありますね。

清塚　これって**リアルへの反動**だと思うんですよ。グラフィックはともかくとして操作性で苦しみたい、という我々世代のプレイヤーは多くいると思うんですよね。

宇多丸　「ゲームの楽しさって何だ？」といった問いかけもありますよね。上手く出来ずに「もう！」となるのも……。

清塚　**それも「楽しい」定義のひとつ**、と。

宇多丸　クラシック界でゲーム仲間はいらっしゃいますか？

清塚　同じピアニストの高井羅人が野球好きなので彼とは『プロ野球スピリッツ』で対戦します。あとクラシックのアーティストはヨーロッパ系の方が多いんですが、お国柄的にサッカー好きが多いので『ウイイレ』をやる方は多いですね。

09　2016年にテヨンジャパンが発売したアクションゲーム。主人公の動作は物理演算で表現されており、身体はぐにゃぐにゃとしていて思ったように動けない。四苦八苦しながらパズルを解く際に起こるハプニングを楽しむゲーム。

宇多丸　プレイの最長時間は？

清塚　12時間。それは『メタルギアソリッド』の『1』『2』を寝ないでやったときです。やっぱり、これがいちばん長いですね。

宇多丸　ロシアから帰ってきたときの集中力たるや！

清塚　コンサートの後だったので興奮していたんでしょうね。

宇多丸　ゲームはやり込むときはやり込むと。

清塚　今でも寝る時間を削ってやっています。でも地方に出てしまうとゲームが出来ないので、帰ってくるとゲームがヘタになっているんですよね。今はそれが悩みです。

宇多丸　ツアーにゲーム機を持ち出したり、携帯ゲーム機を持ち歩いたりはしないんですね。

清塚　移動中にゲームが出来ないタイプなんですよ。やっぱ家で腰を据えてやりたいですね。海外にはPSPを持って行きましたが、自宅でプレイしていたのでほぼコンシューマー的な存在でした。

宇多丸　**子供の頃からおあずけには慣れているわけですからね、しかも1年間！**　伺っていると清塚さんにとってピアノは日常であり人生。それを転換するためにゲームが必要なんですね。

清塚　そうですね。**ゲームには助けられています。だからゲームをやっていない人が何か犯罪が起きたときなんだかんだと言うのがいっちばん嫌い！**

宇多丸　逆だよ！と。ゲームのおかげで助けられている人がどれだけいると思ってるんだ、ってことですよね。ちなみに、ゲームでキャラメイクをする際、自分に寄せますか？　それとも自分とまったく違うキャラにする？

清塚　私は自分には寄せないですね。そのゲームの世界観に出てきそうなタイプを作るのが好きです。自分が入るのは好きじゃないというか。あと女性キャラになるのは無理かなあ。

宇多丸　世界観を崩さないんですね。ちなみに僕は自分に寄せる派……というかスキンヘッドにサングラスですから寄せやすいんですよ。でもなぜか格闘ゲームのときだけ**女性キャラを使いたがるクセ**があって。「これは何だろう？」と自分でもキモく思うんですけど。

清塚　え？　宇多丸さんそうなんですか。……**お言葉ですけど、ちょっとキモいですよ（笑）。**

宇多丸　ね（笑）。なんだろう？　女性がハイキックを決めたりするのが痛快というか。

清塚　性癖じゃないですか？（笑）でも強い女性というコンセプトが好きなんでしょうね。

宇多丸　なんかね、強い女性キャラを見たいんでしょうね。

バッハと『月下の夜想曲』

宇多丸　では、ゲームでのやらかしはありますか？

清塚　長野公演をしたとき『かまいたちの夜』に出てきた白馬村のペンションを見たい、となってコンサート前に行くことになったんですよ。でも旧道に乗ってしまって、いくつもの山を越えなければいけなくなって。

宇多丸　コンサート前ですよね？

清塚　そうしたら山の頂上でガソリンランプが点灯してしまって。残り8キロしかもたないと。でもまだ目的地まで10キロ近くあるんですよ。なのでギアをニュートラルに入れ、ブレーキだけで道を下ったりとガソリンを節約しながら目的地に向かいました。

宇多丸　**リアルにゲーム中のような危機展開が！**

清塚　命からがらペンションに着いたんですけど、やっぱ最高でしたね。

宇多丸　これは今までにない部類のエピソードですね。ほかにゲームのやり過ぎで支障をきたしたことはありますか？

清塚　『悪魔城ドラキュラX』に図書館ステージがあるんですけど、そこのBGMがバロック調——バッハとかヘンデルがいた時代の音楽なんですね。バロック調の音楽って似ている曲が多いんですよ。なので、ある地方のコンサートでバッハの曲を演奏したとき、**途中で図書館ステージのBGMを弾いちゃったことがあります。**

宇多丸　少年時代、バッハに『ドラクエ』を混ぜて演奏していたお話を伺いましたが、ついにそれを無意識にやってしまうようになった！（笑）誰かにバレたんですか？

清塚　バレてないです。バッハをくまなく暗譜している同業者が「?」と思うくらいですかね。なので、お客さんには楽しんでいただけたと思います。

宇多丸　「あれ？　清塚さん今日ちょっとアレンジ独特だな？」とか。でもすげえな、そのマニアックな間違いかた！

清塚　その日あまりにも『悪魔城ドラキュラX』を弾き過ぎていたんですよね。ホントに区別がつかなくなった一瞬でした。そのときの録音もないので**「もしかしたら半分以上『悪魔城ドラキュラX』を弾いていたかもしれない」**という疑いが今でも晴れないんですよ（笑）。

宇多丸　ハハハ！　自分で「あれ?」と気づくまで弾いていた可能性もありますよね。これも清塚さん以外あり得ないエピソードですね。

清塚　1回聴くと耳コピ出来てしまうので。それが仇（あだ）となりました。いちばん怒っているのはバッハでしょうね（笑）。

宇多丸　では、ゲームの未来について考えられていることは？

清塚　**コンシューマーに価値が出るんじゃないかと思っています。**音楽でもMIDIとか自動演奏が増えてきてAIも賢くなってきているからこそ生身の演奏や小規模ホールでのコンサートとかに価値が上がってくる。そして科学力が強くなれば技術力も強くなる。間違えたところを後で直せたり、口パクでもショーが出来てしまうので、聴衆が「ホントにやってんの、これ?」って疑心暗鬼になるところはあるんですよ。インスタの画像でもありますよね、「これ修正じゃないの?」といった。

宇多丸　ええ。

清塚　そういう疑いのまなざしが多いから、技術力とともにガチでやっている**生身のものに価値が高まってくると思います。**そういう意味でコンシューマーはそこに値するんじゃないかと。

宇多丸　この番組的にも嬉しいお言葉です。ゲームをプレイするときのこだわりのスタイルはありますか？

清塚　大きいテレビでやっていたんですけど、『エーペックス』とかをやる際は大きいとダメですね。どこから攻撃されているか分からなくなってしまうので。なので最近、小さいゲーミングモニターに変えたらやりやすくなりました。それくらいでそんなにすごいこだわりはないかな。

宇多丸　じゃあ、姿勢よく座って、コントローラーを膝に置いて。

清塚　そばにパソコンとピアノもあるので、いくら長くゲームをやっても「いつでも練習ができるぞ」と、あまり罪悪感は覚えないようにしています。

宇多丸　これは宮部(みゆき)さんもおっしゃっていました。「ロスがない」と。

清塚　それです！　ちょっと気になる小節があったらポーズボタンを押して、2回ほど練習して**「俺、エラいじゃん」と。**

宇多丸　ゲーム中に飲食は？

清塚　しないです。飲食はリビングでします。飲食は娯楽とは違うカテゴリなんですよ。外食は娯楽になるんですけど、家ではサッと食べて「じゃあ仕事だから」と言って自分の部屋でゲームをする（笑）。

宇多丸　自部屋に籠ったら家人には分からないですからね。

清塚　あと、年齢制限のあるゲームもプレイしますから、子供のことを考えて見えないようにガードしているという意味もあります。

宇多丸　お子さんとゲームはされるんですか？

清塚　やります。ウチの子もゲームは大好きですね。

宇多丸　お子さんに対して時間制限は？

清塚　設けていないです。**「自分がやりたいと思う時間だけやればいい。だけど、ゲームをやることで今日1日いろいろ出来なくなることもあるよ」**と、しっかり説明しています。次の日、子供がなかなか起きられなかったら「それは昨日、夜遅くまでゲームをやっていたからだよ。また遅くまでやっても怒らないけど、眠さをガマン出来るならやっていいよ」というかたちでやらせています。

宇多丸　お子さんに選択肢を与える。清塚さんのお母さまもスパルタでしたけど、どれだけやるかという裁量は子供に任せる方針でしたものね。

清塚　そうでしたね、自分次第で……でも、もうちょっと増やしてほしかったですね（笑）。

番組ホームページ放送後記コラム担当

朝井麻由美

宇多丸さんとの文通——毎週の放送後記を書いていた感覚に近いのはこれでしょうか。放送後記で書いたことについてを、次の放送で宇多丸さんが喋る。こちらは文字で、あちらは音声で、文通をしていた5年間でした。もともとは「普通の放送後記っぽくない読み物を」とお願いされてのこと。そして何より、私がゲーム好きなことを知っての依頼。ははーん、つまりラジオをもとに思う存分ゲームの話を語っていいのだな、とずいぶん自由にやらせていただきました。宇多丸さんと私のゲームの趣味がほとんど正反対だったのも面白かったです。洋ゲー派の宇多丸さん。国産ＲＰＧ派の私。ゲストが『ＦＦ』をはじめとするＲＰＧの話をし始めると、「へへ、ＲＰＧわからないんです(笑)」とばつが悪そうに切り出す宇多丸さんのことを放送後記でもピックアップするようになると、あまりにも頻繁にあるためこれが恒例化。"持ちネタ"みたくなっていったのはひとつの番組名物でしたね。ちなみに、ＲＰＧ全般の知識に疎かった宇多丸さんが、放送の回を重ねるごとにどんどん知識を得ていくさまを定点観測すると非常に面白いことをここに記しておきます。最初の頃はゲストの語りをただ聞くだけだったのが、番組4~5年目の頃には「ＦＦってナンバリングごとに全然雰囲気が違うんですよね」などとゲストに先んじて言うようになっているんですよ。フフ。

かくいう私も、この番組で初めて知ったゲームも多く、中でもドンピシャでハマったのが、ストレイテナーの大山さんが紹介してい

PROFILE **朝井麻由美（あさい・まゆみ）**

1986年1月28日、東京都出身のライター、編集者、コラムニスト。著書に連続ドラマ化された『ソロ活女子のススメ』（大和書房）、『「ぼっち」の歩き方』（ＰＨＰ研究所）、『ひとりっ子の頭ん中』（KADOKAWA）など。居酒屋バラエティ『二軒目どうする？』（テレビ東京）ほかテレビ・ラジオへの出演も多数。

たカイロソフトのシリーズ。今やスイッチ、スマホ、ｉＰａdと各端末でカイロソフトのゲームのほぼ全種類を何周もやり込む毎日です。あれをただのドット絵シミュレーションゲームと思ったら大間違い。あんな小さなドット絵の中に、登場人物たちの物語と人生とリアルの学びが詰まっているのですよ！　カイロソフトシリーズも『ＭＯＴＨＥＲ』シリーズも『アンダーテール』も、私に〝刺さる〟ゲームってどれも「粋なセリフ回し」「物語の奥にある考察の余地」「人生を感じるリアリティ」が共通してあるんですよね。……との話を語りだすと長くなるのでまた追い追い。

ところで、インパクトの強いエピソードを持ってくるゲストに、なぜかミュージシャン率が高かったのも印象的でした。清塚信也さんの「親に音感がないのをいいことに、バッハの楽譜を出しながらドラクエの曲を耳コピで弾いて練習をサボっていた」「コンサートで弾いていた曲に『悪魔城ドラキュラ』が混ざっちゃった」は私の中でおもしろエピソードＭＶＰです。他にも、三浦大知さんに橘慶太さんなど、宇多丸さん自身がミュージシャンゆえに話を引き出しやすかったのか、はたまたミュージシャンに個性的な方が多いからなのか……。ゲームの話とともに時折語られる仕事の話を聞いていると、彼らの常軌を逸する集中力に驚かされることも多々ありました。それがゲームのプレイスタイルにも表れているのかもしれません。その人自身やその人の人生がゲームにもにじみ出る、まさに番組タイトルの「マイゲーム・マイライフ」。

ちなみに私の最近のゲームライフはと言うと、番組が始まった頃は「ただでさえリアルの人付き合いで疲れるのに、オンラインゲームでまで人と関わりたくない！」と主張していたのですが、ここ1年ほどは『ドラクエX』で見ず知らずのフレンドとVCを繋いで遊ぶことが増えました。もしかしたら、かつて頑なになっていたほど、人が苦手ではなくなってきているのかも……。人が苦手で始めたゲームを続けていたら、ゲームを通して人が苦手じゃなくなっていた、ということでしょうか。だとしたら、ゲーム最高だな。

藤田ニコル

NICOLE FUJITA

#11

▷▷▷

**私は『ポケモン』と
ほぼタメなんです。
『ポケモン』を
やったことないなんて
終わってますよ。**

2020.12.3-10 O.A

PROFILE

▷▷▷

藤田ニコル(ふじた・にこる)

1998年2月20日生まれ、ニュージーランド出身。2009年『第13回ニコラモデルオーディション』でグランプリを獲得し、『nicola』『Popteen』を経て現在は『ViVi』で専属モデルとして活躍。天真爛漫なキャラクターがテレビでもブレイクして一躍人気タレントに。アニメ『ポケットモンスター サン＆ムーン』(テレビ東京)ではヌイコグマ役で声優を務めたほか、2022年にはポケモンセンターとコラボアクセサリーを展開し話題になる。

MY BEST GAME

『ポケットモンスター』
(任天堂)

ポケモンやってないと終わってる?

宇多丸　本日のゲストは藤田ニコルさんです。

ニコル　はじめましてですね、にこるんです。お願いします。

宇多丸　テレビでお見かけしない日はないので、なんか一方的に知り合いのような感覚があります。今、ニコルさんは〝知り合いだと思っちゃっている系タレント〟のトップですよね。

ニコル　あ、それでいいです。**〝みんなのともだち〟**で。

宇多丸　これはゲームの番組なんですけど、まずニコルさんとゲームの出会いは?

ニコル　ゲームを初めてやったのは3、4歳の頃の『ポケットモンスター』[01]。プレイステーションだと2を小学校低学年の時にやった思い出があります。

宇多丸　家にあったんですか?

ニコル　ありました。だからゲームとの出会いは長いほうだと思います。『ポケモン』は縦のやつでも横のやつでもやりましたね。

宇多丸　ゲームボーイとDSかな。ゲームボーイがあったということは、親御さんもゲームをやられていたんですか?

ニコル　いや、やらないんですよ。私は昔から『ポケモン』が好きで、スーパーマーケットで売っているポケモンの指人形を集めていたんです。それでお母さんがゲームボーイを買ってくれたのかな?

宇多丸　キャラクターとして最初に好きになったのが『ポケモン』だったと。でも3、4歳だと、『ポケモン』のプレイは難しいんじゃ?

ニコル　文字は読めていないんですよ。そのまなんとなく進んでいたんですよね。あと私、1998年生まれで**『ポケモン』とほぼ同い年なんですよ。**

宇多丸　ゲームは1996年発売、アニメは1997年スタートということですね。

ニコル　ほぼタメなんですよ。でも私が始めたのは2002年の『ポケットモンスター ルビー

01　様々な種類のモンスターたちを捕まえて、育てて、進化させて、戦わせ、交換するコンセプトによってメガヒットしたRPG。1996年に1作目『赤・緑』が発売され、最新作は2022年の『スカーレット・バイオレット』。アニメに、トレーディングカードにと、メディアミックスを含めて誕生から現在まで世界中で愛され続けている。

&サファイア』。カイオウガとグラードン（ともにポケモンの名）のやつです。

宇多丸　えーと、すみません。僕、『名探偵ピカチュウ』[02]しかやったことがないという、**めちゃくちゃ歪んだポケモン歴**しかないので。

ニコル　え！　それはヤバい……。

宇多丸　ハリウッド映画の原作が『名探偵ピカチュウ』だというのでやってみたんですよ。

ニコル　あれはもう別モノだよー！

宇多丸　映画はピカチュウがベラベラ喋るものね（笑）。

ニコル　あれはあれで面白いですけど、ホントは喋んないんですよ！　え？　オリジナルの『ポケモン』は1回もやったことないんですか？

宇多丸　……どういうものかは分かってる！

ニコル　**終わってますよ。**

宇多丸　ハハハ！　俺、もう終わってたかあ（笑）。

ニコル　そんな人いるんですね！

宇多丸　いるよ！　世代によっては。

ニコル　ハマらなくても、ちょっとやってみるとかは？

宇多丸　あのね、1996年だと、あまりにも大人になり過ぎていたんですよ。せめて中学生くらいだったら良かったんだけど……もうゴリゴリのラッパーだったんで。

ニコル　あー、なるほど。それは通らないかもしれないですね。

宇多丸　でも、『ポケモン』はそのぐらい当たり前に周りにあったということですよね。

ニコル　『ポケモン』と一緒に育った感じです。「こんなことをしたら友達が悲しむよ」とか友情とか家族の大切さとか、そういうものを劇場版アニメも含めて全部『ポケモン』から学んで今に至ります。

宇多丸　にこるんの周りはどうだったんですか？

ニコル　どちらかというと、女の子の友達でやっている子は少なかったので、男友達が多かったです。

02　2018年に3DS専用タイトルとしてポケモンから発売。人間の言葉を話す、おじさんのような特徴を持ったピカチュウとともに、難事件を解決していくアドベンチャーゲーム。2019年には本作を題材に、ライアン・レイノルズ主演で『ポケモン』初となるハリウッドでの実写映画化も果たされている。

宇多丸　じゃあ男友達とポケモンを交換したり？

ニコル　戦わせたり。映画館も毎年行っていました。

宇多丸　じゃ、あれだ。『劇場版ポケットモンスター ミュウツーの逆襲』（１９９８年）とかだ。

ニコル　**知っている情報をありがとうございます（笑）。**

宇多丸　かろうじて！

ニコル　でも名作ですよ。ミュウツーは人間に作られた悲しいポケモンなんです。

『キングダムハーツ』で夢の国へ

宇多丸　ゲームは『ポケモン』しかやっていなかったんですか？　家にはＰＳもあったんですよね。

ニコル　ＰＳでは『キングダムハーツ』[03]ですね。

宇多丸　これも子供がプレイするＲＰＧとしては難しくないですか？

ニコル　最初は難しかったですね。私の家庭環境は複雑なんですけど、難しいところは弟のお父さんとよくやっていました。

宇多丸　『キングダムハーツ』はディズニーキャラが出てきますが、そういうとこも魅かれた理由のひとつだったり？

ニコル　ディズニーも好きだからキャラクターから入っていったところもあります。『キングダムハーツ』の良いところは戦いながらディズニーキャラがちゃんとサポートしてくれてるのが可愛いんです。

宇多丸　その『キングダムハーツ』を……あ、ちなみにこれも僕はやっていませんけど……。

ニコル　**なんも合わないですね（笑）。**

宇多丸　なにも接点がない（笑）。でもどういうゲームかは分かっていますよ。いわゆる『ファイナルファンタジー』的世界にディズニーキャラがいて、話も『ＦＦ』的という。しかも大河ドラマのようにシリーズが続いていますよね。

03　スクウェア・エニックスの『FF』シリーズと、ディズニーが誇るアニメーション作品のキャラクターが奇跡のコラボレーションを果たしたアクションRPGシリーズ。1作目の発売は2002年。主人公はオリジナルキャラクターの少年ソラ。爽快な操作感のアクションと、シリーズを通して描かれる深淵なストーリーの同居が唯一無二。

なので、あまりディズニー的ではないじゃん、といった印象があるんです。
ニコル　でもディズニーなんですよ。主人公のソラくんにドナルドとグーフィーが一緒に付いてくるんです。盾がグーフィーで魔法がドナルド。で、ミッキーマウスは王様という立ち位置なんですよね。ミッキーが助けてくれるときはめちゃくちゃ強くなるんですよ。
宇多丸　ミッキーは特別なんだ。
ニコル　最初の『キングダムハーツ』と最新作の『Ⅲ』を比べてみたら**ソラのイケメン度がバチバチに上がっているんですよ。**最初は子供なんですけど、今は超タイプ。
宇多丸　長年、見てきていて、『Ⅲ』では異性として好きになっている。でもシリーズが続いていったら、ソラくんもどんどんオジさんになっていきますよ。
ニコル　それが困りますよね。
宇多丸　でも「一緒に歳をとっていこう」というメッセージなのかもしれないよ？　それにしても最新作でまだ『Ⅲ』なんですよね。
ニコル　新作が出るまで長いんですよ。そのあいだに『1・5リミックス』とか出ているんですけど。『キングダムハーツ』は物語でも誰かが消えちゃったりとか切なくて涙するシーンも結構あるんですよ。私、それだけ間が空くゲームをやったことがなかったんですけど、『キングダムハーツ』は待っちゃう。
宇多丸　待っている時間も楽しい。
ニコル　でも待っている間にYouTube動画とかでゲームの時系列を

見返さないとストーリーが思い出せないんですよね（笑）。キャラクターもいっぱい出てくるんで、「こいつは○○で……」とか確認してからやったほうがいいです。

宇多丸 ディズニーワールドって世界中の誰もが楽しめる、この世でいちばん敷居が低いエンタメのはずじゃないですか。なのにゲームはこの敷居の高さ！ だから『キングダムハーツ』をプレイする人ってどんな人なのかな？ って興味深いんですよ。

ニコル 女子が楽しみやすい。戦うだけの男の子が好きなそうなゲームじゃないから**女子がいちばん入りやすいゲームだと思います。**だって映画で観ていた『アナと雪の女王』や『ラプンツェル』の世界に行けるんですよ？ あの世界を自分で「ウェ〜イ！」って走れるんですよ？『パイレーツ・オブ・カリビアン』世界の海に潜れるんですよ？

宇多丸 まあまあ（笑）。たしかに単純に〝あの世界に自分が行ける〟という楽しさはあるよね。

ニコル 映画の敵とも戦えたりしてディズニーファンとしても楽しい。途中で『アナ雪』の主題歌（「レット・イット・ゴー〜ありのままで〜」）も唄ってくれるし。（おもむろにソラの画像を見せて）ほら、**いま爆イケなんです。**

宇多丸 幼なじみが実は初恋の人だった……みたいな感じでいいじゃん！

ニコル そうです。「私も育ったよ」って思いながらプレイしてます。

宇多丸 でもこの、リアルな絵柄の後ろにドナルドが普通にいる感じがなあ（笑）。

ニコル このドナルドとグーフィーの掛け合いがほのぼのするんですよ。

宇多丸 後から参入してもハードルは高くないですか？

ニコル **ゲームにハードルなんて関係ないですよ。**じゃあ、ピーターパンの世界で飛びたいと思わないんですか？ そんな夢をかなえてくれるゲームなんですよ。

宇多丸　ディズニーランドどころではないほど、ディズニー世界に入れるわけですからね。

ニコル　でもボス、めちゃくちゃ強いですからね！　難しさもありますし、マジで勝てないです。

宇多丸　そのためにコツコツとレベル上げをしていくんでしょ？

ニコル　そうです。敵を無視して行ったら負けますし。

宇多丸　それはそうでしょうね（笑）。

ニコル　ディズニーなのに難しいところも私は好きですね。

宇多丸　なるほど。『キングダムハーツ』ファンの皆様、失礼いたしました！

ゲームは自己責任で

宇多丸　ほか、記憶にあるゲームはありますか？

ニコル　ゲームキューブの『クラッシュ・バンディクー』[04]かな。

宇多丸　どちらかというとPSでおなじみのタイトルですけどね。ゲームキューブでやっていたのか。

ニコル　**年代の差じゃないですかね。**

宇多丸　年代の（笑）。

ニコル　あと、小学生前半の頃に『どうぶつの森』[05]もゲームキューブでやっていました。初期の『ぶつ森』は絵や話がちょっと怖くて。今のはほのぼのしてるけど、昔は怖かったです。

宇多丸　夜になると人がいないし、子供には怖いところがあったかな。

ニコル　夜になるとハニワくんが揺れてるし、不気味なイメージがあったんですよね。それに勝手にリセットしたら、次にゲームをするとき「おい、切るんじゃねー！」とかって言うリセットさんが出てくるし。

宇多丸　「そういう電源の切り方したらデータが壊れるぞ！」という。でもその怖さも込みで、不思議な世界に入っていく感覚があったん

04　1996年にソニー・コンピュータエンタテインメントがプレイステーション用ソフトとして発売。開発はノーティドッグ。悪の科学者・コルテックスの野望を阻止するため、クラッシュが精霊のアクアクとともに様々なステージを駆け巡る。3Dを活かした「奥スクロール」アクションゲーム。

05　2001年4月に任天堂からNINTENDO64用ソフトとして発売。同年12月に『どうぶつの森＋（プラス）』発売。どうぶつたちとスローライフを送る。対応機種がゲームキューブになってグラフィックが向上、キャラがより可愛らしくなった。プレイヤーに説教するモグラのリセットさんは、現行作で緊急脱出サービスに転職。

でしょうね。

ニコル　（画面を見せて）ほら、なんかちょっと不気味ですよね。

宇多丸　いま見ると……人間味はないよね。目も「どこ見ているのかな？」みたいな。あと、たぬきちに借金させられたりといった人間関係が、子供には生々しかったのかな。

ニコル　そうそう。「働きにいけ！」とか。

宇多丸　にこるんの弟さんはどんなゲームをプレイしていたんですか？

ニコル　お姉ちゃんに似て『ポケモン』やってましたね。弟にはポケモンを盗まれたことがあって。私が頑張って厳選したポケモンを、弟が友達に通信で渡しちゃったんです。

宇多丸　えー！　そんな泥棒みたいな……。

ニコル　**いや、マジで泥棒ですよ。**そのときが唯一、弟としたマジの大ゲンカかもしんないです。タマゴから産ませて、厳選して、名前やあだ名も付けて。そんな思い入れのある我が子が……。

宇多丸　人さらいにあったような。それは取り返せたんですか？

ニコル　取り返せなかったです。私と弟は5歳離れているんですけど、やっぱり高校生と小学生前半のポケモン交換って意味が違ってくるんですよ。弟は「はい、あげる！」くらいの感覚なんですけど、私は思い入れがあるから。あとやっていたのは『伝説のスタフィー』[06]かな。

宇多丸　（ゲーム動画を観て）横スクロールアクションですね。結構ムズそうなゲームをやるんですね。

ニコル　ゲームは好きなんで、なんでもやるんですよ。

宇多丸　ソフトは買ってもらえていたほうですか？

ニコル　お母さんにはあまり買ってもらえなかったので、おばあちゃんにタイミングをみてねだっていましたね。

宇多丸　子供の頃、ゲームは何時間までといったルールはありましたか？

06　2002年に任天堂から発売されたアクションゲーム。海に落ちてしまったテンカイの王子スタフィーが、故郷に帰るために海のらんぼうものと戦いながら大冒険。「スピンアタック」を始めとした、シンプル操作かつコミカルで可愛らしいアクションで、ゲームの腕前を問わず、幅広いプレイヤーが楽しめた。

ニコル　ウチの家はめっちゃユルいんで、そういうルールはなかったですね。門限もないほど激ユルな家です。

宇多丸　でも、無理に押さえつけられないことが良かったと思います。

ニコル　そうですよ！　押さえつけられると、やっぱやりたくなっちゃうから。そうしないほうが自然と疲れてくるから勝手に止めるんですよね。

宇多丸　べつにこっちも永遠にやりたいわけじゃないもんね（笑）。

ニコル　**いつかは止めるのに、その時間を決められているのは無理です。**

宇多丸　にこるん、それは名言ですよ。この番組にこれまで出ていただいたゲストも厳しくゲームを制限された人ほど大人になってからゲーム廃人になっているんです。

ニコル　そうなんだあ。私は言われたことないです。

宇多丸　にこるんは厳しくされなかった例ですね。そのおかげか、こんなステキなお嬢さんに育って。

ニコル　そうです（笑）。

宇多丸　宿題も自分のなかでバランスをみてやっていたんですか？

ニコル　宿題、やっていないです（笑）。中学校にも行かなかったし、好きなように生きてきました。**まあ、自分の人生だし。**だからお母さんには「どうなっても知らないよ」って言われてきました。

宇多丸　それがいちばん厳しいかもしれないですけどね（笑）。自己責任よ、と。

ニコル　そう、**「自己責任」って言われました。**でも後悔はしていないです。

ポケモン好きはみんな友達

宇多丸　じゃあ、いろいろゲームをやってきたなかで、『ドラクエ』『FF』はどうですか？

ニコル　『FF』はやってました。でも『ドラクエ』は『ポケモン』に熱が入り過ぎたのでやってなかったですね。『ポケモン』と同じくコマンド選択をして戦うタイプだったので。

宇多丸 言わんとしていることは分かる。『キングダムハーツ』が好きなら『FF』のほうになるよね。

ニコル でも、『ドラクエ』のスライムは好きです！

宇多丸 うん、『ポケモン』寄りなキャラですよね。にこるんはキャラクターに対する思い入れが重要なんですかね。

ニコル ひと目惚れじゃないですけど、タイプはあるかもしれない。ビジュアルから入ることが多いですね。

宇多丸 ほかに思い出せるソフトは？ 例えば『バイオハザード』とか。

ニコル 私、怖いの苦手なんです。でもテレビで『バイオ』をVRでプレイする企画があったんですけど、VRってヤバいじゃないですか。どこへ行っても追いつめられる。で、一歩も歩けずにその場で泣いちゃって。もう「今からゾンビが出てくる！」と思ったら出来なかったです。

宇多丸 あのね、**VR初体験で『バイオ』からやらせたらダメだよ！** それはもう暴力!!

ニコル 超怖かったです。**もう罰ゲームじゃないですか。**それで収録が中断しましたね。

宇多丸 それほどのガチ泣きで（笑）。

ニコル スタッフさんも「じゃあ、違うゲームにしよっか」ってなりました（笑）。ホラーゲームは人がやっているのは見れますけど、あんまり好んでやってなかったですね。……あとは何やってたかなあ。アンケートになんて書いてましたっけ、私。

宇多丸 えーと、**ほぼ『ポケモン』と『キングダムハーツ』のことしか書いていない**ですね。

ニコル ホントですか（笑）。

宇多丸 いや、それでいいんですよ。じゃあ『ポケモン』の何にハマったのか聞きましょうか。

ニコル すごくストレートな質問ですね……

え−、**『ポケモン』には終わりがない。**ストーリーのエンディングはありますよ、でもゴールした後がいちばん楽しい。永遠に遊べるゲームです。

宇多丸　いろんなポケモンを見つけては育てたり。

ニコル　ポケモン図鑑をコンプリートしたり。今はネットがあるので世界中の人と通信して戦ったり、ポケモン交換をしたりしてますね。

宇多丸　じゃあ知らない人と『ポケモン』をやっているんだ。

ニコル　やっていますね。高校生の頃も池袋のポケモンセンターに行ってやっていました。新作グッズを見て買って、そこではみんなDSを持っていたので、すれ違い通信で知らない人とバトルをして。そのときはテレビに出始めのときだったんですけど普通に通っていましたね。今もツイッターで知らない人に手伝ってもらったりします。『ポケモン』も新しくなってて、ポケモンがデカくなってるんですよ。

宇多丸　（ゲーム画面を見て）怪獣だ、もう。

ニコル　そう。みんなで協力して倒さないといけないんですけど、この巨大なポケモンを倒すと、いいポケモンが出てくるんですよ。だからツイッターでポケモンのアカウントを作っている人に**「お願い、みんな助けて」ってDMして。**

宇多丸　え、いきなりDM？　相手は「え？藤田ニコルからだ！」って驚くでしょ。

ニコル　そうです。今はその人とスイッチのフレンドになっていますね。

宇多丸　その、にこるんの人見知りしない性格はいいですね。そうやって当たり前のように頼まれたら、こっちも当たり前のように手伝うもんね。

ニコル　私が通信モードにしているとき、その人が参戦してきてくれたりとかします。もう友達とやるのが当たり前ではなく、**知らない人とゲームをやるのが今いちばん楽しいです。**

宇多丸　逆に言うと、みんな友達になり得るというかね。

ニコル　あ、もうみんな友達です。

ジュエリーピカチュウ、ゲットだぜ!?

宇多丸　今だとポケモンセンターは渋谷のパルコ6階にありますよね。
ニコル　そうなんですよ！　もともと渋谷はよく行く街でもあったし、『ポケモン』が近くに来てくれてスゴい嬉しいです。
宇多丸　このあいだちょっと行ったらすごかったです。あのフロアだけでかなりのアミューズですよね。
ニコル　ヤバいですよね。任天堂やカプコンのフロアがあって……あの空間なら何時間でもいられますよ。私、プレオープンのときに行って爆買いしました。
宇多丸　いいねえ。いくらくらい買ったんですか？
ニコル　引かないでくださいね。ジュエリーブランドのスワロフスキーと『ポケモン』がコラボしたピカチュウのフィギュアがあるんです。ジュエルで作られたキラキラしたピカチュウなんですけど、**33万円するんです。**私、これを狙っていたんです。
宇多丸　（商品を確認して）33万！　でも、このクオリティなら安いですね。
ニコル　安いですよね。プレオープンの日なら絶対にゲット出来ると思って買う気まんまんで行ったんですけど……売り切れていたんですよね。
宇多丸　どういうこと？　プレで行っているのに。
ニコル　全部、手作業で作っているので製作数が少なかったんですよ。だからガチガチの方たちが全部買っていってしまって。だからアイフォンケースとか別のグッズを買いました。
宇多丸　でも分かる。お金を落としたいんだもんね、こっちは。メーカーに忠誠を誓いたいというところもあるし。
ニコル　そう。**私も大好きなものにお金を落としたい。**33万円って結構高いんですけど、それが仕事に繋がったりすることもあるんですよ。

宇多丸　生々しいことを言うね（笑）。

ニコル　でも、ホントに好きなものが全部仕事になっているんですよ！　『ポケモン』と育って『ポケモン』が大好きで……って言っていたら『ポケモン』の声優さんをさせていただいたり。

宇多丸　テレビアニメ『ポケットモンスターサン&ムーン』に登場したクリン役ですね。

ニコル　その後にもレギュラーで1クール、声優をやらせていただいたんですよ。私、ヌイコグマっていうポケモンでロケット団の一員になったんです。

宇多丸　夢が叶ったというか。たしかに言い続けることで夢に繋がることはありますよね。

ニコル　だから『キングダムハーツ』も言っていたら何かあるかもしれない（笑）。

宇多丸　次回作までまた期間が空くんだろうから間に合いますよ！　にこるんが関わっていること自体、宣伝になりますもんね。

ニコル　〝『キングダムハーツ』宣伝大使〟とか。お金じゃないですよ！　**好きなことで仕事をしていたいんです。**

宇多丸　33万円のピカチュウフィギュアだって、持っていたら、お宅訪問のとき、ひとネタになりますしね。

ニコル　そう！　「これ、ピカチュウなんですよ！」って言えるし。

宇多丸　じゃあ、パルコのポケモンセンターに入りびたりたいくらいでしょ？

ニコル　部屋を借りられるんだったら**家賃を払ってでも住みたいです。**週イチくらいで新商品を見に行ったり、絶対にパルコは行きますからね。

宇多丸　小学校の文集で**「願いが叶うなら第1位はピカチュウを飼う」**と書いていた、にこるんですからね。

ニコル　イタいですよね（笑）。

宇多丸　いや、全然イタくない。こう言っていたら夢って近づくものだからね。

ニコル　そうなんですよ。だから人間世界にポケモンがいないことが悲しくなっちゃいます。

『名探偵ピカチュウ』を観たとき「なんで私はあそこにいないんだろ？」って思っちゃった。

宇多丸　映画では、いろんなポケモンが普通に町に住んでいて作業をやっていましたね。

ニコル　飛んでいる鳩もポケモンのポッポなんですよ。もう「その世界、なに？」って。

宇多丸　でもいずれはAR（アグメンティッド・リアリティ）の技術で、メガネをかけたら本当に鳩がポッポに見える……ってことがあるかもしれないですよ。

ニコル　それがいいです。コンタクトレンズにもその技術を入れてほしいですね。

宇多丸　もう取る気がない。でもいろんな仕事で齟齬が出ると思いますよ、「この人、違うとこ見てんだろうな」って。

ニコル　いやあ、そのくらい『ポケモン』好きですね。**犬もイーブイを飼いたい**ですもん。

袋いっぱいのポケモン愛

宇多丸　先程「『ポケモン』は永遠に遊べる」とおっしゃっていましたが、いま仕事が忙しいわけじゃないですか。そうすると新作が出ても大変じゃないですか？

ニコル　マジ、スゴい大変ですね。『ポケモンの家あつまる？』[07]というテレビ番組があるんですけど、発売から1週間くらいで「対戦します」って言われるときがあって。でも忙しいから全然プレイ出来ていないので**「まだテレビで見せられるほどのポケモンが揃ってない！」**って悔しくなったりします。

宇多丸　万全の準備をしてずーっと『ポケモン』をやっている人と、仕事の合間を縫ってやっている人では進み具合は違いますよ。絶対、時間はいるもんね。

ニコル　そうなんですよ。仕事量のためにゲームで悔しいと思うことが増えてきましたね。昔は時間に関係なく学校にも行かずにゲームをやっていたけど（笑）。

宇多丸　自己責任ね（笑）。

07　テレビ東京系列で放送されていた『ポケモン』情報バラエティで通称「ポケんち」。藤田さんは前番組『ポケモンゲット☆TV』からの出演。タレント同士のポケモンバトルが人気コーナーで、藤田さんは大谷凜香戦でギャラドスとメガガルーラ、岡崎体育戦でサザンドラとキテルグマというポケモンを使用。

ニコル　そう。今になって縛られたりしていま す。

宇多丸　これはねえ、にこるんに『ポケモン』仕事を振るスタッフさんが考えてほしいですね。にこるんは「ピカチュウ、カワイイ〜」ってだけのライトなファンじゃないんだから。

ニコル　私、今のようにテレビに出る前はよくオーディションに行っていたんですよ。ポケモン番組の女性タレントオーディションにも行っていて、そこで審査スタッフさんから「『ポケモン』への愛を語ってください」と言われたんですね。そのとき私と同じモデルのコ3人と一緒に受けていたんですけど、そのコたちは「ピカチュウが好きです♪」とか、**ありきたりなことしか言わなくて。もう弱ヨワなんですよ。**

宇多丸　ハハハ！　誰でも言えるくらいの。

ニコル　「ぬいぐるみ持ってまーす☆」みたいなね。いや、それでもいいんですよ？　でも私は「これ、絶対に勝ってやろう」と思っていて。それで家にある**ポケモンの指人形をポリ袋いっぱいに詰めて持って行ったんです。**

宇多丸　え！　ポリ袋いっぱいになるくらいあるの？

ニコル　その袋と一緒にDSのプレイ時間も審査スタッフさんに見せて「こんなポケモンを見つけました！」ってアピールしました。そうしたら受かったんですよ。

宇多丸　おおー！

ニコル　だから**ホントに好きなものって伝わるんだな、**って。

宇多丸　それ、すごくいい話ですよ。そこで「引かれちゃって」っていう話だったらどうしようかと思ったけど。ホントに何かを好きな人の情熱が無下にされるっていうのが俺、すごくイヤなんですよ。

ニコル　モデルのオーディションに受かって芸能界に入ったのも嬉しかったけど、ポケモン番組のオーディションに受かったことは今までの仕事のなかでいちばん嬉しかったかもしれない。

宇多丸　情熱をもってプレゼンしたことが認められたわけですもんね。

ニコル　そう。私、アホだし、言葉の選び方もおかしいけど、それでも伝わったというのが嬉しいです。

宇多丸　「見て、見て！」っていう（笑）。

ニコル　もう子供ですよ。「見て！　こんだけやってんですよ！」って（笑）。

宇多丸　でも指人形って3センチくらいのアイテムじゃないですか。それがポリ袋いっぱいって、どれだけ持っているんだという。

ニコル　お母さんが仕事に行くことが多かったんで、そのときはレゴブロックで作った家を舞台にしてポケモン指人形を家族や恋人に見立てて遊んでいました。

宇多丸　いいですね、イマジネーションが広がるし。

ニコル　風呂にも連れて行きましたし、**マブです。**

宇多丸　そのコレクションは今どうしているんですか？

ニコル　実家に帰ったら6袋ぶんあります。ヤバいです。

宇多丸　これもディスプレイすれば仕事に繋がるんじゃない？（笑）

ニコル　繋がりますね。あ、パソコンで「にこるん　ポケモン　家」って検索してみてください。これ、高校生の頃の部屋です。

宇多丸　（画像検索して）なるほど。収集物は丁寧にディスプレイするほうなんだ。

ニコル　するほうです。お母さんにも「ポケモンだけは捨てないで」って言っているので、ぬいぐるみも1個も捨てられてないです。でももう23歳（放送当時）にもなるし、捨てたらスペースが広くなるので「これどうするの？」と言われてます。……でも、イヤです！

宇多丸　それはそうですよ。にこるんの場合は仕事に繋がっていますし、とっておくべきですよ。しかもコレクターグッズのように大事に保存しているのではなく、遊び倒しているところもいいんですよ。

ニコル　だからお母さんに言ってるんですよ。**「私が子供を産んで、子供を『ポケモン』好きにさせたら物は全部そろってる」**って。

宇多丸　にこるんのおさがり（笑）。

ニコル　ファンのコから貰うプレゼントも、ほとんどポケモングッズだったりするんですよ。ポップとかタオルとか箸とか。生活用具の全部をポケモングッズで揃えられるくらいはありますね。

宇多丸　それが可能なくらいポケモングッズはあるからね。

ニコル　でも今は一人暮らしをしているので……**ちょっとオシャレな部屋にしたいじゃないですか。**

宇多丸　え？　じゃあポケモン感は減らしているの？

ニコル　「これだけは」という物だけを厳選して！　だからちょっと悲しいですよね。

宇多丸　あれ？　さっきの『ポケモン』に対する純粋な、にこるんの想いからするとちょっと……。

ニコル　**悔しいですよ。ちゃんと落ち着いた大人の部屋にしようとしたがっている自分がいることが。**

宇多丸　ハハハ！　まあね、『ポケモン』部屋も作って、オシャレ部屋も作って……という余裕のある大人になった、ということですよ。でも、ほぼほぼ『ポケモン』の話ですね。しかもゲームの話ですらないけど（笑）。

スパイダーウーマン：フジタ・ニコル

宇多丸　ここまで、にこるんが『ポケモン』というゲームから派生した一大カルチャーとともに育ってきたことが、よく分かりました。

ニコル　きれいにまとめてくれてありがとうございます（笑）。

宇多丸　では今、ご自宅にはどんなハードがありますか？

ニコル　何でもあります。ＰＳ５とニンテンドースイッチがメイン。それまでのＰＳ、ＤＳも持っていました。

宇多丸　ＰＳ５があるのがすごい。プレイされてみて、どうでしたか？

ニコル　ヤッバい。思ってた以上でした。私、いまスパイダーマンのゲームをやっているんですよ。

宇多丸　『スパイダーマン：マイルズ・モラレス』[08]ですね。僕もやっています。

ニコル　ビックリしませんでした？　ニューヨークの街をスパイダーマンがブオン！って移動するときの景色、見てます？　歩道にちゃんと人が歩いていたりするんですよ。もうホントに映画の中に入ったみたいで。

宇多丸　マンハッタンをまるごと作ってあるからね。その通行人もひとりひとりちゃんとデザインされていて、話しかけたら会話も出来る。

ニコル　進化し過ぎていて、**私が知っている〝ゲーム〟じゃなかったです。**もう映画ですよね。

宇多丸　蜘蛛の糸を出すときとかデュアルセンス・コントローラーがブンブン振動するので、画面の中の生々しさも体感できるというか。

ニコル　**もうゲームとゼロ距離ですよね。**ちょっとしたことでもブンブン動く。マジで中にいる感覚。私、昔はそのブ〜ンが怖かったんですよ。『キングダムハーツ』でラスボスが出てくるとき、めっちゃブ〜ン！ってなるので「来ちゃう、来ちゃう！」って。でも『スパイダーマン』に関してはそれがあったほうが楽しい。

宇多丸　自分が本当にスパイダーマンのようなアクションをしている気になれますよね。

ニコル　**いま、スパイダーマンですもん、私。**ＴＢＳから帰るときも糸を出してビルを渡って帰れます。そう思っちゃうくらい楽しかったですね。

宇多丸　でも忙しいなか、よくゲームをやれていますね。

ニコル　お風呂のお湯を溜めているあいだとかにやったりしています。結果ゲームにのめり込

08　２０２０年にソニー・インタラクティブエンタテインメントが発売。新たなスパイダーマン、マイルズの奮闘を描く。ビルの谷間をクモ糸でターザンするウェブ・スイングが簡単な操作で楽しめる。冬のマンハッタンも美しい。

んでお湯が冷めちゃったりするんですけどね（笑）。でも帰ってきたら〝仕事の自分〟でなくなりたいじゃないですか。そのきっかけが私はゲームなんですよ。**ゲームをすることでプライベートの自分になれるので。**

宇多丸　ありますよね。疲れたからといってそのまま寝てしまうと、起きたらまたすぐ仕事だから、すべてがぶっ通しすぎて、余計にツラい。

ニコル　そう。起きても仕事脳のまんまで。だから1回、違う世界に行ってからのほうが毎日の充実感は違いますね。

宇多丸　それは理にかなっていて、集中してゲームをしているときは、実はちゃんと脳が休んでいるんだと思いますよ。

ニコル　うん、好きなことしてますからね。

にこるん式ゲームダイエット

宇多丸　ほかにゲームは何をやられていますか？

ニコル　『エーペックス』ですね。今まではやってなかったんですけど芸能人の友達がめっちゃ、やっているんですよ。でも私はまだそこまでの腕前じゃないので、みんなに迷惑をかけちゃうから芸能界の友達とはやっていないです。最後まで勝ち残ることはないんですが、新しいジャンルのゲームで楽しかったんで、面白くてたまにやっています。

宇多丸　ゲームの上手さはどうなんですか？

ニコル　『スマブラ』はめっちゃ強いです。あとは『鉄拳』とか。『ポケ

モン』とコラボした『ポッ拳』というゲームもあって、それもやっています。
宇多丸　ポケモンが格ゲーに！　それは知らなかった。でも新しいゲームの世界が広がっているようでいいですね。
ニコル　そう、なんでもやってみる。**自分がそのゲームが苦手かどうか知りたいので。**
宇多丸　お友達のみちょぱ（池田美優）さんもゲーム好きですよね。
ニコル　そうです。『フォートナイト』をやってました。みちょぱは銃系のゲームが上手いです。
宇多丸　では、苦手なジャンルはありますか？
ニコル　やっぱ怖いやつ……『バイオハザード』。でもそれは『バイオ』に申し訳ないか。
宇多丸　いや、『バイオ』に「怖い」は誉め言葉だから。
ニコル　だってさあ、画面もわざと暗くしてさあ。**絶対もっと明るくできるもん、あの世界。**（ゲーム動画を見て）いやーっ、怖い！　でも私、YouTubeをやってるから逆にプレイ実況とかしていたら慣れますかね？
宇多丸　それ、いちばん盛り上がるよ。さっきのテレビの話じゃないけど、途中にこるんが泣いてプレイを止めちゃう級の場面があったら、みんなめっちゃ見るんじゃない？
ニコル　なるほど、もし『バイオ』をやるならそれでやりますわ。
宇多丸　そんな、にこるんのゲームのスタイルですが、インタビューで「空腹時の乗り越え方としてゲームをやる」と答えられていますね。
ニコル　**空腹のなかにもウソの空腹状態があるそうなんですよ。**
宇多丸　脳は「お腹すいてるよ」と伝えているけど、体は別にそうでもない、といった？
ニコル　そう。そこで食べちゃうから人間って太っていくんですよ。そのウソの状態のときにゲームをやると空腹感を忘れられるんです。
宇多丸　ダイエットになるんだ。
ニコル　何かの番組によると『テトリス』をや

るとお腹すくのを忘れるんですって。そういうゲームがダイエットにオススメです。あとはウソの空腹を見破るだけ。

宇多丸　ゲームをやっていて消える程度の空腹だったらウソ、でもやっていても「あれ？　まだお腹が減っている」となったら……。

ニコル　それはホントです。それをやるだけでも健康な生活になると思うし。

宇多丸　僕は、『デッドライジング』というゲームで集中し過ぎたことがあるんですよ。そのゲームの中では時間も過ぎるし、プレイヤーキャラが食事をしたり寝ることも出来るんです。で、このゲームにあまりにも没頭し過ぎて、**自分もキャラと同じことをしていると思い込んじゃって……**24時間、飲まず食わずでトイレにも行かず。

ニコル　え、ヤバ。トイレも？

宇多丸　気づいたら行ってなかったですね。で、立ったら、「あれ？　具合悪いな～、風邪かな？」とフラついてしまって。どれだけギリギリな状態だったんだという。にこるんはそんなことがないように！

ゲームで学んだ人間関係

宇多丸　にこるんのプレイ最長は何時間ですか？

ニコル　『ポケモン』の新作発売日に最速クリアをする人がいるじゃないですか。私もあれをやりたくて1日半やったことあります。

宇多丸　でも、『ポケモン』とかって絶対に時間がかかりますよね。

ニコル　そうです。私、ストーリーをバーッて進めるよりも、全部のモンスターを取りたい派なんですよ。だから1日半かかりましたね。

宇多丸　そのとき具合は悪くなりませんでした？

ニコル　**若かったので。**

宇多丸　今も若いよ！　さっき「もう23歳」って言ってたけど、まだ23歳ですからね。

ニコル　自分でもたまに思います。「ウチ、まだ23じゃん」って。
宇多丸　未来あり過ぎでしょ！
ニコル　でも夢を全部叶えちゃったので、いま困ってます。**夢、募集（笑）。**
宇多丸　いやいや、あとあと振り返ったら「あのときは、あれくらいで夢を叶えたなんて言ってたな〜」とかって思うんですよ。
ニコル　って、なるんですかね。じゃあ楽しみです、これからの人生。**……長げえ〜。**
宇多丸　ハハハ！　長いですか！
ニコル　フフ、いま考えたら「長っ！」と思っちゃった（笑）。
宇多丸　では、ゲームのやり過ぎで学業・仕事に悪影響をおよぼしたことはありますか？
ニコル　1回だけありますね。ギャル雑誌『ポップティーン』の編集部でモデル9人の撮影があったとき。その中には、みちょぱもいました。『ポップティーン』は中高生モデルが集まっている雑誌なので現場は青春というかワチャワチャしていて学校みたいな感じなんですよ。その撮影中、私が「ラストカットでみんなで変顔をして、いちばん面白かった人が勝ち。面白くなかった人がスタバにおごりで買い出しね」って提案したんですよ。
宇多丸　変顔には自信があったんだ。
ニコル　あったんですけど負けちゃって。そのスタバは編集部から坂を下ったところにあって、外は大雨だったんです。そんななか「9人ぶん買い出し？」と思って。
宇多丸　お金も結構かかるよね。
ニコル　しかも次の日が『ポケモン』の新作発売日だったんですよ。それで「無理ムリ、無理ムリ……」ってなって。
宇多丸　え？　どういうこと？
ニコル　「今おごったらゲームが買えなくなっちゃう！」って。私ホントに性格悪いんで**泣いてゴネて買いに行かなかったです（笑）。**
宇多丸　ハハハ！　なんだ、この話！
ニコル　**で、みちょぱと大ゲンカしましたね。**

今だったら買いますけど、あのときはゲームのお金を優先してしまいました。

宇多丸　それ、みんなも変な空気になって終わるよね。「え、ナニ？　さっきまで楽しかったのに！」って。

ニコル　そう、ヤバかった！　友情関係ブチ壊してしまいました。でも9人もいれば負けると思わなかったから（笑）。

宇多丸　その後も友情が続いて良かったです。でも〝やらかし〟というには、あまりにもしょうもなさ過ぎですよ！

ニコル　まあ、高校生のときの戯れなんで。**今は雨が降っていてもタクシーで買いに行きます。**

宇多丸　そのぐらいのお金もあるし（笑）。そんなにこるんが、ゲームから学んだことは？

ニコル　私は学業が得意ではなくて、小学5年生から芸能活動を始めていたこともあって友達もそんなにいるタイプではなかったんです。そんな私が生き方を学んだのがゲームでした。

宇多丸　しかも、現在進行形でゲームを通じて知らない人とコミュニケーションして、交友関係も広がっているし。

ニコル　**ゲームがなかったら人間としての成長はなかったですね。**私はもともと人見知りだったんですが、それもゲームのおかげでなくなりました。『ポケモン』とか1コ好きなものを挟むと話せたりするので。

宇多丸　今は学校で居場所がない子も、ゲームだったらみんなとちゃんとコミットしていたりしますからね。

ニコル　そうです。**ゲームはまず裏切らないですね。**自分が親になったらゲームを禁止したくない。伸び伸びとやる環境にはしたいです。

宇多丸　「自己責任」ですね！

ニコル　そうですね。私はゲーム関係のことを否定したくないですから。

上坂すみれ

SUMIRE UESAKA

#12

▷▷▷

**萌えや音楽の
素晴らしさ…
ゲームからいろんなことを
学んできました。
そして友達は
自分の中で作り出す、
ということも。**

2021.4.15-22 O.A

PROFILE

▷▷▷

上坂すみれ(うえさか・すみれ)

12月19日、神奈川県生まれ。2011年に声優デビュー。代表作に『スター☆トゥインクルプリキュア』(キュアコスモ)、『うる星やつら』(ラム)など。アーティストとしては、2013年放送のテレビアニメ『波打際のむろみさん』主題歌「七つの海よりキミの海」でデビューを果たす。昭和歌謡、メタルロック、ロリータ、プロレス等、多方面に興味を示し知識を持つ、唯一無二の声優アーティスト。

MY BEST GAME

『ぷよぷよＳＵＮ決定盤』
(コンパイル)

CPUは一生の友達

上坂　はじめまして、上坂すみれです。よろしくお願いします！

宇多丸　お声を拝聴するだけで「本物だ！」って感じがしますね。僕、[01]『龍が如く7』をめちゃくちゃやり込んだので。向田紗栄子、ずいぶんご一緒させていただきました。

上坂　紗栄子、頼もしいですからね。私も『龍が如く』シリーズのファンだったのでお話をいただいたときはめちゃめちゃ嬉しかったです。

宇多丸　ゲームはお好きなんですよね。声優さんはゲーム好き、というイメージがありますが。

上坂　声優さんは基本的にみんなゲーム好きですね。やっていない方のほうが少ないんじゃないか、っていう感じで。でも趣味の話となると**「同世代とかぶらないトークをしてくれよ」**みたいな（笑）。

宇多丸　上坂さんといえば！といった話題がありますもんね。

上坂　でも私も人並みにゲームが好きですね。私は一人っ子なんですけど、ひとりでRPGをずっとプレイしているタイプの子供でした。

宇多丸　その感覚、僕も大人になって分かりました。ゲームはずっと相手してくれますもんね。

上坂　そうなんです。それにゲームは理不尽な関係の切り方とかしないから（笑）。CPUは人に優しい。

宇多丸　ボタンを押して話しかけると確実に言葉を返してくれますもんね。

上坂　面識のない村人でも必ず何か言ってくれますし（笑）。

宇多丸　寂しくないですよね！　そんな上坂さんのゲームとの出会いは？

上坂　幼稚園の頃はゲームボーイをやっていて、初めて家にやって来た（据え置き型）ゲーム機はプレイステーション1です。小学生時代はこのPSで遊んでいた記憶があります。ゲームボーイは部屋で布団をかぶってずっとやっていたので、一時期、視力が0.1ぐらいになっ

01 上坂すみれが演じているのは、『龍が如く7』に登場するキャバ嬢・向田紗栄子。老舗ソープランド「乙姫ランド」のオーナー・野々宮が経営するキャバクラに務めているという設定。ゲーム中では野々宮の死をきっかけに、『龍が如く7 光と闇の行方』の主人公・春日一番知り合い、仲間（春日一番のパーティメンバー）となる。『龍が如く7』は、戦闘（喧嘩アクション）にRPGのコマンド選択を採用している独特なシステムになっており、仲間となるキャラクターはそれぞれ独特なパラメーターと能力を持っている。向田紗栄子は肉弾系技が強く、酒豪のため「泥酔状態」になりにくいという特徴があった。「あんなに酒が強い女を見たことがない」。

たんですよ。

宇多丸　それは親御さんも心配されたでしょうね。でも一人っ子ですし、ゲームがずっと相手をしてくれている、という安心面もありますよね。

上坂　そうなんですよ。参考書や青い鳥文庫とかを買っていただくついでに攻略本も買ってもらったりしていました。『ファイナルファンタジー』の公式攻略本は表紙が一見すると**小3の算数の本に似ているんですよ。**

宇多丸　親御さんも「なんか参考書っぽいし」と(笑)。親御さんはゲームをやられるんですか？

上坂　お父さんと『ストリートファイターZERO』を遊んだ記憶があります。私が初めて人とプレイしたゲームなんですけど……そこで「もう、やんない！」って（笑）。

宇多丸　あ、ボコボコにされた的な？

上坂　はい。そこからは**「CPUが一生、友達！」って。**

宇多丸　いやー、お父さんもゲーセン世代でやり込んでいたクチなのかもしれないですよ。では、どういったゲームを買われていたんですか？

上坂　スーパーマーケットのレジ横にゲームコーナーがあったんです。そこに据え置き品の『THE 戦車』、『お姉チャンバラ』とかがあって、それを買ってもらっていました。子供のときは分からなかったですけど、いま見るとシュールで味がありますね。

宇多丸　SIMPLEシリーズ[02]、いいですね！面白いし安いし、充分ですよ！

FFで人生を履修

上坂　そのゲームコーナーで『ファイナルファンタジーコレクション』を買ってもらったんですよ。『Ⅳ』『Ⅴ』『Ⅵ』が一緒になっているソフトなんですけど、これにすごく感動して。

宇多丸　『FF』に触れたことがない人にはお得なソフトですね。

上坂　そうなんです。初『FF』が『Ⅳ』『Ⅴ』『Ⅵ』

02 D3パブリッシャーより発売されている低価格帯のゲームシリーズ。当初は『THE 麻雀』『THE 将棋』『THE ブロックくずし』など定番ゲームをお手軽に楽しめるシリーズだったが、徐々に『THE スナイパー』『THE お姉チャンバラ』『THE 落武者』など独自路線を爆走、唯一無二のシリーズとなった。2003年に発売された『THE 地球防衛軍』は国内外で大評判となり、現在は通常価格での新作がリリースされている。

で良かったなって思います。これが6歳くらいですね。

宇多丸　なかなかの背伸びですね。

上坂　『Ⅳ』[03]では主人公が最初、暗黒騎士として出てくるんですが、これに限界を感じてパラディンという光の騎士に転職するんです。でも、6歳に「転職」は難しくて。

宇多丸　たしかに（笑）。

上坂　それに**「人生ってこんなふうに限界を迎えるんだ」**と、複雑な気持ちになりまして。『FF』の世界って子供を置いてけぼりにするところがあるじゃないですか。

宇多丸　はい。『ドラゴンクエスト』のカウンター的な側面もありますよね。

上坂　あと親友だと思っていた竜騎士が裏切ったり……。

宇多丸　ああ〜、『FF』っぽい展開だ!

上坂　〝裏切り〟という行為を人生で初めて体験して。「お父さま、お母さま……人は裏切るのでしょうか?」みたいな。

宇多丸　親御さんも「今日のすみれは元気がないな……」と心配したりね。

上坂　「なんか食欲ないなあ」とか（笑）。だから**クラスで友達という存在を知る前に〈人は裏切る〉ということを知ってしまったんですよ。**

宇多丸　リアルで経験する前に先回りして学んじゃった!

上坂　あと、お父さんの部屋にあった『ゴルゴ13』をひとしきり読んでいたので。

宇多丸　その作品はあまり……子供が読むものでは……。

上坂　おかげで世界史には詳しくさせていただいたんですけども（笑）。この『ゴルゴ13』と『FFⅣ』の世界を小学生前に履修したので、おいそれとは人を信じにくくなりました。そのおかげあって、この業界でやってこられているんじゃないかと思っています（笑）。

宇多丸　上坂さんの知識の幅と言うのは、そこが原点なのかもしれないですね。

上坂　ファーストコンタクトがハードなもの

03　1991年にスクウェアが発売したRPG。主人公が暴君に利用されて罪の意識に苦しむ重厚な展開と、コマンド選択にリアルタイム進行を組み合わせた戦闘システムが話題に。深いやり込みも楽しめた。

だったので。でも『FF』でのベストタイトルは『VI』[04]なんですよ。『VI』は仲間の絆の美しさが描かれているんです。パーティが3チームに別れていて、それを別々に動かせたりするんです。あとはプレイの仕方によって仲間にならないキャラがいたりとか。あとはエドガーとマッシュというすごいカッコイイ兄弟が出てきたり。「ドット絵でこんなカッコいいキャラを組み込めるんだ！」って感動しました。

宇多丸　ちなみに、この番組のゲストは圧倒的に『FF』好きの方が多いんですが、挙がってくるナンバリングで、『IV』『VI』は初めてですよ。

上坂　えー！　それはおかしいですよ！

宇多丸　**上坂さん、〝じゃないほう〟ですよ（笑）。**

上坂　おかしい、おかしい！　みんな絶対好きですって！

宇多丸　でも、後追いだけどちゃんと良い作品に触れているというのはいいですね。

上坂　この当時から自分の世代よりちょっと前の物を遊びたい、という気持ちがあったのかなあ。

宇多丸　過去にはアーカイブというお宝があるんだ、と。

上坂　年齢を順当にいったタイトルだと『サルゲッチュ』[05]を遊んでいました。でも中学生になると**親がいる前では『FF』をして、親がいなくなると『サルゲッチュ』を遊び始めて。**

宇多丸　親の前では「子供のすみれちゃん」を演じていたと。

上坂　なんかイヤな奴ですよね（笑）。

宇多丸　イヤじゃないです！「これは親の前でプレイするものじゃないな」っていうのはありますもん。キャラ萌えしている自分を見透かされたくない、とかね。

上坂　それもあるかもしれない。あと「あんた、これのどこが楽しいの？」とか言われたくない、とか。

宇多丸　でも、娘さんの目の届くところに『ゴルゴ13』があったり、いい環境ですよね。あまり締めつけ過ぎずというか。

04　1994年にスクウェアが発売したRPG。スーパーファミコン版としては最後の『FF』ということもあって、ハードの限界にまで迫る究極の完成度を誇る。魔法の力が失われた世界を舞台に、ドラマチックな群像劇が描かれている。

05　1999年にソニー・コンピュータエンタテインメントから発売。「ピポヘル」を被ったことで潜在能力が向上し、人間社会に害を成すようになった猿「ピポサル」たちを、「ガチャメカ」と呼ばれるアイテムを駆使して捕まえていく3Dアクションゲーム。デュアルショックの左右のスティックと振動を活かした操作感も斬新だった。

上坂　「もう寝なさい」「勉強しなさい」と言われつつではあったんですけれど、ゲームは長くやっていましたね。私も勉強することは好きでしたし、成績が落ちなければいい、といった感じで。でもテレビは21時以降、観させてもらえなかったんですよ。なので親が大人のテレビを観ている間にガラ空きの2階でゲームをやるんです。

宇多丸　「ここからは大人の領域ですよ」といった線引きをするのはいい方針だと思いますね。

上坂　でもそれで学校でテレビの話題に付いていけないので必然的に友達があまり増えず。クラスでも1〜2人が限度でしたね。その友達も近所に住んでいなかったですし、外に出かける文化もなかったので。

宇多丸　それもね、今にして思えばいい自習時間ですよ。小学校の同級生なんてね……**あいつら、まったく不要なことしか喋っていなかったと思いますよ！**

上坂　〝あいつら〟（笑）。でもホントにそうなんです。小学校で無理して友達を作らなくてもいいし！

宇多丸　上坂さんほど大人向けコンテンツに触れていると、同級生の話題は子供っぽくて話にならないと思いますよ。

上坂　そうかあ。あれは「入れなかった」ではなく「入らなかった」のかあ。〝あいつら〟が負けていたんですね（笑）。

宇多丸　そうそう！　僕も小学生時代、わりと大人向けコンテンツに触れていたクチなので、周りの会話に「どんなレベルだよ！」って呆れ返っていましたもん。

現実とゲームでの戦い

宇多丸　それ以降もソフトはワゴンセールで買ってもらって？

上坂　そうですね。あと印象深いのは[06]『チョコボの不思議なダンジョン』。PSで出来る範囲のポリゴンで出来ているゲームでして、てっき

06　1997年にスクウェアより発売。『FF』シリーズで乗り物として活躍してきた鳥・チョコボがデフォルメされて主人公に。ローグライクのゲーム性に『FF』の世界観やアクティブタイムバトルシステムが落とし込まれている。スクウェアの様々なゲームの特殊なデータが手に入る「不思議なデータディスク」がおまけとして付属していた。

り乗り物の召喚獣と思っていたチョコボちゃんが主体となってモーグリと一緒にストーリーを進めていくんです。プレイしながら**「……チョコボって主体性があったんだ。今まで移動タクシーみたいに使っててゴメンね」**って申し訳なくなって。

宇多丸　「そこまで自我があったんならこっちも付き合いかた考えたんだけど!?」っていう。(画面を見ながら）ああ、この絵……PSにしかない味がありますね。

上坂　そうなんですよ。目に優しいポッテリしたCGで好きですね。あとはNINTENDO64では『ポケモンスタジアム』を夏休みにめちゃくちゃプレイしていた思い出があります。『ポケモン』ソフトを差し込むことで自分のポケモンをN64のスタジアムに召喚することが出来るんです。通信対戦メインのゲームだったんですけど、私はCPUと熱い戦いをしてしまいました。

宇多丸　それがいいですよ。ちょいバカなCPUレベルがいちばんいい！　これは私の持論です。**熾烈な戦いは現実世界で十分ですよ。**

上坂　そうなんですよ〜！　最近のゲームってホント、対人戦が多くて。eスポーツでも強い方がいらっしゃって、それはそれで素晴らしいと思うんですけど……あの……私は……**現実の戦いがタイヘンで（笑）。**

宇多丸　いや、そのとおりですよ！　現実で魂をすり減らしてやっと家に帰って来たというのに、何が悲しゅうてゲームでも厳しくされなきゃイカンのか？という、ね。

上坂　アハハ！　もう『桃太郎電鉄』でもね、豆鬼くらいがいちばんいいです。(『ポケスタ』のゲーム画面を見て）わ、懐かしい！　ドット絵で育てていた子供たちがCGで飛び出してくるんですけど、「お前、こんなに立派な体をしていたんだね……」って感慨深かったですね。ドット絵のときは「あと一撃でやられてしまうな」っていう状態でも進ませてしまっていたんですけど、CGになると忍びなくて「これはやめておこう」となりました。

宇多丸　ああ、ビジュアル的に生々しく痛みを感じますもんね。

上坂　〝生きている感〟が強くなりましたからね。でもポケモンって技に自爆技が結構多いですよね。

宇多丸　あと、いろんなゲームでプレイヤーが死んだりしますけど……**「ひんし」状態ってワードチョイス、すごくない？**

上坂　戦闘不能とかはありますけどね。「お前、『ひんし』になったことがあるか!?」って思います（笑）。私、ゲームでもついそういうことを考えちゃうんですよ。「この村にいる村人はどういう暮らしをしているのか？」とか。

宇多丸　世界観全体を考えるんですね。

上坂　最近のアニメやマンガで「転生したら村人だった」といった、勇者ではないサイドをフィーチャーした作品が増えてきたのは、私みたいな考えを持っていた人が多いんじゃないかと思います。**私、ポケモンたちのストライキを見てみたいですね。**やろうと思えばポケモンボールだって避ければいい話だし、ピカチュウなんて電撃ですべての電気機器を破壊できますからね。

宇多丸　『猿の惑星』みたいな逆転劇が起きるかもしれない。パラレルワールドでは人間がポケモンに命令されてたり。

上坂　でも、人間の攻撃なんて「たいあたり」と「なきごえ」くらいしかないですから。

宇多丸　バトルがつまんない！っていうね（笑）。

上坂　**人間はひ弱ですよ。**

「友達１００人」をクレバーにクリア

宇多丸　そんな上坂さんがいちばん遊んだゲームが、ゲームボーイアドバンスの『マジカルバケーション』[07]。この番組では坂口健太郎さん（２０１９年６月２７日、７月４日放送回出演）もマイベストゲームとして挙げていらっしゃいました。

07　2001年に任天堂より発売されたゲームボーイアドバンス用RPG。開発は『聖剣伝説』シリーズに携わったスタッフが多く在籍していたブラウニーブラウン。温かみのある2Dのグラフィック、16種類の属性を用いた「精霊コンボ」を駆使する戦闘、ほかのプレイヤーとの通信で互いの属性魔法を得られる「レッツ！アミーゴ！」などが特徴。

上坂　まさか同志がいらっしゃるとは！　これは魔法に特化したファンタジー世界の学園モノです。クラスメイトも木や水の魔法とかいろんな属性の魔法の使い手で、その生徒たちが修学旅行に出かけるんです。そして物語のなかで世界の真実に気づいていく……というお話ですね。

宇多丸　イラストを見ると、そんなハード味があるとは思えませんけどね。

上坂　そう、パステルカラー系の雰囲気で絵もすごく可愛いんですよ。回復アイテムもグミだったりとか可愛い系で。でもとにかく攻略が難しくて、仕掛けや謎が複雑！　**これは3年くらい遊び続けましたね。**

宇多丸　3年！　坂口健太郎さんはマイベストゲームに挙げているのにクリアはしていないんですよ。「ラスボスが強すぎてバグだと思った」とおっしゃっていました。

上坂　さすがにそれはないですけど、クリアは難しいんですよ。私はすごく時間をかけて遊びましたね。普通の属性魔法は簡単に使えるんですけど「闇の魔法」「光の魔法」というほぼ裏技的な魔法があるんです。これは「アミーゴ」という通信交換をしないと入手できないんです。これには回数があって闇が99回、光が100回。それも違う人と！

宇多丸　え〜！　それ、アドバンス本体とソフトを持っている人を100人集めろってことですよね？　……酷じゃね？

上坂　しかもこの頃はニンテンドーオンラインがなかったので**物理的に友達100人必要だったんですよ。**でも私は「やるぞ！」って。幸いアドバンスをもう一機持っていたので、ソフトをもう1本買い、通信ケーブルを繋いで夜な夜なリセットして……。

宇多丸　ああ、自分で新しいプレイヤーを作ってしまう！

上坂　はい。**アカウントを100個作り、光の魔法を手に入れたんです！　がんばりました!!**

……でも手に入れたらそこで満足してしまっ

て、そこからクリアにはいかなかったんですが。ノーマル魔法ではクリアしているんですけどね。
宇多丸　光の魔法ってそんなに強いんですか？
上坂　その世界最強の魔法です。終盤に登場する闇の魔法にもラクラク勝てるはずなんですが……。
宇多丸　まあ、無双状態のアイテムを手に入れたらゲームとしてはつまらないもんね。
上坂　だからこその「友達100人」っていう設定だったんだろうな、って思います。
宇多丸　「ゲームもいいけど友達を100人作ってみたら？」という作り手のメッセージだったかもしれない。
上坂　なるほど。……でも、**せめてオンラインが生まれてからにしてほしかった（笑）。**だからいま『マジカル～』がニンテンドースイッチで配信されたら歓喜です！
宇多丸　それにしても上坂さん、クレバーな入手法でしたね。
上坂　人見知りという、いいスキルがありましたから（笑）。**アミーゴは自分の中から生み出すという。**『マジカル～』を作った人には「100人は無理！」って一言、文句を言いたいところですが……私のベストゲームです！

すみぺ的『三国志』

上坂　大人になってからハマったのが、コーエーさんの戦国シミュレーションゲーム『三國志』[08]です。その頃は『12』くらいまで出ていたんですけど、曹操とか孫権をプレイして天下統一するのが楽しくて。三国統一って成しえなかった夢じゃないですか。だから**歴史からズレズレになっていく瞬間がすごく面白くて。**劉備でプレイしてどこの国にも攻め込まず、関羽と張飛と楽しく遊んでいたら曹操がすべてを支配して、三国が滅亡したり。
宇多丸　そんなことになるんだ！
上坂　やっぱり働かなきゃダメなんだ、って

08　コーエーテクモゲームスの代表作のひとつである歴史シミュレーションゲームシリーズ。1作目『三國志』が1985年に発売となり、最新作『三國志14』は2020年発売。内政によって国力を高めて他国へと侵攻、これらを有利にするための外交や計略も重要となる。ゲームプレイ次第では、現実の歴史とまったく異なる展開に導くこともできる。

(笑)。諸葛亮が曹操のとこに就職しちゃったりしますから。

宇多丸 あ〜、その結託はヤバいですね。最強コンボですよ！

上坂 って、史実通りに遊ぶ楽しさ、違うふうに遊ぶ楽しさがあるんですね。そのあとは『(真・)三國無双』という敵を爽快になぎ倒すゲームをプレイしまして。世の中にはいろんな三国志ゲームがありますよね。シミュレーションもあれば、こういうアクションもある。さらには美少女にもなったり。歴史に名を遺すとこういうことになるんだと(笑)。**私もうっかり歴史に名を刻むことになったら、おじさんになったりするんだろうな、って。**

宇多丸 まあ、こすられまくるでしょうね(笑)。

上坂 『三国志』では私、呂布がめっちゃ好きなんです。私の〝初めての呂布〟は横山光輝先生のマンガで、この呂布は見た目がモミアゲ長めで朴訥な大男なんです。しかも強いという描写より貂蝉という美女にメロメロになったりするのが印象に残るキャラクターになっていて。

宇多丸 可愛いというか、ちょいバカなキャラ。

上坂 はい。とても人間らしいキャラとして描かれていて、それでグッと呂布が好きになったんです。で、その呂布には陳宮という名軍師がいるんですよ。『三國無双』ではモブキャラとして人気だったんですけど『真・三国無双7』でついに初めてプレイアブルキャラクターになったんですよ。

宇多丸 軍師の陳宮が闘うわけですか？

上坂 はい。「呂布殿、

行きますぞー！」って謎の巻物をバシバシしながら。

宇多丸　『三國無双』シリーズ、謎の戦い方ありますよね。

上坂　**諸葛亮は扇からビームを出しますよね。**「え!?　ビームなの?」って（笑）。

宇多丸　あれは孔明の〝知恵〟をビジュアル化したんでしょうけど。

上坂　知恵という名の波動砲的なもの（笑）。それにしても『三國無双』のビックリ度合いはすごいですよ。一回、本人たちに見せてあげたい（笑）。

宇多丸　では、待ちに待った陳宮の暴れている姿はいかがでしたか?

上坂　嬉しい！　ずっと呂布に付き従ってストレスがたまっていただろうから（笑）。なので『真・三国無双7』では**陳宮でのプレイ時間がいちばん多い**という記録が残っています。

ゲーム音楽への思い入れ

上坂　あと思い入れがあるのは、これも大人になってから出会ったゲームなんですが『超兄貴～究極無敵銀河最強男～』[09]です。

宇多丸　PCエンジンのSUPER CD－ROM^{2}が第1作のシリーズですね。いかにもPCエンジンらしいふざけかた、といったゲームですよね。

上坂　『グラディウス』のような横スクロールシューティングで、マッスルな人がマッスルな人たちを引き連れてマッスルな人たちと戦うという。

宇多丸　結構、ムズいゲームじゃないですか?

上坂　でも私でもクリアできました！　「このキャラ、2ちゃんねる（現5ちゃんねる）で見たことがあるぞ?」と思って遊んでみたら、なんとも顔色の悪い筋肉の方々が（笑）。そのビジュアルにあまりにもビックリして。

宇多丸　なんていうのかなあ……悪趣味?　**初**

09　1995年にメサイヤが発売した横スクロールシューティング。主人公の筋肉男女が筋肉男を従え、敵の筋肉男と戦う。実写取り込みのキャラが濃い。BGMの中には、男性が「お兄様」へしたためた文を切なげに朗読するものも。

めから〝クソゲー狙い〟っつうかね。

上坂　インディーズっぽいというか。PSのおバカゲーって、まがりなりにもいい話があったり、売れる要素があるじゃないですか。

宇多丸　うん。頭のいい人がわざとふざけているというか、センスがある。でも、これはただの悪ふざけ（笑）。

上坂　**このビジュアル以上のものが出てこないですからね（笑）。**でも、この出オチのパワーを切らさないのはすごいんですよね。最終面までこれをやり切るっていう。音楽も良くて、サントラも買わせていただきました。

宇多丸　ゲーム音楽もお好きなんですね。

上坂　高校生のとき、中野ブロードウェイのお店で売っていた『悪魔城ドラキュラX 血の輪廻』のサントラをがんばってお金を貯めて買った思い出があります。PCエンジンって音のクオリティが良いんですよ。

宇多丸　プレミアがついていたんですか？

上坂　8600円くらいでしたね。でも、どうしても欲しくて。高校生でプレミアアイテムを買うのは手が震えましたけど、手に入れた時は嬉しかったです。

宇多丸　失われたPCエンジン文化を後からディグっているのはすごいですね。

上坂　ゲーム音楽では初代『ポケモン』のシルフカンパニーのBGM――悪の組織のテーマみたいな曲なんですけど、幼稚園時代にプレイしていたので、これがめちゃくちゃ怖くて。でもそれからマイナー音階に病みつきになってしまい、**暗い系のゲーム音楽が好きに**

なりました。

宇多丸　曲単体としてお好きになったと。

上坂　そうですね。ゲームの音楽って思い出と結びついているところもあるし、単体で聴いてもカッコイイですね。『FF』のサントラも買いました。『ニンテンドウオールスター！大乱闘スマッシュブラザーズ』は音楽を聴くために買ったフシがあります。私、格闘系が苦手なうえ、**ましてや友達と遊ぶ系のゲームなのに（笑）。**でも「新しいBGMを解放するんだ！」ってひとりでずっと戦っていました。というのも『スマブラ』ってオフィシャルでサントラが出ていないんですよ。

宇多丸　ああ、ゲームで聴くしかないんだ。

上坂　だから新しいステージになったらポーズボタンを押して、そのステージBGMを流していました。

宇多丸　上坂さんのようにゲーム音楽を遡って聴くということは、その楽器でしか出ない音を聴く、みたいなことに近いですよね。

上坂　ファミコン、ゲームボーイとかハードによって違いますよね。『ロックマン』のBGMを聴いた時も感動しました。**失われた楽器、**みたいな。あと「FM音源カッコイイ！」とかPCM音源との違いを知ったりとか。

宇多丸　それ、ヤバいっすね！

上坂　そこで得た知識や好きな要素は自分の音楽活動に活かされているところはあります。**ゲーム音楽はすごく奥が深いです。**ゲーム音楽が好きな方は多いと思うので語り合ってみたいですね。

宇多丸　上坂さんは出だしの部分からして、過去の名作とか過去のアーカイブにアプローチする姿勢が素地としてある。いいオタクになる流れが出来ていたんですね。

上坂　……たしかに。勉強熱心なオタクとしてはとても正しい道を歩いているのかな、とは思います。**なんでもかじっていくよりは、ひとつの道を掘っていくということが好きだったので。**こう考えるタイプのオタクになれたのは幼少期の体験あってですね。宇多丸さんとのお話でゲームをやっていて良かったな、と思いました。無駄じゃなかったです！
宇多丸　いやホント、上坂さんはオタクとして姿勢が正しい！

すべての〝萌え〟が詰まった『ぷよぷよ』

宇多丸　そんな上坂さんのマイベストゲームは？
上坂　私のオタク的な要素を作りだしてくれた、という観点で『ぷよぷよSUN決定盤』[10]です。プレイしたのは小学2、3年生の夏休みなんですけども、後にも先にもパズルゲームをやったのはこれだけなんです。主人公のアルルにドラコとか、とにかくキャラが可愛くて。ずっとドット絵を見てきたんですけども、この2．5等身キャラを見て「可愛い！」って。それに勝負に負けたら「ぴえん」となったり、勝ったらカッコイイポーズを決めたりと表情も豊かで動きも可愛い。しかもアルルは一人称が「ボク」。**初めて〝ボクっ娘〟との出会いでした！**
宇多丸　このドラコね、肉感的というか、ちょっと色っぽいんだけど。
上坂　子供ながらにセクシーさも感じましたね。立ち絵で等身が変わって大人っぽくなって。「こんな姿もあるんだ！」って。塾に行くギリギリまでこれを遊び、帰って来てからまた遊び……。親にも**「これは先生にオススメされた頭がよくなるゲーム」**って大嘘を言い張っていました（笑）。
宇多丸　まあ、一見そういう匂いがしなくもないから（笑）。
上坂　**私の二次元オタク的なキャラの要素がすべて揃ったゲーム**ですね。ゲームも素晴らしいんですけど、小学生の私に萌えを教えてくれた偉大な作品として、このタイトルを挙げたいと思います。
宇多丸　上坂さんらしい動機ですね。たしかにキャラがめちゃくちゃ可愛いね。

10　1997年にプレイステーション用タイトルとしてコンパイルから発売。「太陽ぷよ」の存在で、より白熱した対戦を楽しめた『ぷよぷよSUN』に、アーケード、セガサターン、NINTENDO64と移植されてきた中で追加されてきた要素の多くを取り入れた、文字通りの決定盤。

上坂　いっぱい連鎖をしたらポーズが見られるといった、ちょっとした努力目標もあるんですよ。
宇多丸　表情もおしゃまなの、大人っぽいの、おバカなの……といろいろあって。うん、分かる気がする。
上坂　世界観ものんびりしていて、魔王さまが日焼けがしたいがために太陽を近づけさせたりとかするんです。そういう能天気な世界観が好きで。
宇多丸　『ぷよぷよ』の話をするときに世界観を話題にしている人は初めてですね。大体がプレイの上手さの話になるんですよ。番組ゲストにお越しいただいたビッケブランカさん（2021年3月18日、25日放送回出演）なんて、相手を蹂躙する必殺技の話しかしていないですから（笑）。
上坂　こんなにキャラが魅力的なのに！　ボクっ娘のアルル、モンスター娘で褐色キャラのドラコ、カワイイ男の子で変態気味と言われがちなシェゾン、「おいっす！」という挨拶がカワイイ魔女のウィッチ、ハーピーは妖精なのに音痴というギャップ萌えのコ、美形でナルシストな魔物のインキュバスはあせると汗だくになってメイクが溶けちゃうというなんとも可愛らしいキャラ、サタン様にベタ惚れしている格闘士のルルー、そしてのほほんとした魔王さま……私の好きな要素が全部詰まっていて。
宇多丸　オタクとしての決定版が『ぷよぷよ』なんですね。それにしても『ぷよぷよ』をキャラで楽しんでいるって、**やっぱ上坂さん、〝じゃないほう〟の楽しみ方ですよ！**
上坂　なんということでしょう！　すごい自信あったんだけどなあ〜。
宇多丸　でも、上坂さんのプレゼンを受けたうえで画面を見たら分かる！　魅力的！
上坂　『ぷよぷよ』は難しかったんですけど、キャラのおかげでやり続けることが出来ました。キャラがこんなに可愛くなかったら、おそらくクリアできていませんでしたね。キャラボイスも「やったあ！」「バタンキュ～」とかめちゃくちゃ可愛いくて。

宇多丸　……ただ、**本来はキャラの表情やポーズに気を取られてちゃダメなゲーム**ですよね。

上坂　『テトリス』みたいにストイックにやるものですよね（笑）。

宇多丸　『ぷよぷよ』はeスポーツでよくプレイされていますが……強い選手もキャラ知識に関しては把握していないってこと、あり得るんじゃないですかね。

上坂　もしかしたら！　でも、それはもったいないですよ！

宇多丸　たぶん、「キャラに思いを入れるとそっちに動体視力が奪われますから。余計なことをインストールしたくないんですよね」って言われちゃうかも。

上坂　たしかに試合中に感情が入り混じるのは良くないかも（笑）。

宇多丸　でも、すごいプレイをした後にキャラを見ると……。

上坂&宇多丸　**カワイイ～！**

宇多丸　ただ、キャラ萌えし過ぎちゃって、監督から「お前、最近、恋してる？」って心配されたりするかもしれない。

上坂　でもそれは、**人間的には成長ですから。**

宇多丸　試合に負けても、「僕はプレイヤーとしては勝利を失ったけど、人として大事なものを得た」とか。

上坂　そう言ったらみんなの心に残りますよ。「僕はアルルと言う友達を得たのです」って。

宇多丸　大半の人はポカーンでしょうけどね（笑）。でも上坂さんのプレゼンで『ぷよぷよ』の知見が深まりましたし、大変勉強になりました！

上坂　わー、嬉しい！　キャラゲーとしての『ぷよぷよ』という見方を皆さんにも是非してほしいなと思います。**意外なところに萌えはあるんですよ。**

オススメはハード世界観ＲＰＧ

宇多丸　いま稼働中のハードは？

上坂　ＰＳ４、スイッチ、メガドライブとミニ、そしてお誕生日にスタッフさんからいただいたゲームギアミクロです。

宇多丸　ゲームギアミクロって、ミントくらい小さい機体ですよね。可愛いんですけど……ゲームプレイ、無理じゃね？

上坂　私も「無理じゃね？」って思ったんですけど、いただいた瞬間から夢中になってしまって。私が持っているのは『ソニック＆テイルズ』、落ちものパズルゲーム『ぱくぱくアニマル』が入っているブルーです。

宇多丸　４タイトルずつ入っているんですよね。

上坂　この中の『ぱくぱくアニマル』が異様に面白くて、ずーっとやっていたら電池がアッという間に切れてしまって。なのでコンセントを入れてプレイしていましたね。

宇多丸　僕はオリジナルのゲームギアを所有しているんですけど、『琉球』というトランプゲームが好きだったんですよ。ミクロに入るようなタイトルじゃないし、実質最初に配られたカードで勝負が決まっちゃうゲームだったので、面白いかっていうと、そうでもないんだけど。

上坂　ついやっちゃうんですか？

宇多丸　ラッパーとしてまだモノになっていない頃、実家の自室で、**死んだ目をしながらプレイしていましたね。**あれは無になってプレイするのがいいんですよ。でもゲームギアミクロ、しっかりプレイ出来るんですね。

上坂　そうなんですよ。画面も今の技術だからくっきり見えて。なんならポケットに入れて持ち運べるので是非、みなさんも旅先でプレイしてみてください。でも、おもにプレイしているのはＰＳ４とスイッチですね。スイッチではアーカイブスのほうで『真・女神転生』[11]を遊んでます。

宇多丸　上坂さんのクラシック・ディギング、

11　１９９２年にアトラスより発売。西谷史氏の小説を原作とした『デジタル・デビル物語 女神転生』の流れを汲みつつ、装いも新たに生まれたＲＰＧ。「仲魔」にした悪魔を合体させるといったシステムに加え、ロウ・カオス・ニュートラルのルート分岐を導入。どれも一概にハッピーエンドとは言えないハードな世界観でコアなファンの支持を集めた。

すごいですね！

上坂　前にプレイしたことはあったんですけど、このシリーズは主観移動なので方向オンチの私にはあまりに厳しくて断念したんです。でも『龍が如く』シリーズをひと通り遊んだうえで「次は何をやろうかな？」というときにアーカイブを開いたら「私が挫折したゲームがあるぞ！」と。あと、『アンダーテイル』というモンスターと会話して戦闘を回避することの出来るゲームがありますよね。

宇多丸　はい。ちょっとＲＰＧ批評的な作品。

上坂　そのルーツは『女神転生』シリーズからもきている、という記事を読んで改めて興味を持ったんです。そして「今なら楽しめるかも！」と、今度は挫折しないようにｉＰａｄでマップを開き、ｉＰｈｏｎｅで攻略サイトを見ながら楽しんでいます。モンスターのグラフィックは結構怖くて〝倒すべき魔物〟というビジュアルをしているんですけど、会話すると意外と打ち解けられるんですよ。パーティの中にモンスターの友達がいると「仲良くしてくれや」って去って行ったり、お金をくれたりもします。**モンスターにもこんな社会性があるんだ、と。**

宇多丸　人間臭いというか。さすが『アンダーテイル』の元ネタのひとつというだけありますね。しかも１９９２年のタイトル。この時点でその発想はすごいよね。

上坂　逆に『ペルソナ』シリーズは未体験で。どのタイトルがオススメですか？

宇多丸　『ペルソナ５』[12]ですかね。僕はＲＰＧアレルギーがあったんですけど、番組ゲストで来られた中川翔子さんからオススメされてプレイしたところ、見事にハマりました。これがあったから『龍が如く７』もすんなり楽しめたのかもしれない。

上坂　ＲＰＧアレルギーはもともとだったんですか？

宇多丸　ＲＰＧ全盛期にゲームをやっていなかったんですよね。あと、世界観の好みもありますね。でも『ペルソナ５』は、音楽もおしゃ

12　2016年にアトラスが発売したRPG。神や悪魔の姿をした「ペルソナ」を操る少年少女が、怪事件に立ち向かうシリーズ第5弾。『4』での楽しい学園生活はそのままに、舞台は地方から都会へ。「心の怪盗団」として、悪人の心を盗んで改心させる。

れだったりデザインもあか抜けていてハマりましたね。

上坂　『女神転生』からガラッと雰囲気を変えているんですね。『真・女神転生』は話がストーリーがハードなんです。まず冒頭で魔物に取り憑かれたお母さんを倒さなきゃいけないんですよ。でも主人公がクールなのか普通にお母さんを斬りつけて。さらに飼っている犬をケルベロスにして連れていくんですよ。「主人公の心、大丈夫？　なんの葛藤もないのか！」って(笑)。なので**入り口でだいぶ人を選ぶゲーム**ですね。

宇多丸　そんな世界観なんだ！　でも、そのエグみ嫌いじゃないいなあ。

上坂　ずっとそんなテイストです。まず悪魔合体というのが非人道的ですよね。かわいいラミアちゃんと、そこらへんのドワーフを合体させて別の魔物にしたり、恐ろしいシステムなんですけど。でもこれが『女神転生』ならではの世紀末っぽい雰囲気で、私はこの世界観がもともと大好きなんですよ。

宇多丸　今はこちらを楽しまれていると。

上坂　あと……私、それこそ声優になってからいろんなアニメに出ているので、自分がプレイしていたり観ている作品で、**うっかり自分の声が聞こえてくることがあるんですね。**

宇多丸　いや～、いっぱいあるでしょうね。

上坂　それは嬉しいし、大変ありがたいことなんですけど……。でも、自分が無関係なゲームのほうが脳が休まるというか。なので今はボイス無しのゲームが楽しめるという面はありますね。

大事なのは「いま、楽しい?」

宇多丸　オンラインはあまりプレイされないということですが、プレイはされたことはあるんですね。

上坂　自粛期間中に『あつまれ どうぶつの森』が全国的に流行り、私も例に漏れずプレイしていました。お友達の声優さんと島に交換で遊びに行ったりしたんですけど……私、オンラインで人の島に行くのでさえ緊張しちゃうんですよ。

宇多丸　逆に、自分の島に上がりこまれるほうはどうなんですか?

上坂　その頃はまだ草がいっぱい生えていたりで開拓されていなくて。**「ウチなんかで申し訳ありません……」**という(笑)。

宇多丸　まあ、あれは自慢できる状態にもっていくまでがなかなか大変ですよね。

上坂　難しいです! 『あつ森』もセンスや向き不向きが出るというか。

宇多丸　そう思います! 結局、仮想空間でいい感じの部屋を作れるような人は、現実にもセンスのいい住環境を作り上げてるような人だったりするんじゃないの? って気がします。

上坂　汚部屋に住んでいるような身分じゃあキレイな島にはならないわ、って(笑)。テーブルの上にゴミを放置しているようでは島に穴を掘っちゃいけない、という戒めを感じました。

宇多丸　それに僕は夜中にプレイするから、全然人がいないんですよ。**だからずっと蛾を捕ってましたよ。**

上坂　私も夜行性の生活だったので昼の虫が全然捕れなくて。毎日毎日、女性が「夜分にすみません……」ってアナウンスを始める(笑)。**これはリアルの私を映し出しているんだ、って感じましたね。**余裕がなければ部屋が散らかってくるし、果物は蓄積して雑草も生えていく。ひさびさに出かけると「お前誰だっけ?」とかリアルで体験するツラさを教えてくれるんですよね。

宇多丸　あれ、ツラいですよね。では、ゲームで好きなジャンルと苦手なジャンルは？

上坂　アドベンチャー、ＲＰＧが好きで、横スクロールシューティング系が苦手です。『超兄貴』はキャラ萌えでプレイしましたけど。

宇多丸　お話を聞いていると、上坂さんの場合は、一点突破型という気がします。苦手ジャンルでも、キャラや音楽が好きならやり込めてしまう。

上坂　ああ、何か心魅かれるポイントがあれば多少の困難はがんばって解決するというところはありますね。『超兄貴』をよくクリアできたな、って思いますもん。

宇多丸　では今後、楽しみにしているゲームは？

上坂　**ドリームキャストに蘇ってほしい**ですね。昔、ハードは持っていたんですけど、あまり遊ぶチャンスがなく、ソフトもそんなに持っていなくて。唯一遊んだのが『シーマン』[13]。でも初めてプレイしたときはホントに怖くて。その頃『学校の怪談』を読んでいたので都市伝説的な怖さがあって。

宇多丸　人面犬、人面魚……そういう時代の流れで出てきた作品ではありますよね。

上坂　（『シーマン』の画面を見て）いやー！　キモーい！　いま見ても怖～い！　これが子供の頃は楽しめなくて。しかも水槽とかを変えないと「シーマンは死にました」ってなるんですよ。**こんなどこかで見たことのあるような顔をした生き物が死んでしまうことが私には耐えられず……。**でも大人になった今だったら極楽まで真っ当させてあげられるかなと。

宇多丸　と、いうことは、エンディングまでプレイしていないんですね……上坂さん、**『シーマン』は、エンディングが最高なんですよ……！**

上坂　うわぁ～～。見たいよぉ～～。

宇多丸　オレ的に今まで見たエンディングでトップランクに入る！　そうだなあ、「シーマン、カッコイイ～！」とだけ言っておく！

上坂　なんと～、あの憎まれ口を叩くシーマン

13 ― 1999年にドリームキャスト用ソフトとしてビバリウムから発売された育成シミュレーションゲーム。音声認識システムによって人面魚のシーマンと喋ってコミュニケーションを取りながら育てていく。当時育成モノのゲームと言えば可愛いキャラクターが多かった中、シーマンのおじさんでしかない風貌や、シニカルな態度は人々に衝撃を与えた。

が？　想像がつかない！

宇多丸　でも、コロナ禍で誰もが孤独を感じているであろう今こそ、『シーマン』のようなゲームが求められていると思うんですよね。あと『どこでもいっしょ』のトロとかね。

上坂　『シーマン』、今だったらすごくいいと思うんです。トロにも会いたいなあ〜。でもキャラクターとして知っているだけで『どこでもいっしょ』は遊んではいないんですよ。

宇多丸　……上坂さん、トロは別れがポイントなんですよ……！

上坂　え？　お別れがくるんですか？　一生仲良く遊べるゲームじゃないんですか？

宇多丸　タイムリミットがキモなんですよ！　**ずっと続く友達なんていないんですよ！**

上坂　ホントにそうですね（笑）。

宇多丸　では、上坂さんがゲームから学んだことは？

上坂　**難しいゲームはクリアしなくていい！**

宇多丸　ハハハ！　どんな教訓なんですか！

上坂　好きなゲームはのめりこんでクリアすればいいんですよ。だけど、しんどいゲームをしんどい思いをしてまでクリアしなくてもいいと思うんです。ほかにもゲームはありますしね。ゲームっていろんなことを出来るから楽しいのであって、「楽しくなかったらいまゲームをしていない」ということにしています。

宇多丸　「いま、楽しいか？」と自身に問いかける。

上坂　そうです。でもこれは人生全体的に言えることだと思います。

宇多丸　苦しかったら逃げ出してもいい、終わらせてもいい。ホント、そうですよね。

上坂　人間は自由なので。私は声優さんが向いているので、今とても楽しくやっていますけども、**毎日つねに「楽しいか？」って問いかけているんです。**これはゲームからきているのかもしれないですね。「プレイしていてしんどくないか？」というのはゲームライフに大事なことだと思います。

貴島明日香

ASUKA KIJIMA

#13

▷▷▷
**オンライン上には
私の"青春"がありました。
今はお酒を飲みながら
『エーペックス』を
楽しんでいます。**

2021.5.13-20 O.A

PROFILE

▷▷▷ **貴島明日香（きじま・あすか）**

1996年2月15日、兵庫県出身のモデル・女優。『non－no』専属モデルを務め、朝の情報番組『ZIP!』のお天気キャスターとして注目を集め2021年に好きなお天気キャスター／気象予報士ランキングで1位を獲得。GIRLS AWARD、神戸コレクションなどにも出演、CM・広告、女優業などで活躍中。2022年8月にはABEMA公式アナウンサーに就任。YouTubeチャンネル「あすかさんち」やOPENREC.tvで「貴島明日香のげーむちゃんねる」を開設し活動の幅を広げている。

MY BEST GAME

『エーペックスレジェンズ』
（エレクトロニック・アーツ）

オンライン・エリート一家に育つ

宇多丸　本日のゲストは、モデルでタレントの貴島明日香さんです。この番組のナレーションを務めている宇内さんと、『エーペックス』をプレイされている動画を拝見しました。

貴島　はい、『うなポンGAMES』[01]ですね。

宇多丸　まず、あのチャンネルでの宇内さんのキャラクターに、最初は驚かれたんじゃないですか？

貴島　テレビで観ている〝宇内アナウンサー〟のイメージがあったので、**なかなか刺激が強かったですね（笑）。**

宇多丸　ことゲームになると、ね。貴島さんに関しては、この番組にお越しいただいたシソンヌの長谷川忍さん（2021年4月29日、5月6日放送回出演）が、「芸能界でいちばん『エーペックス』が上手い方だ」とおっしゃっていました。

貴島　いえいえ……。女性でプレイされている方が少ないので。

宇多丸　では、そのへんも含めてお話を伺っていきたいと思います。まず、テレビゲームで最初の記憶は？

貴島　小学校低学年のときにクリスマスプレゼントで買ってもらったニンテンドーDSが初のゲーム機なんですが、私には8歳上と6歳上の兄がいたので、兄たちがゲームボーイアドバンスをしているのをずーっと見ていたんです。なので自然とゲームは生活の中にありましたね。

宇多丸　お兄さんたちが何をプレイされていたか覚えています？

貴島　タイトルは覚えていないんですけど……侍がキャラクターのゲームです。兄はそれプレイしながら今で言うゲーム実況的なことをやってくれていたんですよね。

宇多丸　「敵が来たぞー」とか。読み聞かせみたいですね。

貴島　そうです。それがとても好きでしたね。そして**小学校4年生のときにオンラインゲーム**

01 TBSアナウンサー・宇内梨沙（愛称「うなポン」）が、ゲーム実況やゲーム関連の動画を投稿するユーチューブチャンネル。ゲームに悪戦苦闘、一喜一憂する際の絶叫が名物。貴島さん出演回では『エーペックス』『スーパーボンバーマンR』を2人でプレイしている。

を初めてやったんですが、そこでどハマりしてしまって。

宇多丸　早いですね！　といっても、今の子の一般的な基準が分からないけど。

貴島　今は『スプラトゥーン』とかでオンライン層も若くなってきているとは思います。私はネットマーブルでハンゲームみたいなゲームをしていましたね。

宇多丸　なんていうゲームですか？

貴島　え〜と、なんだったかなあ。思い出せない……。そこでチャットゲームをやったりしていました。

宇多丸　マセていますね。とにかく親御さんはゲームやパソコンに寛容だったんですね。

貴島　そう思います。ウチは7人家族なんですけど、ひとり1台ずつパソコンを所有していましたね。

宇多丸　**IT家族！　すげえ、新世代！**　親御さんは時代を見据えていたんですかね。じゃあ、オンライン環境も普通にあって。

貴島　そうですね。小学生時代から知らない人とやり取りをしながら。そのときは通話でなくチャットだったんですけど、「こん」「よろ」とか（笑）。

宇多丸　これまでのゲストのなかでいちばん進んでいる感がありますよ。それにお兄ちゃんのゲームも見ているから、いい意味で〝背伸び〟も出来ていますし。もう時効だから言っていいと思うんですが……そこで多少バイオレントなゲームもプレイしたり？

貴島　中学の頃、初めてFPSゲームをやったんです。それは『レフト４デッド２』[02]というホラーゲームで。

宇多丸　大量のゾンビが全力疾走でやってくる系のハシリですね。これ、血みどろ系じゃないですか。

貴島　大好きなんですね、そういうのが。FSP好きの兄がプレイをしているところを見て「私もやりたいな」と言ったところ「テストでいい点を取ったら買ってあげるよ」と言われま

02 Valve Softwareが2009年に発売。4人の生存者がゾンビと戦う。ゾンビの数はあまりにも多く、完全撃退は不可能。特殊能力を持つゾンビどもが巧みな連携でプレイヤーを仕留め、プレイヤー同士のリアル関係性を危うくすることも。

して。

宇多丸　そうか、お兄さんは大人だから買ってあげられるんだ。……でも中学生に『ＬＦＤ』はダメでしょ！

貴島　でも兄が出した課題が難しくて。「５教科で５００満点中、４５０点以上」――全教科90点以上取らなくちゃいけない。私、勉強は好きではなかったんですけど、**ゲームが欲しすぎたので死ぬほどがんばって４７０点以上を取りました。**

宇多丸　素晴らしい！　ゲームのためにがんばっていい成績を残す、いい効果ですね。

貴島　そのときだけだったんですけどね（笑）。

宇多丸　環境が整っていたり、お兄さんから導かれたり、恵まれていますね。オンライン・エリート！

貴島　でも高校生になってからはアルバイトを始めたり、事務所に所属してレッスンに通い始めたりでゲームから離れた時期はありました。私は兵庫県出身でレッスンのため大阪まで通っていたんですけど、移動に1時間くらいかかるんです。そのあいだはずっとニコニコ動画でゲーム実況を観ていましたね。

宇多丸　それ、完全に宇内さんの背景そのものだよね。宇内さんも2人のお兄さんの影響でゲームを好きになって、ゲーム実況ばかり見ていたということですから。

貴島　**だから宇内さんと気が合って気が合って仕方がなかったです。**私、8年ほどニコ動のプレミアム会員だったんですよ。

宇多丸　でも、ゲーム実況という文化がこんなに

一般的になるとは思わなかったですよね。当時は知る人ぞ知る世界だったわけじゃないですか。僕、十数年前にこの番組の構成作家の古川（耕）さんから「僕、ゲーム実況を見るんですよ」と言われたことがあるんですが、そのときは、「人がゲームやってるとこ見て、何が面白いの？」って、偏見まみれでしたよ。

貴島　あらあ～。私は「みんなで一緒にそのゲームをやっている」「みんなでゲームを楽しんでいる」っていう感覚でしたね。

新たなジャンルを開いたゲームたち

宇多丸　小学生からパソコンでゲームをやられていて、ある種、最初から完成型だった貴島さんですが、コンシューマー機は家にあったんですか？

貴島　実を言うと上京してからニンテンドースイッチを買ったんです。

宇多丸　めっちゃ最近という。でもＰＣゲームから入っていたらしょうがないですよね。

貴島　そうですね（笑）。それまではＰＣゲームが主だったので。

宇多丸　でも、スイッチのゲームとなると、ＰＣとはまた別ですよね。

貴島　そうですね。そこでも好きなのは『スプラトゥーン』という対人で撃ち合うゲームです。そのあと『コール オブ デューティ４』[03]をやりたくてＰＳ４を買いました。

宇多丸　これまたＦＰＳ！　**先ほどからゲームジャンルが同じ（笑）。一貫してますね！**

貴島　あとゲーム実況を観ていて「スゴく面白そうだな」と、やりたくなったゲームがいくつかありました。そのなかのひとつが『ライフイズ ストレンジ２』[04]で。

宇多丸　お、ここにきて初めてこれまでとは異なるジャンルのアドベンチャーゲームが。

貴島　はい、自分の選択肢でストーリーで変わるという。そのときは『ＬＩＳ２』だったんですけど、これをやりたいので自分で『１』から

03　2003年に発売されたアクティビジョンのミリタリーFPS。第二次世界大戦を舞台に、ノルマンディー上陸作戦やスターリングラード攻防戦といった有名な戦場での臨場感溢れる銃撃戦が体験できた。やがて毎年のように新作が発売され、その多くが数千万本を売り上げるメガヒットシリーズに成長することになる。

04　2020年にスクウェア・エニックスから発売されたアドベンチャーゲーム。開発はフランスのDONTNOD。シアトル郊外に住む兄弟のメキシコへの逃避行を描く。プレイヤーは兄のショーンとして、超能力に目覚めてしまった弟・ダニエルにどのように接するかといった選択を迫られ、そうした積み重ねによってストーリーが分岐していく。

やってみよう、と。
宇多丸　律儀に『1』から。まあ、ストーリーが関係していますからね。
貴島　はい。それでやってみたところ「なんて素晴らしいゲームなんだ！」と感動して泣いてしまって。
宇多丸　あれは名作ですよね！　では、そこでストーリーを楽しむゲームの扉が開いたというか。
貴島　それで選択肢によってストーリーが変わるゲームにハマりました。ほかのタイトルだと『ヘビーレイン』、『デトロイト ビカム ヒューマン』……。
宇多丸　傑作ぞろいじゃないですか。『DBH』なんかは、終わったあと、「あ、こんなにいろんな分岐があったのか」と改めてびっくりしたり。あと、世界中のプレイヤーの選択肢がわかるじゃないですか。そこで、「あら、意外と少数派の分岐を選んじゃった」とか。
貴島　そうそう！　それでちょっと嬉しくなるみたいな。
宇多丸　では、繰り返しやられたんですか？
貴島　主人公が3人いて3人ぶんのストーリーがあるので、3回はやりました。1回のクリアに時間がかかるので、3人とも1回ずつで終わっていますが、またやりたいなとは思っていますね。
宇多丸　2周目ってどうでしたか？　僕もステイホーム期に再プレイしてみて、やりながら「やっぱ同じことしてるわ」ということもあれば、「ん？　知らない話になってるんだけど……」ということもありましたけど。
貴島　そうなんですよね。この扉を開くか開かないか？　といったホントにちょっとしたことで分岐するんですよね。コンディションが違うときにプレイすると全然違うストーリーになっていく。
宇多丸　ハッピーエンドのほうまでいきました？
貴島　**私どうしてもバッドエンドにいけないタ**

イプで、ちゃんとしてしまうんですよね。

宇多丸　じゃあ例えば、主人公のひとりマーカスが革命を目指す、というところでも、暴力革命か平和的革命か？　となったら……。

貴島　平和的なほうを選んでしまいます。なかなか勇気が出なくて。あと『LIS』は「キューティーE」のドキドキ感もたまらないんですよ。

宇多丸　突然「坂を越せ！」とかの指示がくるんですよね。咄嗟に判断を迫られたとき、「あ！　撃っちゃった！　この人べつに撃つことなかったのに……」みたいなこともあって。

貴島　そこで「ああ、ここでまた分岐する……」って。でも、あえて世界中のプレイヤーの選択が見られるシステムはいいですよね。あれがあることで**「世界中の人と繋がっている」という気分にさせてくれるんですよ。**

宇多丸　そんな感じで、FPS以外にも目覚めてからはどんなソフトを？

貴島　『龍が如く』[05]シリーズも好きですし、『ペルソナ5』も好きですね。

宇多丸　RPGもやってらっしゃる。僕、RPGはあまり得意なほうではないんですけど、それを克服したのは『ペルソナ5』なんです。貴島さん、気が合いますね。

貴島　ホントですか！　上京して何年目かという時期にプレイしたので渋谷のシーンとかを見て「あ！　ここ、あそこだ！」って盛り上がっていました。

宇多丸　渋谷もメインの場所だけじゃなく、奥まったところにある〝奥シブ〟まで出てきますしね。

貴島　しぶちかや三軒茶屋とかも出てきますし。その作り込み要素や、もちろんストーリーも面白かったです。

宇多丸　じゃあ、近年になってからいろんなゲームジャンルが開けてきたというか。

貴島　朝の情報番組を始めてから、なかなか外に出かけにくくなったんですね。もともとインドアタイプだったんですが、さらにインドアになって。そのおかげで「やっぱり私はゲームが

05　セガが2005年に発売した『龍が如く』を第1作とするシリーズ作品。『6』まではアクション性が高いが、『7』では春日一番に主役が交代してパーティを組むRPGとなった。いずれも熱き男たちの生き様を描くシナリオの完成度には定評あり。

好きなんだな」ということに気づいたんです。
宇多丸　『ZIP！』のライフサイクルだと、なかなか友達とも会えないですよね。
貴島　先輩から「ホンっっトに友達減るよ」と言われたんですけど……**そのとおり減りました……。**
宇多丸　ハハハ！　また、しみじみ言いますね。
貴島　減ったというか、友達側が気を使うんですね。
宇多丸　ああ、「明日、仕事あるもんね」とか。
貴島　そうそう。私のほうも外で遊ぶとき「夕方5時集合でいい？」とはなかなか言えないし。
宇多丸　となると、やっぱり時間構わず部屋で出来るゲーム、しかもオンラインなら世界中のヒマなヤツらが待っていますからね（笑）。ちなみに『龍が如く』は、ナンバリングでいうと？
貴島　『1』、『2』、『3』、『極』、戦国を舞台にした『見参！』は実況で観ていて、『4』、『5』、『6』は自分でやりました。『7』はRPGスタイルになったので……。
宇多丸　やっぱりRPGは苦手感が否めない（笑）。
貴島　否めないかもしれない（笑）。
宇多丸　でも貴島さん、『7』はRPGになったんですけど……いいですよ！
貴島　いいんですか！　主人公も変わったけど……。
宇多丸　今作の主人公・春日一番がいいんです！　めちゃくちゃ親しみやすい男で、常にエラぶらず、人を立てて、仲間を支え……**春日一番、最っ高！**　このキャラがRPGにまた合うんですよ。技もくだらなくて飽きないんですよ。
貴島　そうなんですね！　『龍が如く』はアクションも好きなんですけど、熱いストーリーも好きなので。今回の主人公にちょっと偏見があったんですけど、やってみようと思います。
宇多丸　ストーリーも最高です！　しかし何といっても主人公の人柄、これがいちばん！
貴島　なるほど。**宇多丸さんとは気が合うと思うので、ゲームも合うと思います（笑）。**

腕前はダイアモンド

宇多丸　では、そんなエリートゲーム人生を送られてきた貴島さんに伺います。マイ・ベストゲームは何でしょう？

貴島　最近やっている『エーペックスレジェンズ』[06]。

宇多丸　**これは神ゲーですね。**

宇多丸　プレイヤー人口が増えている『エーペックス』ですが、貴島さんがいちばんハマった部分はどういうところなんですか？

貴島　『エーペックス』にはトリオとデュオで行動できるバトルロワイヤルゲームなんですけど、誰ひとり欠けてもクリアできなかったりするところですね。

宇多丸　ちゃんと3人なら3人に役割がある。

貴島　『エーペックス』のキャラって体力が〝固い〟——HP量が多いんです。ほかのゲームだと1人で2人を倒すことが出来るんですけど、『エーペックス』でそれはなかなかキツいんですね。**3人ゲームで1人落ちてしまったら絶望的になります。**だからチームで団結しないと勝ちあがれないんです。

宇多丸　むっちゃ上手いヤツが1人いればいい、という話でもないんだ。

貴島　もちろん上手い人がいれば勝ちやすくなるんですけど、団結感がないと勝てなかったりします。でもそういうゲームだからこそ〝野良〟の人とやったときスゴくタイミングが合ったり、ギリギリのところで勝てたときはチャットで「ナイスプレイ！」って喜びますね。

宇多丸　オンラインゲームで嬉しい瞬間というのはいろいろあるけど、それ、いちばんアガるでしょうね。見ず知らずの人と「あれ、めっちゃ手が合うんだけど？」という。

貴島　そうそう！　それにキャラクターそれぞれに個性があるので、自分に合うキャラクターを見つけて、そのキャラ特性を使ってどう戦っていくか？を考えたりするのも楽しいですね。

宇多丸　『エーペックス』がこれだけ流行っている理由として「バランスがいい」と、みなさ

06　2019年にエレクトロニック・アーツからリリースされた基本プレイ無料のFPS。開発はRespawn Entertainment。基本となるゲームルールは3人で1チームのバトルロイヤル。操作キャラクターはレジェンドと呼ばれ、様々な固有の能力を持っている。

んおっしゃるんですが、今の貴島さんの説明もめっちゃ上手いですね。なるほど、と思いました。「1人で2人は難しい」とか。

貴島　固いので一気に来られるとなかなか難しいところがあります。

宇多丸　そんな戦いを重ねて、**「ダイアモンド」というランクになられています。**下から「ルーキー」「ブロンズ」「シルバー」「ゴールド」「プラチナ」「ダイアモンド」「マスター」「プレデター」というランクがあるんですよね。すごいじゃないですか！

貴島　いやいや、やろうと思ったら出来ます！でもマスターは……仕事を犠牲にするくらいやり込まないといけないので私だったら無理だな、と思います。

宇多丸　貴島さんから見て、マスターとか「何なの？　コイツら！」っていう人たちの上手さってどういうところですか？

貴島　『エーペックス』は対戦の強さというのもあるんですけど、立ち回りもすごく重要なんです。ただ撃ち合いが上手くても勝てないんですよ。位置取りとか〝安地（安全地帯）予測〟などが重要になるんです。**上手い人はその安地予測が得意なんです。**あと味方との連携が大事なので、上手い人がそうでない人をどうサポートして引っ張っていくか？　というのもポイントだと思います。

宇多丸　人への指示の出し方とか。

貴島　右と左、行きたい方向が違う人が出てくると、どうしても上手くいかないゲームなので**上手い人は「俺が引っ張っていこう」となりますね。**

宇多丸　上手い人は、マップのちょっとした地形も頭に入っているということなんですかね。

貴島　把握していると思います。そこが私とは違いますね。

宇多丸　そんな貴島さんは俳優の速水もこみちさん、ユーチューバーのすももさんと「チーム異色」の3人名義で『エーペックス』の大会にも出場しています。しかも20チーム中2位！

これもすごいですね。

貴島　すももさんがプロゲーマーというのもありますし、もこみちさんもＹｏｕＴｕｂｅで『エーペックス』をやられているので。もこみちさんとは番組で簡易共演をしていたんですけど、その日が「はじめまして」だったんです。でも、もこみちさんの人の良さもあってスゴくいいチームでした。あと、すももさんがいま言ったような上手いタイプの方だったので、安地予測をしっかりされて、どんどん引っ張っていってくれました。

宇多丸　『エーペックス』は名将がひとりいるといいわけですね。ちなみに宇内さんの腕前はいかがでしたか？

貴島　宇内さんもスゴくお上手でした！

宇多丸　まあ何やってんだ、っていう話ですけどね（笑）。僕は朝方までゲームをやっていることが多いんですが、「こんな時間までゲームやっちゃったよ、マズいなあ〜。ん？　まだログインしているヤツがいるぞ」って見てみたら……**大体それは宇内さんなんですよ。**

貴島　アハハ！　宇内さん、「いつ寝られているんだろう？」と思うくらいログインされてますよね。

宇多丸　貴島さんも〝筋金入り感〟がありますよ！

貴島　**ゲームだけは愛があります（笑）。**

宇多丸　ＦＰＳは普通の方より上手い、というご自負はありますか？

貴島　う〜ん……ＦＰＳはいちばんプレイしているので、ほかのゲームよりかは得意としているかもしれないです。

宇多丸　子供の頃からパソコンでオンラインゲームをやられているわけですからね。

貴島　あ、でも私、上京してからはコントローラーでＦＰＳをプレイしています。『エーペックス』に関しては、今はこちらのほうがやりやすいですね。

宇多丸　ＦＰＳはマウスのほうが断然有利、なんて前は聞きましたけど。

貴島　『エーペックス』はパッドも強いと言わ

れています。

宇多丸　だとしたら参入しやすい。やっぱよく出来ていますね。プレイヤーが増えるわけだ、これは。

貴島　そうですね。今ではパソコンとPS4とか、違うハードのあいだでも一緒にプレイすることが出来る「クロスプレイ」もあるので、そこで「やろう」となって、どんどんプレイヤーが増えているんだと思います。私も初めはなかなか難しかったんですけど、ハマるとどハマりするゲームですね。20分ほどで1マッチ終わったりとゲームスピードも早いので。

宇多丸　でも、それが危険なんじゃないですか。「もう1回！　……もう1回！」って。

貴島　そうなんですよ。その問題についてぜひ話させてください。**ゲームのことを語っていて、いま体が熱いです（笑）。**

横スクロールゲームが「新鮮」な世代

宇多丸　では、いま稼働しているゲーム機は？

貴島　PS5、スイッチ、3DSも持っていて、あとはパソコンですね。最近は『ヒューマンフォールフラット』をプレイしています。

宇多丸　キャラが落っこちていく挙動が面白い脱力系ゲームでしたっけ？

貴島　これも友達と力を合わせて進んでいくゲームです。キャラが可愛くて面白くてプレイしていて笑いが止まらなくなりました。

宇多丸　これは〝ちゃんとやる〟『エーペックス』の逆タイプのゲームですよね。

貴島　はい。いつもは殺伐としたゲームをやっているんですけど、こういうユルいゲームも好きですね。同じラインだと『フォールガイズ』[07]も好きです。

宇多丸　みんなで押しくらまんじゅうをして落としあう、といったゲームですね。

貴島　**これもバトルロワイヤル系と言われれば、そうなるんですけど(笑)。**あと建築ゲームの『マインクラフト』も昔から友達とやっています。

07　2020年にエピックゲームズが発売した。もちもちの謎生物・ガイズがバラエティ番組のようなステージに挑む。一見ほのぼの系だが、上位争いは熾烈。物理演算によって思わぬ挙動をするため、勝負が意外な結末で終わることもある。

これも気づいたら時間が溶けています。あと音ゲーも好きですね。もともと初音ミクが好きなので『初音ミク―Project DIVA―X HD』[08]が出たときはすごく感動しちゃって。自分の好きな音楽に合わせて打ち込む、というのがたまらなく好きですね。

宇多丸　音ゲーも得意ということは、運動神経がいいんでしょうね。リアルな運動神経はどうなんですか？

貴島　良くも悪くもなく、普通です。……面白くなくてゴメンなさい！　中学時代、半年ほど柔道をやっていたんですけど受け身と打ち込みをやっただけで。部活を辞めた後はゲームでした。

宇多丸　いやいや、我々の部活はそちらですから！　あと、アンケートに書かれていたのは『十三機兵防衛圏』[09]。

貴島　お仕事のご縁で体験版をプレイさせていただいたんですね。その後に発売された製品版もやらせていただいたところストーリーがしっかりしていて面白くて。**横スクロールゲームというのも新鮮でした。**

宇多丸　そっか、貴島さんのこれまでのゲーム歴だと、二次元でしか動かないゲームは逆に新鮮に映りますよね。

貴島　そうなんです。FPSやTPS視点のゲームに慣れていたので。横スクロールって一見、古そうに見えるんですけど、『十三機騎兵』は近未来の世界観と横スクのレトロさが見事に融合していてホントに面白かったですね。

宇多丸　水彩画的な絵で、世界観もスチームパンク的というか。

貴島　開発者の方も、そこにかなり力を入れているとおっしゃっていましたね。

宇多丸　横スクだけどハイスペック、という。

貴島　それがムズムズしたんですよね。体験版だけでもかなりのボリュームがあったんですが、製品版ではそれがさらに、でしたから。

宇多丸　タイムループもので、謎が広がっていく。

貴島　時間軸を行ったり来たりするので、最初

08　2016年にセガから発売されたPS4用リズムアクションゲーム。人気ボーカロイド楽曲をオリジナルのCGライブ映像とともにリズムゲームで楽しめるシリーズの魅力はそのままに、「Project DIVA史上最高画質」が売りに。アップデートにより「ライブ鑑賞」機能はPSVRにも対応した。

09　ヴァニラウェアが開発、2019年にアトラスから発売されたドラマチックアドベンチャーゲーム。人類の命運を賭けた最終決戦へと向かう、13人の少年少女たちのSF群像劇。予想を何度も裏切る緻密に練り上げられた物語展開が、多くのプレイヤーに「記憶を消してまたプレイしたい」と言わしめた。

は「難しいな」と思ったんですけど、でも繋がったときの爽快感がスゴいんです。これは名作なのでみなさんにも是非プレイしていただきたいですね。

GUNを撃ちつつガンガン飲む

宇多丸　ほかにアンケートに書かれているのは『ダンガンロンパ』[10]。

貴島　これも実況者さんがプレイしていたのを観て「面白そうだ」と自分もプレイしてみた類（たぐい）ですね。このゲームはミステリーアドベンチャーで、お酒を飲みながらプレイするのが最高なんですよ。

宇多丸　意外にも！　でも、『エーペックス』をプレイされるような人は、お酒を飲んでいる場合じゃないんじゃないの？

貴島　あ、私、結構お酒は強いです。真剣にプレイする場合は避けるようにしていますけど、日曜日に**友達と『エーペックス』とかをする場合はお酒を飲みながらやっていますね。**そこでチャンピオンを獲ったら乾杯するんです（笑）。

宇多丸　まさに勝利の美酒だ！

貴島　真剣にやられている方には失礼かもしれないですけど、そういう楽しみ方もある、と。

宇多丸　お酒を飲みながらゲームする派・しない派は別れるんですけど、ガチプレイ勢だと飲まない方が多かったので、貴島さんは珍しいですよ。

貴島　ゲームも好きなんですけど、お酒も好きです。

宇多丸　飲んでいることで多少プレイが雑になったりしてくるんじゃない？

貴島　でも**興奮剤みたいな効果はありますね。**

宇多丸　ハハハ！　人聞きが悪いなあ！

貴島　いや、「……これ、行っても大丈夫かな？」ってビビっちゃうときでも、お酒を飲んでいたら「行っちゃお！」となるんです。『エーペックス』はビビると負けちゃうことがあるので「攻めていこう！」という姿勢のほうが強い

10 スパイクが2010年に発売したハイスピード推理アクション。超高校級の生徒たちが卒業するためにコロシアイを強いられ、殺人事件が起こるたびに「学級裁判」が行って真犯人を突き止める。謎のキャラクター・モノクマの声は大山のぶ代。

場合があるんですよ。

宇多丸　お酒で気が強くなっているから行ける！　という（笑）。ゲーム時のセッティングにはどのようなこだわりがありますか？

貴島　最初は普通のテレビでやっていたんですが、だんだん「上手くなりたい」と思い始めて、ゲーミングのモニター、チェアー、デスクを買いました。

宇多丸　ＦＰＳの場合、モニターは大きいものではないほうがいいんですよね。

貴島　はい。大きい画面だとどうしても視線が大きく動いてしまって疲れてしまうんです。

宇多丸　使用しているコントローラーは？

貴島　純性のコントローラーにＰＳ公式で出ている「背面ボタンアタッチメント」を付けています。これはボタンの数を増やしたり、たとえばジャンプをしながら撃ちやすいようにボタン配置を変えたり出来るんですよ。あと「フリーク」と呼ばれる操作精度をよくするアタッチメントも買ったりと試行錯誤していますね。

宇多丸　これは本気ですね。

貴島　形から入るタイプなので（笑）。出来ることはやってみよう、と。

宇多丸　で、デスクの上にコントローラーを置いて？

貴島　最初は膝の上に置いていたんですけど、最近、机のほうが安定することに気づきました。

宇多丸　当然ヘッドフォンも着用して？

貴島　Ａ40というゲーミングヘッドセットを使っています。加えてミックスアンプも買いました。これはゲーム音とボイス音を別々にして調整したり出来るんですよ。

宇多丸　ボイスチャットでの会話と、敵の足音といったゲーム内の音をちゃんと聞き分けられるように。

貴島　ミキサーなのでほかにもいろんなことが出来て、例えば足音を強調して聴きやすく出来たりもします。『エーペックス』をやるのならミックスアンプがあったほうが圧倒的に有利になりますね。

宇多丸　たしかにおっしゃるとおりで、音による察知というのは映像以上に大きいですもんね。

貴島　大きいですよ、とくにFPSだと。

宇多丸　**……ここまで本気で詰めておいて、なんで酒を飲む？（笑）。もうガンガンに（笑）。**

貴島　アハハ！　違いない！　でも飲みます。

宇多丸　ガンガン？　ちなみにお酒の種類は？

貴島　基本的にはハイボールです。

宇多丸　それはもう本気飲みじゃないですか。

貴島　宇多丸さん、実を言うとですね、私、本業はモデルでして……。

宇多丸　もちろん存じ上げていますよ！

貴島　なので糖質を気にしてのハイボールなんです。もちろんハイボールが好きというのもあるんですが、一応……一応！　モデルでして（笑）。

宇多丸　でも、幸せの極みだよね、それは。朝から仕事をしてきているんだから何が悪いんだ！　ですよ。

貴島　そうそう。『ＺＩＰ！』が終わった後に何も予定がなかったら朝9時に帰宅できるんです。そこからのゲームとお酒は最高ですよ。日本テレビは新橋にあるので出社されてくるサラリーマンの方と逆行するんですが、そこに優越感を感じてしまっています（笑）。

宇多丸　なんつうか……〝**早起き貴族**〟！

貴島　はい、なかなかこういう経験は出来ません。

睡眠を忘れてゲーミング・デッド

宇多丸　ゲーム中に食べたりはします？

貴島　私は食事を作る時間も惜しいくらいなので、最近、食事はデリバリーですね。頼む食べ物はワンハンドで食べられるものを選んでいます。

宇多丸　サンドウィッチとか？

貴島　それかスプーンで食べられるカレーとか。のびないように麺は避けています。その点、カレーは冷えても美味しいので。

宇多丸　そこにお酒もあって最高じゃないですか。では、朝は何時に起きられているんですか？

貴島　深夜3時半には起きて、朝4時までには局に入ります。

宇多丸　それは早起きを超えているよね。ゲームはどの時間帯にやられているんですか？

貴島　家に帰ってきて、ご飯を食べて、お風呂に入って、マッサージをした後なので、**午前8～9時くらいから24時くらいまで。**　そしてまた深夜3時半に起きて、という感じです。

宇多丸　……ちょっと待ってください！　それ、睡眠時間なくない？

貴島　ヤバいですよね（笑）。

宇多丸　常識的には午後9時くらいには寝なきゃいけないよね？

貴島　最初は午後9時くらいに寝ていたんですけど、ゲームという趣味がぶり返してから「私、いつゲームが出来るんだろう？」って考えたとき「削るのは睡眠しかない！」となって。

宇多丸　それは分かりますよ。仕事、食事など日常にはしっかりと決められている時間がありますから。そうなると削るのは……。

貴島　**睡眠しかない！**

宇多丸　まだお若いとはいえ、心配だなあ。

貴島　自分の体調と相談して、しっかり休むときは休んでいますので。

宇多丸　うん、よく相談してくださいね。まあ～でも分かるな。いますぐ寝れば体の疲れは取れるけど、そうすると心の健康面が……という。

貴島　そう！　ゲームの時間は心の癒しなのでゲームは不可欠というか。

宇多丸　寝て起きたら仕事だし、ゲームをやらないと切れ目がなくなりますからね。

貴島　それがホントにイヤなんですよね。そういうことってありませんか？

宇多丸　ありますよ。僕、なんなら今朝がその状態でしたから。じゃあ、お酒を飲みながら「もう1ターン……ん～、いやもうちょっと！」みたいな。

貴島　まさにそれです。例えば午前9時から「今日は絶対1時間で止めるね」と言って友達と『エーペックス』を始めますよね。そこで「じゃあチャンピオンを獲るまで」って決めると、なかなか獲れなかったりするんですよ。それで「あと1プレイ」を何度も続けて結局、午前0時（笑）。
宇多丸　お友達から「明日香、もう寝たほうがいいんじゃない？」って心配されませんか？
貴島　最初は心配してくれていました。でも「寝たら？」と言われても私は**「……え⁉ 何で？」って（笑）。**
宇多丸　それは友達も心配するのがイヤになるよ（笑）。**そのシチュエーション、ゾンビものでよくある「私が○分後にゾンビ化したら必ずこうしてくれ。○分後の私はもう正気じゃないから」ってやつだよ。**
貴島　そうですね（笑）。友達もたまったもんじゃないと思います。
宇多丸　でも、一概にダメとは言えないよね。貴島さんの場合はお仕事に繋がっていますし。だけど気を付けてくださいね、健康面的には8時間睡眠が大切ということですから。
貴島　そっかあ〜。
宇多丸　これ、台湾の天才IT大臣、オードリー・タンが言っていたことですから間違いないんですよ。「しっかり寝ないと頭が動かなくなるから、とにかく寝なくてはダメ」と。俺たち実は、思考力が削られているんですよ。
貴島　**なんにしても何かを削る生活はしているんですね（笑）。**そういえば最近もの忘れが激しいんですよ。
宇多丸　そうだ、さきほど伺ったネットマーブルでプレイしているゲーム名とかもまだ思い出せてないからね。
貴島　もちろん健康面のバランスを上手く取ってやっていきますが……やっぱゲームは止められない（笑）。

オンライン上の青春

宇多丸　あと、ゲームでキャラメイクは自分に寄せる派ですか？　離す派ですか？

貴島　私は男の子キャラクターを選択するくらい断然、離す派です。私、情報番組をやっていることで、普段の私とまったく違うイメージを持たれることが多いと思うんです。それは見た目もしかり。

宇多丸　これも宇内さんと同じですね。テレビに映っているときは仕事。それはウソの姿ではないけれど、どうしてもＴＰＯに合わせることになる。

貴島　なので仕事柄できない金髪にしたり、派手な服を着せたりとかやっちゃいますね。

宇多丸　内なるペルソナを解放する、と。僕は寄せる派だったんですけど、最近は離すようになりました。例えば『サイバーパンク２０７０』のキャラはイイ感じの女性にしてます。

貴島　おお〜、それは好みの女性ですか？

宇多丸　僕が「キレイだな」と思う女性をキャラメイクしているんだけど……結局スキンヘッドにサングラスをかけています。だから「こうなりたい」と思っているのかもしれないですね。

貴島　たしかに。〝なりたい〟が詰まっているかもしれないですね。私は超〜イケメンにキャラメイクしますし。

宇多丸　なるほどね。ちなみにゲームをやっているときはお友達を除いて、みなさん貴島さんと分かっているんですか？

貴島　野良のときは全然、分かることはありませんね。でもボイスチャットをしたら「女性なんだ」とは思われるかもしれないです。宇内さんは自らボイスチャットをやっているとおっしゃっていたのでスゴいな、と思いました。

宇多丸　では、オフ会などには行かれたりするんですか？

貴島　私、中学生の頃からパソコンに触れていたので、そこで知らない人とチャットでやり取りをしていたんです。それは私のなかで青春だったりするんですけど、**そのチャットをしていた方と上京して20歳くらいの頃、実際に会ったことがあるんですよ。**

宇多丸　おお〜！

貴島　お互い中学生だった2人が大人になって東京で会う。その方は佐賀県に住まれていたんですけど中学生の私からしたら……**外国の人ですよ。**

宇多丸　ハハハ！　まあ、中学生の距離感ではね！

貴島　だから会えることなんて出来ないと思っていました。でもネットでずっと繋がっていたので、その方が観光で東京に来るということを知って。

宇多丸　顔とかは知らないんですよね？

貴島　当時は声だけでしたが、大人になってから写真をもらっていました。そして渋谷の駅で待ち合わせをして……会えたときはすっっっごく嬉しい瞬間でした。

宇多丸　人となりは知り尽くしているわけだからね。

貴島　はい。声とかは当時のまんまだったので**「青春のあの人だ！」**って。これはとてもいい思い出です。

宇多丸　ドラマチックだなあ〜。うん、ステキな話です！

ゲームで繋がる世界へ

宇多丸　ではステキな話の逆で、ゲームのやり過ぎによって、学業、仕事などでやらかしてしまったことはありますか？

貴島　ありますよ。でも宇内さんみたいに「一浪した」というような強烈エピソードはないです(笑)。中学生時代にパソコンでゲーム、チャット、ネットにハマったので学業をおろそかにしてしまったな、というくらいですね。

宇多丸　でも、いざ勉強したら、いい点数を取れてしまうんだから地頭がいいんでしょうね。

貴島　いやいや……ゲーム買って欲しさですから。だからゲームってすごいな、と思いましたね。

宇多丸　あと、先ほどのチャットの友人の話ではないですけど、僕、ティーンエイジャー期に「近所やクラスメイト以外の世界がある」ことを知っておくのは結構いいことだと思っていて。

貴島　そうですね。**私も〝居場所〟といった部分はありましたね。**

宇多丸　それがあることによって、小さい人間関係にとらわれなくて済みますからね。

貴島　ホントにそうです。中学生のときって若いからいろんな人間関係のもつれがあるんです。私にもそういうことがあったんですが、でも私には居場所があったというか。

宇多丸　親御さんから早い段階でパソコンを与えられていて良かったですね。それによって若いうちからネットリテラシーもつくし、どっちにしろ**これからはコンピューターと無関係では生きていけないわけだから。**

貴島　そうですね。

宇多丸　あと今はゲームに自分自身が出演できたりしますが、貴島さんが出たいタイトルは？

貴島　これは昔、マネジャーさんに言ったことがあるんですけど……『龍が如く』です。このゲームはたくさんの芸能人が出演されているんですけど**「メインキャラじゃなくていい。キャバ嬢で出させてくれ」**と。ゲームの中でキャバクラ経営するの、すっごく好きだったから。キャバ経営、大好き！

宇多丸　うん、『龍が如く』のキャバ経営、楽しいからね！　お客に合う嬢を当てたり、嬢を疲弊させないよう休ませたり。まあでも、いろんな女性の役はありますから。

貴島　是非、お願いいたします！

宇多丸　では、発売を楽しみにされているゲームはありますか？

貴島　私が最初に触れたパソコンゲームは『LFD2』だったんですけど、そのメーカーがリメイクでゾンビゲームを作るということなんですよ。

宇多丸　『バック・フォー・ブラッド』[11]ですね。

貴島　それです！　この予告ムービーを観まして「絶対にやろう！」と。『LFD』は今やっても面白いのに、それが進化してどういうゲー

11　ワーナー・ブラザース・インタラクティブ・エンターテイメントが2021年に発売したFPS。『レフト4デッド』のTurtle Rock Studiosが開発、名作の再来として大きな話題を呼んだが、発売後は難航し2023年に開発終了がアナウンスされた。

ムになっているのか気になっています。

宇多丸　最後に、ゲームから学んだことは？

貴島　これはもう**「ゲームは人を繋ぐ」**ということですね。私は昔からすごく人見知りなんです。でもゲームのことに関しては熱く深く語れるし、人見知りでも一緒にゲームをやれば誰とでも仲良くなれる。ホントにゲームには感謝しています。

宇多丸　それはこの番組をやっていて僕も思います。ゲームの話をしだすと年齢や立場も関係なくなってしまうというか。実際、貴島さんには中学時代から友情が続いている親友がいますしね。

貴島　ひとりで上京して寂しい時期もあったんですけど、そんなとき「電話で話そう」とは言いにくい。でも**「一緒にゲームをしよう」なら言いやすいじゃない**ですか。だからゲームには助けられましたね。それはこのコロナ禍でも同じでしたし、ゲームは無くてはならない存在だと思っています。

宇多丸　そんな貴島さんが、ゲームの未来に描いていることは？

貴島　eスポーツ事業はこれからどんどん広がっていくと思います。私もお仕事でeスポーツに触れさせていただくことがあるんですが、無限大の可能性を感じました。なので今よりもっとゲームが世間に浸透していってほしいです。あと偏見もまだ少しあると思うので……。

宇多丸　「ゲーム＝悪」といった考えね。それこそ香川県の条例のような。こちらとしては「何を言ってンだよ！」と思いますけども。

貴島　もちろん子供を守るため、という意味もあるかもしれないんですが、そうならない場合もあったりしますから。ゲームはコミュニケーションツールにもなります。なので偏見は少なくなっていってほしいな、と思いますね。

LAST PLAY PART.1

椎名慶治

YOSHIHARU SHIINA

◁◁◁

今後またSURFACE
解散となって2人が
ノーコメントだったら、
ファンは「ああ、ゲームだろ」
ってなりますよね。
「ゲームに飽きたら
また戻るんでしょ?」
みたいな(笑)。

STAGE.1 2022.3.3 O.A

これからも真面目にゲームを

宇多丸　5年間の番組の歴史のなかで生まれたレジェンドたちのお話を伺っていく『マイゲーム・マイライフ ラストプレイ』。やはりこの方をお招きしないと番組は終われません！　番組最大の衝撃エピソードですね。皆さんお待ちかね、SURFACEの椎名慶治さんです！

椎名　あれね、いまだから話せる話として話しましたけど、まず解散を匂わせる話を切り出したのは相方のほうですからね！

宇多丸　初登場が第36回。ポイントはね、その話を受けて僕がビビっているんですよ。「まあグループやっていると、いろんなことありますし……」なんて**慌てて気を使いだして。**

椎名　ただ、ホントに解散を止められなかったですもんね。そのとき貯蓄もあったから「ここで止めても1年間はゲームが出来る」って。

宇多丸　そっちの方向にいけちゃう余裕があったという。べつに褒められた余裕の話じゃないけど（笑）。

椎名　でもコロナ禍によってお金がなくなったので、今はホンッットに解散しません!!

宇多丸　いま音楽業界はカツカツですから。とにかく当番組ご出演後、無事にSURFACEが再結成されたので、こちらも気持ちがラクになりました！　そして2回目のゲストに来られた際は、よりによって「バランス」について僕が説教されて（笑）。あと、SURFACEを人質にして、「活動が止まってもいいんなら（『FFXIV』を）やりますよ!?」みたいな脅しもありましたよね。

椎名　**なんで俺、いつも上から物言いするんでしょうね（笑）。**

宇多丸　ファンの方からの反応はどのようなものがありましたか？

椎名　**「とにかく笑った」**と。

宇多丸　まあ、そうでしょうね（笑）。

椎名　あの～ゴメンなさい。言葉を選ばずに言いますけど……俺のファンってバカだな、と。

だって俺のせいでSURFACEが解散したのかもしれないのに「最高でした！」って。**何で楽しめたんだ？と（笑）。**

宇多丸　でも、再結成しましたから！　ハッピーエンドが見えていたから笑えていたのかもしれないですね。

椎名　不吉なことを言いますけど、今後またSURFACE解散となって2人がノーコメントだったら、ファンは**「ああ、ゲームだろ」**ってなりますよね。

宇多丸　「はいはい、『FF』の最新作ね」って（笑）。でも今度は理由が見えてるから安心というか。

椎名　「ゲームに飽きたらまた戻るんでしょ？」みたいな（笑）。

宇多丸　最初の解散時はハッピーエンドが見えていなかったですから。じゃあ、今やりたいゲームは『FF』の続編ですか？

椎名　あと『テイルズ オブ ザ レイズ』[01]。このゲームの主役声優・斉藤拓哉さんに楽曲提供をしたことがあるので他人ではない気がしているので買ってはいるんですけど、まだ空けていなくて。

宇多丸　椎名さん、片手間でプレイする人じゃないですもんね。

椎名　**……ゲームって片手間でやるもんですかァ⁉**

宇多丸　ハハハ！　怒気を含んだ口調で（笑）。

椎名　「ライムスターの曲をBGMとして聴いていいですか⁉」ってことですよ！

宇多丸　とにかく全力だ。でも「音楽を片手間で聴くのか？」って問いかけも珍しいですよ。そういう人はいっぱいいると思いますけどね（笑）。

椎名　（GLAYの）TAKUROくんの自宅に行ったとき「料理を作るときに椎名くんのアルバム聴いているんだけど、めちゃくちゃいいよ！」と言ってくれたんですよ。でも**「TAKUROさん、片手間だわあ……」**って頭の中で思ったりもして。

01 バンダイナムコエンターテインメントが2017年にサービスしたスマートフォン用RPG。歴代『テイルズ オブ』シリーズのキャラクターたちが作品の枠を越えて集結。シリーズを踏襲したアクション性の高い戦闘を片手操作で楽しめる。

宇多丸　ハハハ！　確かに作っているほうは一音一音こだわって作っていますからね。じゃあこちらも、「じゃあGLAYをBGMで聴いていいっスか？」と。

椎名　そうそう！　そうなりますよね!!

宇多丸　たぶん「いいよ」って言うと思いますけど（笑）。音楽は生活の彩りですから。

椎名　まあ、俺もそのノリで聴いてますしね。実際、ポテトチップスをかじりながら聴いてます。

宇多丸　それが普通だよ！　でも、そんな椎名さんだからこそ、いい音楽を作られるし、ゲームも楽しみ尽くしている、ということですね。最近、ゲームに誘われたりすることは？

椎名　最近はないですね。**「誘ったらアイツは最後だ」**と思われているのかもしれないです。

宇多丸　それだけ椎名さんの〝打ち込み力〟がスゴい、ということを改めて確認できました。結局、椎名さんの驚きエピソードって、真面目さから来るものなんですよね。

椎名　**いいまとめかたを！**　そうなんですよ、真面目なんですよ（笑）。

宇多丸　行くときは行く、この集中力！　これが椎名さんのいいところです。ファンの皆さん、どうぞご理解ください！

椎名　ご理解してください!!

LAST PLAY PART.2

三浦大知

DAICHI MIURA

◁◁◁

番組を1回目から
聴いていて思うのは
“ここは本当の自分に
なれる場所”。そんな場所は
他になかったので、
この場所があったことで
幸せになった人は
たくさんいると思います。

2021.3.17 O.A

三浦大知、ゲーム実況デビュー！

宇多丸　大知くん、この番組もついに最終回1回前になりました。今夜は過去の名作回を大知くんと一緒に聴いていこうと思います。

三浦　ほかのゲストさん回も聴かせていただいていましたが、**ゲームを通してでないと「ここまでさらけ出せない」といったお話がたくさんありましたね。**

宇多丸　そうなんですよ。ではレギュラー化して第1回目の放送を振り返ってみましょう。

（2017年4月8日放送回／本書11ページをプレイバック）

宇多丸　大知くんの声、なんか若いね。

三浦　というより声が弾んでいるんですよ。**「ついにあの話が出来る！」**ってワクワクしていたので。

宇多丸　ほかのゲストのみなさんからも「こんなにゲームの話をしたことないから楽しかった！」と言っていただきました。

三浦　僕も自分の恥ずかしい部分とかパーソナルな素の部分をゲームを通して掘り下げていかれたので、すごく嬉しかった思い出があります。

宇多丸　僕も、大知くんの反応があったからこそ、初回にして「いける！」という感じがありましたね。それにゲームの社会的立ち位置がコロナ禍以降で変わった。ステイホームによってゲームをやる人が増えたし、わりと普通になったじゃないですか。**この初回からしても空気は変わったな、**というのは感じますね。

三浦　そうですね。ゲームとの距離感は年々、変わっている気がします。ゲームクリエイトにしてもそうだし、ゲーム実況や視聴も普通になってゲームとの距離は近くなっていますよね。そして遊びなんだけれども、そのなかに学びがあることを知る。「ゲームって、こんなに面白かったんだ！」と感じる機会が増えたんじゃないですかね。

宇多丸　大知くんも取材の場などで、その空気が変わったのを感じますか？

三浦　それまでずっとやってみたかったけど踏み出せなかったゲーム実況を昨年やってみたんですよ。そうしたらゲーム仕事のお話をいただけることが増えたので、飛び込んでみて良かったですね。
宇多丸　ゲーム実況は楽しい？
三浦　楽しいですね。ひとりでストーリーを進めるのも大好きなんですけど、実況をやってみると**「しっかりしなきゃ」という気持ちが生まれるんですよ。**ストーリーを進めてアイテムを拾っていきますよね。そこに世界を広げるような手紙が置いてあったりすると「ちゃんと読まなきゃ」となるんですよ。
宇多丸　自分ひとりでやっているとササッと流し読みしてしまうもんね。視聴者がいることを考えると責任感を感じてしまうとか？
三浦　ちゃんと読んだうえで次の場面に行ってみると「ああ、手紙に書かれたこと繋がっているんだ」となるんですよ。これ、当たり前のことなんですけどね。実況を始めたことで理解力というか、**ゲームの世界をより深く知ろうとする姿勢**にはなっていますね。なので、〝積みゲー〟となっているゲームも、実況を始めたからこそ、より「ちゃんとクリアしなきゃ！」という気持ちになっています。
宇多丸　僕は番組で映画評をやっていますけど、これまでスルーしていたようなシーンを、評論するためにちゃんと観直すと「ああ、ホントによく出来てんなあ～」となりますからね。
三浦　分かってはいたけど、と。でも自分が思っていることを喋る――**言語化するというのは理解力を深めるための初歩的なやり方**じゃないですか。ゲーム実況ではそういう部分はありますね。
宇多丸　それまでやっていたことが「ゲーム実況」というエンタメになる、という感覚はあるよね。
三浦　そうなんですよ。でも自分のライフサイクルはまったく変わっていないんです。ゲームプレイ時間を配信時間に切り替えただけなんで。でも配信を観ている側すると**「あれ？　三浦大知、ちょっとゲームし過ぎじゃない？」**と思っているかも（笑）。
宇多丸　心配されてしまう（笑）。
三浦　僕的には「いや、これいつものことだったんだけど……」なんですけどね。

ゲームはクリエイティブな最先端カルチャー

宇多丸　そんな忙しい大知くんがどうやってゲームをプレイしていて、それがどんな意味を持つのか？　ということは第1回でも伺っていますね。これはね、いろんなゲストの方も同じでした。ゲームをやる時間の解放がないと疲れてしまう、と。だから忙しい人ほどゲームの時間は大切なのかもしれない。

三浦　いま言われたとおりで、睡眠を挟んでも思考は続いているというか。そこへいくと、ゲームはまったく違うことを考えられるので、やっぱりいいストレス発散になっていると思います。

宇多丸　次は『デス・ストランディング』発売記念企画で、小島（秀夫）監督と一緒にご出演いただいた回です。

（2019年11月14日放送回／小島監督より三浦さんに『デススト』出演依頼がきた際、出演を悩んだエピソードをプレイバック）

宇多丸　この回では「自分がゲームに出ることで世界観を崩してしまうのではないか？」とおっしゃっていました。

三浦　**すっごく悩みました。**これは音楽と一緒じゃないですか。好きだけど自分というエッセンスが入ったときに大丈夫かな？　という。もちろん小島監督も大丈夫という前提があったので頼まれたと思うんですけど。いちファンとして震えるくらいの嬉しさと同時に怖さもありましたね。

宇多丸　そこで「光栄な話だけど断って、そのあと家で号泣しようと思った」というカワイイ発言も聞けました。そんな大知くんですが、しっかりと『デススト』にご出演されています。

三浦　「プレッパーズ」という隠れキャラとして出させてもらっています。関係が深くなっていくと主人公と音楽に関するメールを出すんですよ。その文面はスタッフさんが考えてくださっているんですが、そこに「それでも音楽で繫がるんだ」「今度、ホログラムでライヴをしようと思っている」といったことが書かれているんですね。奇しくもこのコロナ禍にリンクしてくるんです。**ゲーム内で自分で言っていることに勇気づけられましたね。**

宇多丸　今までの世界ではなくなってしまったけども、その先に何かを描くというような。では最近プレイしているゲームは？

三浦　[01]『ザ・ラスト・オブ・アス パートⅡ』をクリアしました。ちょっと壮絶過ぎましたが、プレイしていなければこういう気持ちにはならなかったろうな、という気づきがありました。

宇多丸　ネタバレは避けますけど、自分サイドと敵対しているサイドの両視点で描かれるんだよね。我々が普段ゲームで普通にやっていることに対して**「やっちまった」といった重み**が生まれるというか……。

三浦　責任を感じさせてくれる。自分たちが無意識でやっていたことが実はいろんなことに影響しているんだ、と。その描き方も容赦ないんですよね。**この構造にしたスタッフの覚悟を感じました。**すごくクリエイティブな作品になっていますよね。

宇多丸　小島監督の作品もそうだけど、今やゲームってスピードクリアしたり、高得点取って「イエーイ！」といった娯楽ではないよね。小説・映画・音楽など先行しているいろんなカルチャーに、もはやゲームもいけるというか。『ラスアスⅡ』は最初やっていると全然楽しくないんだけど……。

三浦　ツラいですよね（笑）。でも、ちゃんとラストでメッセージを伝えてくれる。

宇多丸　ある意味、『ラスアス』はゲームの最先端にいるよね。とにかく『ラスアス』クリア、お疲れ様でした！　ゲッソリでしょ？（笑）

三浦　ホント、**ため息ってこういうときに出るのかと（笑）。**

MY Game MY Life goes on

宇多丸　というわけでエンディングのお時間が来てしまいましたよ、大知くん。

02　2020年にソニー・インタラクティブエンタテインメントよりPS4専用タイトルとして発売された、名作アクションゲームの続編。前作の主人公ジョエルが命を救った少女エリーが主人公に。物語のテーマは「復讐」。ゲームを進めるのを拒みたくなるようなショッキングな展開が多く、圧巻の表現力がプレイヤーの葛藤をいっそう大きなものにする。挑戦的なストーリーも含めて高く評価され、世界中の賞レースを総ナメしている。

三浦　**早い！**　5分くらいしか経っていないいんじゃないかな？　これは毎回思います。
宇多丸　1回目から要所要所で大知くんに出ていただいて本当に助かりました。番組としてもすごく締まりましたし、それに大知くんはゲームの良さを言語化する力がバッチリですから。コロナ禍にはなったけど、我々にはゲームがあったというのは大きいよね。
三浦　めちゃくちゃ救われましたよね。コロナ禍になって世界中でいろんなイベントが中止になったんですけど、そんななかゲームショウを体感できるようなゲームが生まれたんですよ。ダウンロードするとFPS視点で、試遊機のある会場に行けるんです。
宇多丸　まさにメタ空間だ。
三浦　オンラインでみんなが試行錯誤しながら乗り越えていくときに、こういう**ゲームのアイデアやゲームが持っているフォーマットが、いろんな人に勇気を与え、心の支えにもなっていた**と思います。
宇多丸　撃ち合いだけじゃない。いつでもみんながそこに集まれるんだ、という感覚を持ち続けられたのはスゴいね、ホントに。
三浦　**〝繋がり〟の一端をゲームが担った**と思いますね。
宇多丸　こういうシステムがないときに、こんな状態になっていたら、どれだけポツンとした気分になったかというね。ゲーム、ありがとう！　ホントにゲームから〝ライフ〟をいただいたね。
三浦　生きるパワーをいつもいただいています。この番組を1回目から聴いていて思うのは〝ここは本当の自分になれる場所〟ということです。「こんなこと言っていいの？」といった誰にも出来なかった相談を、共通言語を持った状態で忖度なしに話せる。そして、それをみんながワイワイしながら楽しんでくれる。そんな場所はほかになかったので、**この場所があったことで幸せになった人はたくさんいる**と思います。またどこかで復活することを、いちファンとして心待ちにしています。

OFFICIAL COMMENTS

PART 03

× RHYMESTER UTAMARU MY GAME,MY LIFE

番組ナレーション担当

宇内梨沙

『マイゲーム・マイライフ』の冒頭の紹介ナレーションを務めていたTBSアナウンサーの宇内梨沙です。

収録のたびに「この人も、この人もゲーマーなの⁉」なんて思うほど、芸能界にはこんなにもゲーマーがいたのかといつも驚かされました。

ゲストの皆さんも、あまり話す機会のなかったゲームにまつわるトークができるということで、宇多丸さんと初対面であっても一気に打ち解け、まるで楽屋で話しているかのような肩の力を抜いたトークが印象的でした。

数々のゲストの中でも特に印象に残ったのは、強いチームを作るために実名を明らかにし勧誘していたw-inds.の橘慶太さんや自身の所有する船に揺られながらVRゲームを楽しむ加山雄三さん。どちらも芸能人ならではのぶっ飛んだエピソードで大好きです。

常軌を逸していると感じたのは、足を使ってレベル上げをしていたスピードワゴンの小沢一敬さんや警備のバイト中に96時間ゲームをしていた片桐仁さん。個性的なゲストの中でもゲームへの執着心がひと際強い方々でした。

さらにプレースタイルで最も共感したのは、最短でクリアしてス

PROFILE　**宇内梨沙(うない・りさ)**

1991年9月21日、神奈川県出身のアナウンサー。2015年4月にTBSに入社。2020年よりTBS内の「eスポーツ研究所」所員を兼務。現在の担当番組はラジオ『アフター6ジャンクション(木曜)』、テレビ『アッコにおまかせ!』など。ゲーム実況を中心とするYouTubeチャンネル『うなポンGAMES』配信中。

トーリーを楽しみたいと語ったRAM RIDERさん。私もトロフィーコンプリートなどはせず、早くクリアしたい勢なのでRAMさんの遊び方に安心しました(笑)同じゲームであっても、語るエピソードは人それぞれ。ゲームが与えてくれる体験は唯一無二だと、多くのゲストの話を聞いていつも感じていました。

コロナ禍で生まれたおうち時間によって、動画配信文化に火がつき、今ではゲームに対する印象も随分と変わってきましたが、2017年からレギュラー放送していた『マイゲーム・マイライフ』の存在意義は、とても大きかったと思います。

番組にはナレーションとして関わっていた私も、ゲームとともに育った大のゲーム好きです。

兄が2人いたこともあり、幼い頃から自然とゲームには触れていました。

買い与えてくれるわりに、両親はゲームを一切しなかったので、子どもながらに「ゲームは子どもが遊ぶもの」という意識があったように思います。

ですので、社会人になってからもプロフィールの趣味欄にさりげなく「ゲーム」と記載する程度で、メディアでゲーマーであることを大きく発信するような機会は、入社して数年間は一度もありませんでした。

そんな私も初めてゲームについて語ったのはラジオ。熊崎風斗アナウンサーがパーソナリティーを務めていた『興味R』という番組でした。その番組は、いま私が担当している『アフター6ジャンクション』にも関わっていた橋本吉史プロデューサー(当時)が立ち上げた番組で、その出演をきっかけに以降ラジオでゲームについて語る機会が増えていきました。アナウンサーでありながら、ゲーム実況にも挑戦する今があるのはラジオのおかげといっても過言ではありません。

ゲームの価値や面白さをゲーマーだけでなく、もっと広く社会に届けられるように、文化的に語られるカルチャーとして私はその魅力をこれからも発信していきたいです。ノーゲームノーライフ!

RAZER

× PERSONALITY INTERVIEW

ライムスター宇多丸の マイゲーム・マイライフ

RHYMESTER UTAMARU MY GAME MY LIFE

聞き手・執筆＝志田英邦
写真＝松崎浩之

宇多丸のマイゲーム・マイルーツ

――「ライムスター宇多丸とマイゲーム・マイライフ」全260回放送お疲れさまでした！　あらためて260回にわたってゲストとゲームトークをしてみて、ご感想はいかがでしたか。

宇多丸　この番組は、ゲームの番組ではあるんだけど、個々のゲームの紹介が主眼では実はなくて、その人にしか話せない、**「その人固有のゲーム体験」を根掘り葉掘り聞いてゆくことこそがメイン**という、そこが何より面白いところだったと思います。人それぞれにゲームの記憶や経験があって、同じタイトルであっても、ひとりとして「同じ」ゲーム体験をしている人はいない。しかもそのゲーム経験って、当人にとっては完全に「実体験」なんですよね。だからゲームの思い出を語ってもらうと、その人の飾らない素の人間性が、めちゃくちゃ出やすい。相手と初対面であっても、ゲームの話を聞いているだけで、全員が友達のように感じるし、一緒に育ってきたような

01　1986年5月に堀井雄二（シナリオ）、鳥山明（キャラクターデザイン）、すぎやまこういち（音楽）という黄金の布陣でエニックスより発売、現在も最新作がリリースされている国民的RPGシリーズ。「プレイヤーが勇者となって世界を支配する魔王を倒す旅に出る」という王道的展開を守りつつ、ナンバリングを重ねるごとに様々な進化を続けている。

感じすらする。だから、僕がやったことのないゲームの話題でも、全然楽しく聞くことが出来るんです。むしろ、僕が『ドラゴンクエスト』[01]も『ファイナルファンタジー』[02]もやっていないからこそ、それぞれの話をフラットな立場から聞くことができたのかもしれません。まぁ、ひたすら自分に都合がいい解釈ですけど（笑）。

――宇多丸さんのコメントで印象的だったのは、「この番組では、素敵な女優さんの〝だめじゃん感〟が見える」っていうことでした。それぞれ素の自分がさらけ出されているようなトーク内容でしたね。

宇多丸　やっぱりゲームって、基本は遊びだから、**実人生以上に「失敗した話」を、気軽に出来るんですよね。**無茶苦茶な遊び方をしているとか、やりすぎて怒られちゃったみたいなエピソードも、心置きなく出来る。そこに、その人のチャームが出やすいんだと思います。

――本来ゲームはテレビやモニターに映すものですけど、ラジオという音声メディアでゲームを語り合うというのも面白かったですね。

宇多丸　ビデオゲームの話をするんだから実際の映像を見せたほうがいいだろう、と思われがちですが、少なくともこの番組に関しては、ラジオのほうが断然向いていたと僕は思います。**音声だけのほうが、リスナーそれぞれが、自分なりにそのゲームをイメージできる。**それによって、ゲストの主観的なゲーム体験が、より「近く」感じ

02　1987年にスクウェアより第1作目となる『ファイナルファンタジー』が発売、『ドラゴンクエスト』と双璧を成す国民的RPGシリーズ。ゲームハードの進化とともに意欲的な進化を遂げ、特に1997年に発売された『Ⅶ』、『Ⅹ』（2001年）は本書においても熱く語られている不朽の名作。また『XI』はオンラインRPGの歴史において欠かすことのできないエポックメイキングなタイトルである。

られるんだと思うんです。映画の話も同じで、実際の映像を画面に映しちゃうと、何を話そうと「その画に付随する説明」としてしか受け手に届かなくなってしまうのに対して、ラジオだと、語り手が伝えたい映画体験を、リスナーの脳内にある種ダイレクトに再現することができる。落語とかがまさにそうですが、聴覚だけのほうが、実はよりホットな疑似体験をさせることが出来るんだと思うんです。

――ゲームの多様な魅力を感じるラジオでした。さて、今回はそういった「マイゲーム・マイライフ」のコンセプトを踏まえて、テキスト（インタビュー）で宇多丸さんご自身のゲーム体験を伺っていきたいと思います。

宇多丸　よろしくお願いします！

――まず、ゲームとの出会いの原点をお聞きしたいのですが、そもそも宇多丸さんのご自宅にはカラーテレビゲーム6[03]があったそうですね。

宇多丸　いや、正確にはカラーテレビゲーム15かもしれない。オレンジ色の筐体だったので。

――オレンジ色の筐体なら、カラーテレビゲーム15かもしれません。

宇多丸　僕は一人っ子だったので、**左右の手それぞれでコントローラーを操作して、ひとりでテニスゲーム**とかをやってたんですよね（笑）。玩具は比較的頻繁に買い与えてくれる親だったとは思いますが、さすがにテレビゲーム機は値段も安くないので、

03　1977年に任天堂が発売した初の家庭用テレビゲーム機。カラーテレビゲーム6とカラーテレビゲーム15の2種類があり、それぞれ収録しているゲームの種類が違う。コントローラはカラーテレビゲーム15は有線型、カラーテレビゲーム6は本体と一体型。ここから任天堂のテレビゲームビジネスは始まった。

よく買ってくれたなぁと思います。記憶にはないけれど、もしかしたら僕が説得したのかもしれません。電子ブロックとか電子ゲームとか、未来を感じさせるガジェットがどんどん出てきた時期で、そこには強烈に惹かれていたので。

——LSIゲームは子どもたちの間で一大ブームになっていました。

宇多丸　自分では確か『BATTLESTAR GALACTICA』のLEDゲーム（日本名は「ゲームシンジケート」）を持っていました。小さいころからアメリカの玩具が好きで、デザインもカッコいいなと思っていて。ゲーム自体は、赤い光点（発光ダイオード）を敵の宇宙船に見立てて、それを撃つ、ってだけなんですけどね。あと、カシオのゲーム電卓[04]も好きでした。今にしてみればあんなの何が面白いのって感じかもしれないけど、当時はとにかく、**電子的な遊び**に興味があったんですよね。これってもうSFじゃん！みたいな。当時、学校に友達が『パクパクマン』っていうLSIゲームを持ってきたことがあって、それを休み時間に借りて遊んだりもしていましたね。プレイしているうちに、絶対にモンスターに捕まらない必勝ルートを見つけて（笑）、カウンターストップまで行ったこともありました。

——友人のゲームをやり込む（笑）。ゲーム＆ウォッチはどうでしたか？　あれも当時、大人気でした。

宇多丸　最初の球投げ（『ボール』）はこれって楽しいのかなと思っていたんだけど

04　1980年にカシオ計算機より発売されたゲーム機能を搭載した電卓。画面右から出てくる数字を反対側の数字と合わせて撃墜、やっつけた数字の合計が10になるとUFOが出現して高得点をゲットできる。『ゲームセンターあらし』（すがやみつる）にも登場、初期ゲームキッズ憧れのアイテムだった。

（笑）、『ヘルメット』あたりからぐいぐい面白くなってきて。シリーズを重ねるごとに、アイデアが洗練されていくのがすごかったですよね。持っていたのは『ヘルメット』だけだったけど、主にデパートの玩具売り場とかで、ゲームの進化は常にチェックしていました。

――その頃からゲームの進化に興味をお持ちだったんですね。ちなみにアーケードゲーム、ゲームセンターには行ってましたか？

宇多丸　お金もないのに、よく行ってましたね。いちばん通ったのは西日暮里にあった「ザ・マン」って変な名前の薄暗いお店で、塾帰りとかに、必ずしも毎回プレイはしなくても、いろんなゲームを見に行ってました。自分でよく遊んだのは『エレベーターアクション』[05]や『クレイジー・クライマー』、あとは『ミサイルコマンド』とか……とくに『ミサイルコマンド』は、トラックボールで操作するのが最高にカッコよく感じて。映画に出てくるような未来の遊び、という感じがした。あとは何しろ『ボスコニアン』が大好きでしたね。とにかく当時は、**ゲーセンに最先端のものがある、という感覚**がありました。

――それほどまでゲームがお好きだったのに、ファミリーコンピュータは買わなかったというのが気になります。

宇多丸　ファミコンが出た当初、**これはゲーセンで出たゲームの「見立て」に過ぎな**

05　1983年にタイトーがリリースしたアーケードゲーム。スパイとして敵のビルディングに潜入し、機密文書を入手して脱出を目指す。ドアを開けて部屋の中に隠れたり、エレベーターを操作して敵キャラクターをつぶしたり、天井のランプを落としたりと、多彩なプレイができた。

いな、と思ってしまったのはありますね。同時に、こんなひたすら楽しめてしまうものが自宅にあったら、**確実に自分はダメになる、**絶対にそれしかやらなくなってしまう、という危うさも感じました（笑）。それで意識的に遠ざけたところもありますね。そのころは、映画や音楽にすでに夢中だったので、経済的にも時間的にもそれ以上、新しいものが入り込む余地がなかったのかもしれません。あとね……ファミコンを買わなかった理由がもうひとつあって。

――はい、それは？

宇多丸　しょぼい話ですけど、自室にテレビがなかったんですよね。テレビはリビングにあって、自分の部屋には置いちゃいけないものだった。これは何だろうね。当時は「勉強部屋にテレビがあると良くない」というムードがあったんですよ。

――いや、80年～90年代の家ってそういうものでしたよ！　自室にテレビがある子どもは、相当恵まれている家庭だったと思います。

宇多丸　やっぱりテレビは家族の共有物でした

からね。だから、そのひとつしかないテレビを、子どもが占領してひたすらゲームをやるなんて、もってのほかだったんですよ。うちの母なんか、いまだにゲームのことはあまり良く思ってないんですよね。僕が「マイゲーム・マイライフ」を担当するようになって、ようやく**「仕事になっているくらいならしょうがない」**という感じになりましたけど（笑）。

――家のテレビの主導権争いは、ファミコンが欲しい子どもたちがぶつかった壁のひとつだったと思います。

宇多丸　ただね、ファミコンは買わなかったんですけど、89年にゲームボーイが出たら、速攻で買ったんですよ！　大学受験もとっくに終わってるし、自室でこっそりできるし（笑）。ふとした縁からパリに夏休みいっぱい遊びにいくことになって、時間潰し用にこれは絶対要るだろう！　と自分で自分を説得して。最初はもちろん『テトリス』、のちにやりこんだのは『ボンバーマン』とか『パイプドリーム』とか……実際パリでもずっとやってました。なんなら、成田空港に早く着きすぎちゃって、近くの公園で時間を潰しているときも、ずっとゲームボーイ（笑）。

――まるでゲームをむさぼるように……。

宇多丸　さっき言ったように家のテレビでは大っぴらにゲームをやりづらい家風だったので、**ゲームボーイでようやく自分のモニターを手に入れた**、って感じもありまし

た。だから、よく考えたらその後も、携帯機はちょいちょい買ってるんですよね。バンダイのワンダースワンも、セガのゲームギアも持ってたし……ゲームギアの当時のキラーコンテンツは『ソニック・ザ・ヘッジホッグ』だったんですけど、横スクロールのアクションが苦手だったので、なぜかトランプゲームの『琉球』[06]を買って（笑）、それだけをやってました。

――上坂すみれさんの回でも『琉球』の話をされていましたよね。

宇多丸　『琉球』は、あの退屈さが良かったんですよ。いい役で上がれると、チャラララ〜ン！　って涼しげな音楽と、真っ青な海でウィンドサーフィンしてる画が流れて……**よっぽどヒマで孤独だったんでしょうねぇ（笑）。**

06　次々と出てくるトランプのカードを5×4のマス目に落としていき、タテ、ヨコ、ナナメでポーカーの役を作っていく。PC雑誌『ログイン』のソフトウェアコンテストで入賞して商品化されたゲーム。様々なPC、ゲーム機に移植された。宇多丸氏がプレイしたゲームギア版は1991年フェイスから発売された。

――学生時代の宇多丸さんはゲームに対して、どのように接していたのですか？

宇多丸　大学ではソウルミュージック愛好会（早稲田大学ソウルミュージック研究会GALAXY）に所属していたんですが、初期は周囲とゲームの話をした記憶がありません。ひとりでゲームセンターに行っては、最先端のテクノロジーをチェックする、くらいの感じでしたね。ただ、後輩になるとまた世代感が変わってきて。MELLOW YELLOWのTAMAちゃんは格闘ゲームがすごく強くて、友人宅に溜まっているときに、相方のKINちゃんとスーパーファミコンで『ストリートファイターII』[07]をずっとやっていたんです。で、当時クラブで開催された『ストII』大会にも出場して、優勝まで行ったりして。僕はそれを横で応援したりもしていましたね。

プレイステーションとともに始まった宇多丸ゲームライフ第2期

――このラジオで何回もお話されているように、宇多丸さんはプレイステーションを購入したことがきっかけにどっぷりとゲームの魅力に取り憑かれたそうですね。あらためて、そのときのお話を伺ってもよいでしょうか。

宇多丸　はい。90年代も中盤になって、僕もようやく大人になりまして（笑）、自分でだいぶお金を稼ぐようになったわけです。まだ実家暮らしではあったんですが、さ

07　1991年にカプコンがリリースしたアーケード用対戦格闘ゲーム。特殊なコマンド入力によって「波動拳」や「昇龍拳」といった強力な技を出すことができ、スリリングな対戦が楽しむことができた。ゲームセンターにおける対戦格闘ゲームブームの火付け役となり、数々のシリーズ、バージョンをリリース。様々な家庭用ゲーム機に移植され、アニメ化、実写映画化、漫画化、ドラマCD化が行われた。ゲームデザイナーはNーNこと西谷亮氏、企画とキャラクターデザイナーはあきまん（安田朗）氏。

すがに自分のお金なら据え置き機を買っても良いだろうということで、当時ものすごく宣伝をしていたPSを買ったわけです。忘れもしません、上野のビックカメラに行って、『リッジレーサー』が同梱されたセットを買いました。**僕のゲームライフ第2期の始まりです。**

——PSと同時期にセガサターンも発売されましたが、ゲームギアを持っていた宇多丸さんとしてはサターンを選ぶという考え方はありましたか？

宇多丸　もちろんPSとサターンのどちらを買うかは、一瞬だけ迷いました。でもね、単純な話、決定的だったのは本体のデザインです。PSのほうが断然好みだった！　そもそも僕は当時、結構な**ソニー党**でしたから。ウォークマン直撃世代だし、ビデオは当然ベータ。のちにVHSが優勢になるなんて、思ってもいませんでしたよ！

——ビデオデッキはベータ派でしたか！

宇多丸　早送りするときに、VHSはヘッドが動く工程が入るからワンクッションあるんですけど、ベータは直で早送りの画が見られるんです。だから、サイズもコンパクトだしベータのほうがいいに決まってるだろ！　って、今でもわりと本気で思ってます（笑）。なので、ソニーがゲーム機を出しゃそりゃ買いますよね、って感じもありました。

——じゃあ、最初にプレイしたソフトは『リッジレーサー』だったんですね。

宇多丸　いやあ、『リッジレーサー』、今でも大好きです！　なんといっても、いったんゲームをインストールした後は、任意の音楽CDに入れ替えるとそれがBGMとして流せる、というのが衝撃的でした。バーチャル空間に広がる美しい景色を見ながら、好きな音楽をかけて好きなようにドライブできるなんて、**最高かよ！**みたいな。で、いろいろ試すうちに、あるコースが、LLクールJの「Mama Said Knock You Out」という曲とサイズ的にぴったりだと発見して。バトルライムだからレースのテンションを高めてくれるし、ゴールすると同時に曲が終わって、**もう最高かよ！**と（二度目）。

――最高ですね。宇多丸さんのプレイステーションソフトのマイフェイバリットをぜひ、じっくりとお聞かせください！

宇多丸　まず印象に残っているのは、『トバルNo.1』[08]です。当初は、鳥山明先生のキャラクターで『バーチャファイター』的な格闘ゲームができる！というので買いました。

――『トバルNo.1』は『バーチャファイター』のスタッフが作っているんですよね。

宇多丸　そうそう。もともと僕は、初代の『バーチャファイター』が出たときにゲームセンターで見て、テクノロジーもついにここまで来たかと、衝撃を受けた世代です。だから、その『バーチャ』的なものがついにPSで遊べるんだ、というのが最初の購入動機でした。そう考えると僕、昔は格闘ゲームも結構やってましたね。『ソウルエッ

08　1996年にスクウェアがリリースしたプレイステーション用の対戦格闘ゲーム。立体的な空間で表現されたリングを前後、奥行きへ自由に移動できる、当時としては斬新な表現が用いられていた。キャラクターデザインは鳥山明氏が担当。開発は『鉄拳』シリーズ（ナムコ）や『バーチャファイター』シリーズ（セガ）の主要スタッフが集まって設立したドリームファクトリー。宇多丸氏が発言している「クエストモード」は5レベルの難度があり、最高レベルをクリアすると、鳥山ロボが使えるようになる。また、「SQUARE'S PREVIEW」という体験版ディスクが封入されており、『ファイナルファンタジーVII』の序盤のシーンがプレイできた。

ジ』はかなりやり込みましたし、『鉄拳』も好きだった。『トバル』は『バーチャファイター』同様、掴み技がけっこうあるんですよね。

——対戦相手をパンチやキックの打撃でダメージを与えるだけでなく、相手をつかむことで体制を崩したり、攻撃をしたりできる。多彩な駆け引きが特徴でした。

宇多丸　ただ、僕が本気で夢中になったのは、その本編ではなく、おまけ的に付いていた**「クエストモード」のほう**だったんです。操作キャラクターを背中から見た三人称視点で、ダンジョンをどんどん潜っていくんだけど、これにとにかくハマりました。3D空間が広がっていて、その中を自由に動き回れる、ということにワクワクして。いま思えば完全に、**オープンワールド的な感覚の、相当な先取り**ですよね。ちなみに僕、ゲームプレイ全般あまり上手くはないんですが、この「クエストモード」は、頑張って完全クリアしました。終盤はかなりムズいんですけど、「ここでこの無敵アイテムを取って、その勢いのままダッシュで3階分を走り抜ければなんとかイケる！」とか、攻略を自分なりに考えて（笑）。なので、このクエストモードがメインでいいじゃん、くらいに思ってました。

——しかも、『トバルNo.1』には『ファイナルファンタジーⅦ』[09]の体験版がついていたんですよね。

宇多丸　そうそう！　むしろそっち（体験版）が欲しくて『トバルNo.1』を買っ

09　1997年にスクウェアが発売したRPG。3DCGとムービーにより、初代プレステの普及を後押ししたばかりか、その後のRPGのシーンを塗り替えた画期的な作品。物語やキャラ人気も根強く、後にPS4用のフルリメイク版も発売された。

た人も多かったくらいですよね。ただ、僕も当然やってはみたけど、自分にはまったく合わなかった。評判だったムービーも、それはゲームじゃないじゃん、と思っちゃったし……ゲーム画面になると、なんだやっぱり相変わらずの「見立て」段階じゃん、と。それより、限定的ではあれ「世界そのもの」を具体として表現しきれている『トバルNo.1』のクエストモードのほうが、僕には明らかに『FFⅦ』よりスゴいものに思えたんですよね。ファンの皆さん申し訳ありません、**個人の感想です！**

——宇多丸さんの『FF』『ドラクエ』アレルギーはここから始まったんですね。そのお話はのちほどゆっくり伺うとして。ほかにプレイステーションのフェイバリットゲームは？

宇多丸　ご多分に漏れず、『メタルギアソリッド』は最高でした！　例えば最初、敵の兵士が巡回警備しているところ。スネークが隠れながら進んで行くのが、プレイヤーにとっては自然にチュートリアルな役目を果たしているのが、まずニクいですよね。で、その状況をクリアして、エレベーターに乗り込むと……おもむろにハリウッド映画ばりの音楽が流れだして、クレジットとタイトルがドーンと出る！　みたいな演出の妙に、本当にシビれました。**ゲームとしての達成感と映画的な高揚感が、高度に融合されている**というか……それまでによくあった、ムービーをただ見せられるだけの「映画感」とのレベルの違いに、心底感服させられました。あと、小島監督[10]ならでは

10 『メタルギア』シリーズを生んだ小島秀夫氏のこと。『スナッチャー』で映画的手法を取り入れ、『ポリスノーツ』などで進化させていった。シリアスな物語とともに、合間のギャグも人気が高い。2015年末に独立後、コジマプロダクションを設立。

の、**「ゲームでしかありえない表現」**が楽しいんですよね。例えば、敵キャラのサイコ・マンティスが、超能力（リーディング能力）で相手の記憶を読み取る、という展開のところで、プレイヤーがそこまでどう行動してきたかをちゃんと踏まえて、「お前は『ポリスノーツ』[11]が好きなようだな」とか指摘してきたりするんですよね。そこから、今度は念動力を見せるからというので、「できるだけ平らなところにコントローラーを置いてみろ」とか言われて（笑）。実際そうしてみると、振動機能でコントローラーがビビビと動き出す！　そんな爆笑小ネタ集も、あちこちに仕込まれていて。小島監督は、ゲームの世界に映画的なものを持ち込んだってよく言われるけど、一方でそんな風に、**これ以上ないほど「ゲームならでは」の何か**を追求し続けている方でもあって……映画的演出を取り入れるほどに、ゲームでしかあり得ない「何か」がより際立ってくる、というのは、すごく面白い現象だなと思いましたね。同じことは『バイオハザード』にも感じました。

――PSは、そういった新しい試みに挑んだゲームがとてもたくさんありましたね。

宇多丸　そういう方向では、僕はPS移植版でプレイした『Dの食卓』[12]も印象深いですね。飯野賢治[13]さんがおっしゃっていたところのインタラクティブムービー、映画とゲームの中間みたいなバランスは、テクノロジー的に過渡期だった当時ならではの味わいかもしれないですね。その意味で決定打はやはり、『バイオハザード』でした。もう、

11　1994年にコナミがリリースしたアドベンチャーゲーム。21世紀のスペースコロニーで起きた事件を、人口冬眠状態から目覚めた警官（ポリスノーツ）の主人公が捜査する。『メタルギア』や『スナッチャー』を手がけた小島秀夫監督による力作であり、映画的な演出表現やゲームならではの表現が話題となる。

12　1995年にワープから発売されたアドベンチャーゲーム。「インタラクティブ・ムービー」を公称しており、主観視点で3D空間の探索を行いつつ、イベント時には映画的な演出が恐怖を煽る、ホラーテイストの作品となっていた。独創的なゲームを複数手掛けた飯野賢治の代表作のひとつ。

コントローラーを投げ出したくなるくらい怖かった！　とくに序盤、一番奥にある部屋にいたゾンビがおもむろに振り向くシーンとか、映画などではもはやありふれた場面なのに、ゲームでやるとこんなに怖いのか！　と。キャラクターの操作が独特で難しいことが、うまく逃げられないもどかしさや恐怖につながって、要はゲーム性の一部になっているんですよね。それだけに、何をやっても倒せなかったラスボスのタイラントを、ロケットランチャーの一撃で粉砕するクライマックスのカタルシスと来たら……あと、例えば武器をナイフ一本だけに絞ってもクリアは一応可能、みたいな、アクションゲームとしての幅の広さも面白かった。まだ実写だったオープニングとエンディングのB級映画感もたまらないものがあるし、ホント、いま思い返しても最高に楽しかったー！　**とにかく、「映画っぽい」見せ方をすればするほど、映画とは違うところがむしろ際立ってくる、**というか。そういう「ゲームならでは」の感触が、当時すごく新鮮でした。

――おっしゃるとおりホラー系ゲームは、PSが登場して、花開いた感じがありましたね。

宇多丸　かと思えば、パズルゲームの『くるりんPA！』とかもよくやっていましたね。当時はパズルゲームが全盛期でしたし、ああいうヒマつぶしゲーも好きでした。当時はまだ実家暮らしだったので、母親の起きている時間に家に帰りたくない、みたいな

13　1970年生まれ、東京都出身。1994年にワープを設立。『Dの食卓』（1995年）、『エネミー・ゼロ』（1996年）、『リアルサウンド～風のリグレット～』（1997年）など話題作を次々に発表、「ゲーム業界の風雲児」として一世を風靡する。2013年2月に逝去。享年42歳。

感覚がありまして（笑）。

――だははは（笑）。

宇多丸　近所のゲーム機が置いてあるマンガ喫茶に行って、そこに自分のメモリーカードを差し込んで、いろいろなゲームをやっていました。『みんなのGOLF』[14]とか……。

――大ヒットゴルフゲームの『みんゴル』ですね。

宇多丸　『みんゴル』は最初、正直ナメてたんすよね、デザインが可愛らしいんで。でも、実際プレイしてみて、こののんびり感こそが良いんだと気づいた。自然に囲まれ、いい空気を胸いっぱい吸いながら、自分のペースでプレイする……それまでビタイチ興味なかったけど、なるほどオジさんたちがあれほどゴルフに熱中するのも分かる気がする、と（笑）。**ライムスターのメンバー全員が同時にやり込んでいた、今のところ唯一のゲーム**でもあります。そのころのツアー中に、メンバーと喫茶店で「こないだイーグル出した時にさぁ」とか『みんゴル』の話で盛り上がっていたら、横にいた知らないオジさんから、いきなり**「……ゲームはいいよなぁ！」とボヤかれた**のもいい思い出です（笑）。確かにホントのゴルフでは、素人がそんな都合いいスコアを簡単に出せるわけがないんだよな。

――ライムスターのメンバーもプレイされていたんですね。

14　1997年にソニー・コンピュータエンタテインメントがリリースしたゴルフゲーム。『マリオゴルフ』を開発していたキャメロットが主体となり開発（シリーズ一作目のみ）。シンプルで洗練されたゲームデザインが人気となる。ロングセラーとなり、シリーズ化した。

15　1997年にテクモより発売された『モンスターファーム』において搭載された画期的なゲームシステム。音楽CDを読み込ませることで固有のモンスターが誕生、「CDから生まれたモンスター＝ミュージシャン自身」と見立てることで「ミュージシャン同士を対決」させることが概念上は可能となり、妄想対決が熱く盛り上がった。その熱気は岡崎体育ゲスト回にも詳しい。

宇多丸　ちなみに僕らの曲で「隣の芝生にホール・イン・ワン（feat.BOY－KEN）」というのがあるんですけど、『みんゴル』の「ナイスショット！」「ナイスイン！」って音声を、きちんとレーベル経由でソニー・コンピュータエンタテインメント（当時）に**クリアランスを取って、直接サンプリング**しているんですよ。当時は、正式にクリアランスを取ってゲームのサウンドをサンプリングした例というのがほとんどなかったみたいで、SCEの担当者の方も困惑されたのでしょう、びっくりするほど安い値段で許諾してくださった記憶があります。

——音楽活動とゲームがリンクする瞬間もあったんですね。

宇多丸　音楽といえば、『モンスターファーム』です。[15]市販されている様々な音楽CDからモンスターを作り出し、育成して戦わせる、というゲームで、当時すでにライムスターとしてCDをリリースしていた身としては、これを自分がやらずして誰がやる？と。ただ、**ライムスターの作品からは、なかなか強い数値のモンスターが出てくれなくてね（笑）**。

——ははは（笑）。

宇多丸　PSでは、[16]『がんばれ森川くん2号』も忘れられないですね。AI育成ゲームの走りなんですけど、当時この『森川くん』をめぐって、ある事件が起きたんですよ。

——事件!?

16　1997年にソニー・コンピュータエンタテインメントがリリースしたゲーム。AIが搭載されたロボットに指示を与え、ワールドに置かれたチップを集めていく。指示にあわせてAIは学習をしていくため、プレイヤーは主にAIの行動を見守ることになる。タイトルは本作の開発者の森川幸人氏の名前から。森川氏は本作を機に、AI研究者となった。

宇多丸　そのころ僕は、自分で言うのもなんですが、ヒップホップ畑ではトップクラスの音楽ライターとして、かなり活躍していたんですよ。マジな話、相当イケてるキレキレで気鋭のライター、みたいな。そんなある日、僕が立ち上げから関わってきたヒップホップ専門誌『ｂｌａｓｔ』の編集部から電話がかかってきて……ちょうどうちのリビングで『森川くん』をプレイしていたところだったんですが、基本ＡＩが自発的に学んで動いてゆくゲームだから、電話しているあいだもポーズやセーブなどはせずに、そのまま画面を見守っていたわけです。ところが、そこに何も知らぬ母親がやってきて、「あらあらテレビつけっぱなしにして」とか言いつつ、勝手にスイッチを切ろうとしたため……**電話口で思わず、「お母さん、森川くんイジんないで！」と叫んじゃったんですよ（笑）。**

——相当イケてるキレキレで気鋭のライターの宇多丸さんが！

宇多丸　面目丸つぶれですよ！　のちのちまで『ｂｌａｓｔ』編集部では、「お母さん森川くんイジんないで事件」として語り草になっていたそうです（笑）。

——AIと対話するゲームというと『どこでもいっしょ』というタイトルがありましたよね。こちらはプレイされました？

宇多丸　『どこいつ』、もちろんです!!　あれは、メモリーカードとしても携帯機としても使える、ポケットステーションという新しいガジェットが全面活用できる点が新鮮でしたよね。僕はひとりっ子なので、どこかで常に「話し相手としてのゲーム」を求めていたところはあったかもしれない。なので、（ゲーム中のキャラクターである）**トロにはもう、メロメロでした。** そのころからライムスターとしての地方ライブとかも増えてきたので、当然ポケステに『どこいつ』を入れて、旅先で持ち歩いたりもしていたんですけど……あのゲームって実はお別れが待っていて、一定の期間が経つと、せっかく親しくなったキャラクターが旅立っていってしまうんですよね。で、僕のトロも、間もなくいなくなってしまうんだなぁという、まさにその日。たまたま地方からの戻りが、めちゃくちゃ遅くなってしまって。東京駅からタクシーに乗り込み、あわててポケステの『どこいつ』を起動させてみたら……いつの間にか、日付が変わっていて。トロはもう、置き手紙だけ残して、部屋を出て行った後だったんです。寂寥感を際立てるように、すきま風が吹くような演出だけが、ポケステの小さい液晶画面に映っていて。えっ!?　となって……**タクシーの中でひとり、本当に号泣してしまいました。** あれほどゲームで泣いたのは、他には『街[17]～運命の交差点～』の隠しストーリー

17　1998年にセガサターンで発売された『サウンドノベル 街』に新機能を搭載、1999年にプレイステーションで発売されたのが『街～運命の交差点～』。発売はチュンソフト。互いに面識はなく同じ街「渋谷」に居合わせた主人公たちが、互いの運命に影響を与え合いながら群像劇を繰り広げていく。

を終えたときくらい。もちろん、ニューゲームをやり直せば簡単にトロに再会は出来るんだけど、それはもう「あのトロ」とは別人だから。あまりにその別れが重くて、いまだにそれ以降『どこいつ』には触れていないくらいです……。いやあ、細かく振り返っていくと他にもまだいろいろあって、キリがなくなってしまいそうですけども。『ことばのパズル　もじぴったん』とか、語彙の豊富さで勝負するっていうのは、自分向けだなと思えて楽しかったですし。あと、忘れちゃいけない『ｗｉｐＥｏｕｔ』！　ゲーム性も世界観も音楽も最高にカッコよくて、1作目は100％までやり込みました。最後の最後に中国製という設定のめっちゃ速いマシンが手に入るんですけど、それを使うとあまりにも速すぎて、もはやレースにならないという（笑）。

――当時はPSが尖っていた時期でしたね、本当に。

宇多丸　そんななかでも、とくにベスト級と言えるのは……『[18]天誅（立体忍者活劇天誅）』ですね！

――お目が高い！　あれは傑作です。

宇多丸　**これぞオープンワールドの先駆です（キリッ）。**『グランド・セフト・オートⅢ』に先駆けること数年、ひとつの空間の中で何でも出来る、僕にとってパーフェクトなゲームがキタ！　という感じ。忍者として、指定されたターゲットを次々と暗殺してゆくわけですが、そのステージをどうクリアしてゆくかは、本当に自由。正攻法のス

18　1998年にアクワイアが開発、ソニー・ミュージックエンタテインメントがリリースした忍者アクションゲーム。忍者を操作して3DCGで描かれた屋敷や空間を自由に動き回り、標的を暗殺する。俳優のケイン・コスギがモーションアクターとして参加した日本でもヒットしたが、海外での人気はとりわけ大きく100万本のセールスを記録したという。

テルスで進めるも良し、力押しで正面突破するも良し。なんならステージにいるキャラクター全員を皆殺しにして進んでいくことも可能だし、もちろん誰にも一切気づかれることなく、標的だけを倒すことも出来る。あと、すごくバイオレントなゲームでありながら、どこかユーモアもあるんですよね。犬ちゃんもかわいいし、毒まんじゅうを放って食べさせる、みたいな脱力要素も愉快だし……途中の妖しいカルト宗教のステージ（任務六：邪教卍教の御神体）とかも、すっごく気持ち悪くて最高でした！

――自由度の高い忍者アクションとして、『天誅』は世界中で注目を集めました。『GTAⅢ』が出たときにすごく衝撃を受けてたんですけど、それと同時に、『天誅』の早過ぎたすごさをきちんと再評価しないといけないな、とも強く思いましたね。PS5で新作とか出たら超嬉しいんだけどな……。

宇多丸、インターネットとの遭遇

――当時NINTENDO64などのゲーム機も発売されましたが、そちらには興味はありませんでしたか？

宇多丸　興味はありましたよ。とくにN64と一緒に発売された『スーパーマリオ64』は、3D空間を自由にアクションするというゲームだったので、これはかなり自分の理想に近いんじゃないかと思って、一時は本気で購入を検討したんですよ。でもね、やっぱり個人的には、マリオのあのファンシーな世界観に、まったく惹かれなくて……当時はそこまでお金に余裕があったわけじゃなかったし、PSだけでも十分楽しんでましたからね。ただ、N64のあとに発売されたニンテンドーゲームキューブは、『巨人のドシン』と『動物番長』のふたつがどうしてもやりたくて、ついに買いました！なんだかんだでゲームキューブはかなりいろいろ遊んだんじゃないかな。

――宇多丸さんは『マイゲーム・マイライフ』の中でも、ドリキャスに言及することが多かったですね。

宇多丸　ドリキャス大好き！　今でもいちばん思い入れがあるハードかもしれないくらいです。ソフトのラインナップが異常に僕好みなんですよね。『クレイジータクシー』があって、『ジェットセットラジオ』があって……もちろん『シーマン』も。

――人面魚を育成する『シーマン』！

宇多丸　『シーマン』は、プレイを始めるとまず、卵から孵さないといけないんですよ。なのに僕の場合、なぜかなかなか孵らない。その瞬間を見逃したくないから、お風呂に入っているときもテレビを見える場所に置いたりして、ずっと見守り続けていたんですけど……言われたとおりに水槽の温度を調節したり、いろいろやってるのに、何日経ってもうんともすんとも言わない。いくらなんでもおかしいということで、ついに最後の手段として、セガに連絡してみたんです。そしたらなんと、ドリキャス本体の不具合でしたって！　新しい機体を送ってもらったら、数分で孵化しましたよ。あのときくらい**シンプルに「時間返せ！」**って思ったことないです（笑）。

――『シーマン』のお話は、ラジオでもたびたび上がっていましたね。

宇多丸　あとは、なんといっても『シェンムー』ですよね。

――和製オープンワールドゲームともいわれる、ドリームキャストの名作のひとつですね。

宇多丸　なぜだか1986年という微妙な設定の（笑）横須賀の街がまるごとゲームの中にあって。建物に入ると、中にある箪笥や机の引き出しを全部開けることができる……だからって何があるわけじゃないんだけど（笑）。そういう意味不明なまでの作り込みが、唯一無二の味わいを醸していたゲームですよね。僕の好みにはもちろんドンピシャで、とくに2周目はさらに自由度の高いプレイを堪能しました。主人公は毎朝お手伝いさんからお小遣いの500円をもらうんですが（笑）、僕の場合、そのまま街の中にあるスロットハウスに直行して、行列の先頭に並ぶ。で、（ゲーム中の時間の）10時オープンと同時に入店すると、それ以降はNPCが居座ってしまう特定の台で遊べるので、そこで**1日中スロット。**このルーティーンを、お父さんの仇を打つというメインのミッションは完全に無視して、毎日毎日ずーっと、繰り返していたわけです。すると……ゲーム中の時間で1年後、父親を殺したやつらが再び家にズカズカやってきて、問答無用で殺されてしまい、強制的にゲームオーバーになっちゃった！

――普通の人はなかなか見られないバッドエンドを見ちゃったんですね（笑）。

宇多丸　『シェンムー』が好き過ぎて日本に来たゲームライターのクラベ・エスラさんも**「そんなエンディングあるの⁉」**って驚いてたから、ちょっと誇らしい気持ちになりました（笑）。そんなプレイにダラダラ興じていた当時のある日、僕は、ドリキャスにインターネット機能がついていることに気づいたんです。

――ドリキャスは家庭用ゲーム機初のインターネット用モデム内臓機でしたからね。

宇多丸　それまで僕は**「インターネットなんて一生いらねえよ」とうそぶいていたような人**だったんですが、ある晩、あまりにヒマだったんでしょうね（笑）、ドリキャスのモデムを電話線につないでみたんです。そしたらそこに……「もう一つの世界」が広がっていたんです！

——宇多丸さんのインターネットとの出会いですね。

宇多丸　え？　『トロン』[19]じゃん！　『マトリックス』じゃん！　と。ちなみに『シェンムー』にもオンラインに対応している部分があって、たとえば自分のスロットの成績が、インターネット上のランキングに反映されたりするんです。僕は、その時点で**都内2位**でした。

——おお〜!?

宇多丸　でも、自分としてはかなり時間をかけてプレイしていたつもりだったのに、1位の人の数字は、僕と二桁くらい違ったんです。全国ランキングだと、さらに何桁も上がゴロゴロいる。自分などまさしく井の中の蛙だったと思い知らされる、いい経験でした。

——ドリキャスには『ドリームパスポート』というインターネットブラウザがありましたけど、それはお使いになりましたか？

宇多丸　もちろんです。当時のインターネットって、今と比べるとまだまだ無法地帯でしたから、手作りの怪しげなサイトや、こんな画像アップされてて大丈夫か？　みたいなのが、そこらじゅうに転がってた。一応保存しとくか、などと考えダウンロードしてみるんだけど、回線は激遅な上に、ドリキャスのビジュアルメモリの容量だと、せいぜい**カラー静止画で2枚くらいしか入らない（笑）。**でもまぁたしかに、あのくら

19　1982年に公開されたSF映画。スティーブン・リズバーガーが監督を務めた。コンピュータの世界に送り込まれてしまった主人公が、プログラム・トロンとともに独裁者を倒すというストーリー。ベクタースキャンなどのCGを本格的に導入し、デジタル世界を斬新に表現した。ティム・バートンがアニメーターとして参加している。2010年には続編となる『トロン：レガシー』が製作された。

いの時期までのインターネットにしかないスリリングさ、というのはありましたよね。

そして洋ゲーとの出会い。宇多丸ゲームライフ第3期開幕

――では次に、いよいよ宇多丸さんにとって運命を変えたゲームのお話を伺います。『GTAⅢ』[20]との出会いはどんなものだったんですか？

宇多丸　忘れもしない、TSUTAYAの新宿店でしたね。当時のTSUTAYA新宿は映画のDVD売り場がすごく充実していたのでかなりの頻度で行っていて、そのついでにゲームの階も覗く、という感じだったんです。そしたらそこで、『GTAⅢ』のデモを流していたんですよね。当時は『ゲーム批評』を毎月買って読んでたくらいで、新作ゲームの動向も一応追っていたので、その評判も事前に耳には入っていたと思うんですが……デモ画面を見た瞬間に、すさまじい衝撃が走りました。**自分の好きなものが、ここに全部詰まってる！**　好きなタイプの映画、好きなタイプの音楽、好きなタイプの世界観……何て言うのかな、海の向こうにも「自分みたいな人」がいるんだなと、ついに親友を見つけたような気分になりました。しかもこのゲーム、世界ではめっちゃ売れてるっていうじゃないですか！　なんか、日本はゲーム大国って言われてきたけど、**他のカルチャー同様、日本の市場こそが特殊だったんだな**って、

20　正式名称は『グランド・セフト・オートⅢ』。2001年にロックスター・ゲームスより発売されたオープンワールドアクションゲームの歴史的名作。「どこへでも行って、何でもできる」を言葉通りに実現、全世界のプレイヤーに衝撃を与えた。宇多丸氏も語っているように発売当時は日本版のプレイステーション2ではプレイできなかったため、ゲームファンは海外版の本体ごと本作を大人買い、その魅力を口コミで絶賛していく光景が見られた。噂が噂を呼び2003年には待望の日本版がリリース。その後も『GTA』シリーズはリリースを重ね、そのたび「世界一イカしたゲーム」の最高峰を更新し続けることとなる。

ここで改めて思いました。

——ひとつの都市をまるまるゲームの中に落とし込んだ、本格的なオープンワールドゲームの登場は、日本のゲームユーザーにとっても衝撃でしたよ！

宇多丸　本当にすごかった。やり狂いました。ありとあらゆるプレイの仕方をしました。奪ったクルマは駐車場に入れればセーブできる、ならば、軍基地にある戦車を強奪してきて、無理やりにでも駐車場に押し込めば、セーブして使い放題になるのか？……おお、ホントにできるじゃん！　みたいな驚きと喜びに満ちてましたよね。**自分で目的を見つけて、楽しみ方を考えていく面白さ**がありました。あとね、ＢＧＭ！　カーステレオから流れるラジオ局の選曲やＤＪの人選が、本当に間違いない!!　舞台となるリバティーシティはニューヨークがモデルなので、たとえばヒップホップ専門局ならＤＪはＳｔｒｅｔｃｈ Ａｒｍｓｔｒｏｎｇでしょ！　みたいな。

——カーラジオを流して、クルマで海岸線を走るだけでも楽しいゲームでした！

宇多丸　何なのこのセンス!!　みたいな。そこから、その『ＧＴＡⅢ』を作ったロックスター社の、僕はほとんど**「信者」**になってゆくわけです。その過程で、自分のＰＳ２に、リージョン制限というものが掛かっていることに、あらためて気づいたりもした。

——ああ、日本用のＰＳ２だと、海外のゲームが遊べないんですよね。

宇多丸　それってつまりレコードやCDで言えば、輸入盤を日本では聴くことができない状態、ってことですよね。文化の在り方として、それはめちゃくちゃまずい状態じゃない？　と思い始めたんですよ。それで、さっそくアメリカ版リージョンのPS2を購入して、秋葉原のメッセサンオー[21]カオス館に通いつめ、いろんな輸入ソフトをプレイするようになった。そこからまた、新たなゲームライフが始まりましたね。

——宇多丸さんのゲームライフ第3期ですね。

宇多丸　僕的には、**ゲームの黒船がやってきた！**　って感じでしたね。自分のまわりも、洋ゲーを遊ぶ人が増えてきて。また、Xbox360で『Rockstar Games presents Table Tennis』[22]が出たときは、ロックスター社がたしか並木橋あたりのマンションの一室を数カ月間借りきって、今で言うインフルエンサー的な人たちを集めては、軽い試合形式のイベントを毎日のようにやったりしていたんですよ。飲み物や食い物も大量に用意してある、ラグジュアリーなプロモーションで。僕もなぜだかそこに招待してもらったりしました。

——ああ、あの頃のロックスター社は日本支部を作って、かなり積極的に展開していましたね。

宇多丸　そうそう。さらに『GTA』シリーズは、何度かクラブイベントもやっていて、ライムスターとしてライブ出演もしました。そこで、来日したダン・ハウザー（ロッ

21　かつて秋葉原の中央通り沿いに存在したゲームショップ。海外から直輸入したゲームソフトだけではなく、ゲームハード、Tシャツ、グッズ、ゲーム誌などエッジの立った商品を数多く展開、『GTAIII』に端を発した洋ゲー一大ムーブメントのフラグシップともなった名店。ちなみに同店には宇多丸氏の他にも、トルシエ元日本代表監督の通訳としても知られるフローラン・ダバディ氏も足繁く通っては直輸入の洋ゲーを購入していた。

クスター社の創設者、『GTA』シリーズのディレクター）に、僕のつたない英語で一生懸命お話を伺ったりしましたね。あと、ロックスター・ロンドンにルシアン・キング（ロックスター・ロンドンの開発マネージャー）って人がいて、彼とすごく仲良くなって、**朝まで恵比寿の居酒屋で飲んだりもしました。**

――かなり交流があったんですね。『GTA』シリーズには『GTAⅢ』以降も、コンシューマ向けだけでも『GTAバイスシティ』『GTAサンアンドレアス』『GTAⅣ』『GTAV』とたくさんのシリーズが出ています。ずばり宇多丸さんのベストは？

宇多丸　これはもう……**勘弁してください！**　『GTA』シリーズはそれぞれ、題材にしている時代やカルチャーが微妙に違うし、ゲーム性も実は少しずつ変わってる。各々に違った良さがあって、比べることができないくらい、全部面白いんです！　たとえば『GTAバイスシティ』は、のちに本格化する80，sリバイバルの本当に先駆けと言っていいような作品で、もともと80，s大好き人間の僕としてはもう……悶絶するしかありませんでした！　ロックスターよ、どこまでオレの趣味嗜好に応えてくれるんだ！　と。続く『GTAサンアンドレアス』は、90年代初頭、ロス暴動前後の西海岸がベースになっていて、当然のようにシリーズ中で最もストレートにヒップホップ色強め。言うまでもなく僕のストライクど真ん中！　**マジで、僕に向けてゲーム作ってくれてます？　って感じ。**

22　2006年にロックスター・ゲームスが開発した卓球ゲーム。11人の個性的な技を持つ選手を操作する。物理エンジンを導入し、スピンショットなど多彩なショットを放つことが可能。「ロックスター・アドバンスド・ゲーム・エンジン」（略称：RAGE）で開発されており、ここで用いられた技術は『GTA』シリーズなどでも活用されている。

――ははは。自分のためのゲーム！

宇多丸　『GTAⅣ』は何しろ、ストーリーの成熟ですよね。ダン・ハウザーさんも、さっき言ったように来日時に軽くお話を聞いたとき、スペックの進化に応じて物語も重厚さを増す必要があった、とおっしゃってました。ゲーム全体が、ほとんど現代アート的な多層的「アメリカ論」にもなっているし。そして今のところの最新作『GTAⅤ』では、3人の主人公ごとに視点が変わる新たなシステムが、ゲームとしてもストーリーとしても、さらに厚みと豊かさを増していた。キャラを変更した途端、なぜか周りは死体だらけ、いきなり大量のパトカーとヘリに追い回されていて……オレ、何をしでかしたんだ？　ってところから急に始まったり（笑）。

――ロックスターのゲームはどれも味わいが違って面白いんですよね。

宇多丸　ホント、『GTA』シリーズ以外でも、新作が出るたびに**人生最高ゲームが更新されてゆく**感じでした。

――どれもすごくヤバいタイトルぞろいでしたよね。

宇多丸　ホントですよ！　たとえば、やんちゃな男の子が名門私立校の内外で暴れまくる『ブリー』も生涯ベスト級作品だし、『マンハント』シリーズも日本版は出てないけど最高でした。映画『ウォリアーズ』のゲーム版なんか、やはり残念ながら日本版は出てないんだけど、「映画のゲーム化」のひとつの理想型だ、と断言できますし……さっき言った『Table Tennis』だって、要はただの卓球なんだけど、ロックスターが作るとこんなクールなゲームになるんだ！って感じでしたよね。そして、なんといっても、『レッド・デッド・リデンプション』[23]ですよ！

――西部劇をモチーフにしたオープンワールドゲーム『レッド・デッド・リデンプション』は傑作でしたね。

宇多丸　あれは、『バイオハザード』をプレイしたときから感じていた、**「ゲームでしか表現できない映画らしさ」の、ひとつの最高到達点**でしたね。無念に終わった自分の人生を、次の世代が引き継いでついに完結させる、という……『明日に向かって撃て』『ワイルドバンチ』的なエンディングと、さらにその先、みたいなことを、ゲームならではのやり方で完璧に描いている。その意味で『レッド・デッド・リデンプション』の終盤は、掛け値なしに映画を超えたというか、インタラクティブなメディア（ゲーム）だからこそ味わえる、ホントにホントに見事な結末だったなと思います。さらにその続編である『レッド・デッド・リデンプションⅡ』では、「その世界の中で生きているという実感」を恐るべき精度で追求、もはやライトユーザーには理解されづらいかもしれない領域にまで果敢に挑んでいて……つくづく志の高い人たちだなと、改めて感動してしまいます。

――ロックスターゲームズはだんだん大作志向になって、なかなか完全新作がリリー

23　2010年にロックスター・ゲームスがリリースしたオープンワールド型アクションアドベンチャーゲーム。1900年代初頭のアメリカ南部、メキシコを舞台としており、元ギャングのジョン・マーストンの過酷な戦いを描く。前作『レッド・デッド・リボルバー』（キャラクターデザインは安田朗氏！）の世界観を踏襲しつつも、オープンワールドゲームとして西部の世界を鮮やかに描いていた。壮絶なラストシーンスは話題に。2018年に『レッド・デッド・リデンプションⅡ』がリリースされた。

スされない状況になっていますが、やはり2000年代の弾けっぷりはすさまじいものがありましたね。

宇多丸　そうですね。いまだに僕にとって**唯一無二の「推しメーカー」**です。ロックスターの成長とともに新作を味わうことができた、この20年間は本当に幸せでした。

宇多丸、J‐RPGと横スクロール問題について語る

――宇多丸さんはRPGが苦手だとおっしゃっていますが、どんなところが?

宇多丸　いや、最近になって、ひょっとしたらゲーム性としてのRPGそのものが苦手っていうわけじゃなくて、実はやはり、「いわゆるJ‐RPG的なデザインや世界観」が苦手なだけだったのでは?という気もしてきまして。その証拠に、このラジオでしょこたん(中川翔子/2017年8月26日、9月2日放送回出演)に薦められた『ペルソナ5』から始まって、シリーズ初のRPGとなった『龍が如く7』も、なんならゲームとしてのハードルはなかなかに高いと言える『ディスコ・エリジウム』さえも、全然楽しくプレイできたんですよ。だから**自分が苦手なのはたぶん、結局やっぱり、『ドラクエ』と『FF』**なんですよね、申し訳ないんだけど。

――『ドラクエXI』もダメでしたか。

宇多丸　うーん、プレイはしました。でも、なかなか気持ちが入り込めないんですよね。要は、ゲームの好き嫌いって、実はゲーム性とかよりも、結局のところその作品の世界観になじめるかどうか、という点がものすごく大きいんじゃないかという気がするんです。

――世界観ですか？

宇多丸　それってたぶん、同じ小説でも、SFが苦手とか、ファンタジーが苦手とか、こういう文体は苦手とか、そういう感覚に近いと思うんです。そういうときって、読み進めることすら困難じゃないですか。逆に、その世界観がものすごく好きなのであれば、世間的にはクソゲーとされるようなものでも、自分的にはなんだかんだ、楽しめてしまう気がする。なので、僕は単に、J－RPG的な世界観が合わないだけなんですよ、きっと。日本のゲーム文化の中でそれは少数派かもしれないけど、他の国ではまた違うっぽい、というのも分かってきましたし。

――海外では、J－RPGはひとつのジャンルになっていて、特別視されている感じがあるんですよね。

宇多丸　ちなみに、『アフター6ジャンクション』で、ボードゲームメーカー「ドロッセルマイヤーズ」の渡辺範明さんから薦められて、『FFXV』はやったんです。椎名慶治さんが言っていたとおり、『FF』の中で僕がハマる可能性があるとしたら、やはりこれが正解だったのかもしれない、とは確かに思いました。

――あれもオープンワールドですよね。

宇多丸　そうそう。いかにも調子こいた若者然とした主人公の言動やビジュアルに、最初はやはり強い抵抗感があったんですけど、途中でメンバー全員に敵の兵士と同じ格好をさせてみたら、それぞれの顔とかまったく見えなくなっちゃうんだけど、あら不思議、ずいぶんやりやすくなりました（笑）。やっぱり、デザインなどのセンスが自分の好みに合うか合わないかが、少なくとも僕にとってはかなり大事なのかなと思いましたね。それにしても**重ね重ね、とくに『FF』ファンの皆様、失礼な発言の数々、申し訳ありませんでした！**

――あと、ラジオではたびたび横スクロールゲームが苦手だという話をされていましたよね。なんで、横スクロールがダメなんですか？

宇多丸　誤解されている方も多いようですが、僕はゲーセン世代なので、横スクロールゲーム自体は過去にたくさんやってきているんです。でも、どれだけプレイしても、おそらくですが、プレイヤーである自分は「前」を向いているのにキャラクターは固定された「横」方向に進んでゆく、という感覚の切り替えが上手じゃないんでしょうね、どうしてもそれを**「自分の視点」と感じることができない。**ちなみに、縦スクロールは問題なくできます。

——操作感覚として体感しにくいということですね。

宇多丸　僕が横スクロールで好きなのは『空手道』[24]だけですよ（笑）。あれは操作法が独特で、左右のレバー2本を瞬時に動かし、その組み合わせで技を繰り出すんですけど、これが不思議と「本当に空手技を出している」感覚がある。ひょっとしたら**現在に至るまで、いちばんその感じを体感できたゲーム**、と言っても過言じゃないくらい。技が一発当たるとそれだけで一本取られちゃう、という恐ろしくシビアでストイックなシステムも、リアルっちゃ究極的にリアルですし（笑）。

——アーケードゲームなのに。当時は操作系も独特なゲームがありましたよね。

宇多丸　アーケードのシューティングゲームでは、さっきも言いましたが『ボスコニアン』がずっと好きで、長年やり込んでました。

——横スクロールじゃなくて、多方向のスクロールならイケる口なんですね！

宇多丸　なるほど、『エレベーターアクション』も大丈夫なんだから、確かにそうですね。ちなみに僕、『ボスコニアン』は非常に激しく上下左右に動き回る必要があるため、**左右の腕をクロスするスタイルでプレイ**してました（右手で操作スティック、左手でショットボタン）。渋谷の今は亡き東急文化会館のプラネタリウムの横に、小さなゲームコーナーがあって、そこにずっと『ボスコニアン』[25]の筐体が置かれていたんですよ。そこでずいぶん長い間プレイしていましたね。あのゲームが好きなところ

24　1984年にデータイーストがリリースしたアーケードゲーム。アーケードゲームとしては世界初の対戦格闘ゲームと呼ばれている。2本のスティックで操作し、左スティックでキャラクターの移動、右スティックで攻撃を行う。スティックの操作の組み合わせで20種以上の技を繰り出すことができる。海外では『Karate Champ』のタイトルで人気を集めた。

25　1981年よりナムコが稼働を開始したアーケードゲーム。プレイヤーは8方向のレバーを操作することで宇宙空間を自由に移動し、点在する敵基地の撃破を目指す。

は、マップ上にいくつかある敵基地を、どこから破壊しても良いところ。しかもその破壊の仕方も、中央のコアを撃破してもいいし、基地の周囲にある6つの砲台を撃破してもいい。いろいろなプレイスタイルが追求できるんですよね。**言ってしまえばやっぱり、オープンワールド的なゲームなんですよ。**

――なるほど、オープンワールド！

宇多丸　たぶん僕は、ああいう感覚をこそゲームに求めてるんです。コンピュータの中の世界に入って、自由に動き回りたい。

――宇多丸さんはプレイステーション以前からずっとオープンワールド的なゲームを追い求めていらして、『天誅』や『シェンムー』『ＧＴＡ』シリーズで本格的なオープンワールドを味わった。宇多丸さんにとってオープンワールドゲームが好きなところはどんなところなんでしょうか。

宇多丸　**僕の中では『トロン』なんですよね。**現実とは違う空間が、ホントにその中に広がっている……という感じにまず、何より胸が躍るんだと思います。実際テクノロジーはどんどんその方向に進化していると思うので、まだまだワクワクが止まりませんよ！

PROFILE

宇多丸(うたまる)

1969年5月22日生まれ、東京都出身のラッパー／ラジオパーソナリティ。1989年にヒップホップ・グループ「ライムスター」を結成し、日本のヒップホップシーンを黎明期から開拓／牽引してきた立役者。またTBSラジオをメインにラジオパーソナリティとしても活躍する。本書の元となるTBSラジオ『ライムスター宇多丸とマイゲーム・マイライフ』では、2017年４月から2022年3月までの5年間にわたり、メインパーソナリティーを務めた。

RAZER

プレイステーション presents

ライムスター宇多丸と マイゲーム・マイライフ

出演

MC:宇多丸(ライムスター)

ナレーション:宇内梨沙(TBSアナウンサー)

スタッフ

番組プロデューサー:金井 渉(TBSグロウディア)

番組ディレクター:榎本祐太郎(TBSグロウディア)

番組構成作家:古川 耕

番組テーマソング:RAM RIDER

番組タイトルロゴ:山本さほ

放送後記:朝井麻由美

O.A

2017年4月8日(土)~2018年3月31日(土)0時00分~0時30分

2018年4月5日(木)~2022年3月24日(木)21時~21時30分

放送:TBSラジオ　放送回数:260回　ゲスト数:127名

https://www.tbsradio.jp/mygame/

RHYMESTER
UTAMARU
MY GAME,MY LIFE

プレイステーション presents
ライムスター宇多丸と マイゲームマイライフ

2023年4月22日　第一刷発行

編著　宇多丸＆
『ライムスター宇多丸とマイゲーム・マイライフ』

発行人　森山裕之
発行所　株式会社太田出版
〒160-8571
東京都新宿区愛住町22 第３山田ビル４Ｆ
電話　03-3359-6262
振替　00120-6-162166
ホームページ　https://www.ohtabooks.com/

印刷・製本　株式会社シナノ

ISBN978-4-7783-1864-2 C0095

BOOK CREDIT

編集・執筆　内田名人
編集　林 和弘（『CONTINUE』編集長）

編集協力　古川 耕

執筆　志田英邦、多根清史、箭本進一、小林白菜、
内田名人、林 和弘（『CONTINUE』編集長）

デザイン　山田益弘

表紙イラスト　山本さほ

協力　TBSラジオ
スタープレイヤーズ
ソニー・インタラクティブエンタテインメント